高等院校电脑美术教材

Premiere CC 基础教程

刘　影　张　倩　编著

清华大学出版社
北　京

内 容 简 介

Premiere Pro CC 是专门用于视频后期处理的非线性编辑软件,它的强大功能在于可以快速地对视频进行剪辑处理。比如:任意地分割或拼接视频片段,添加特效和过渡效果,融合数码照片、音乐和视频等。所以,专业人士能够使用该软件制作出非常漂亮的影视作品。

全书共分 13 章,包括 8 章基础内容,包括 Premiere Pro CC 的基础知识和基本操作、视频素材的捕捉技术、影视剪辑、视频过渡的应用、视频效果的应用、常用字幕的创建与实现、音频的添加与编辑、文件的设置与输出。书后设置了案例讲解,包括制作节目预告、制作商品广告片头、制作儿童相册、制作旅游宣传片和制作环保宣传片。

本书适合作为视频编辑爱好者的自学教材,也可作为相关院校与社会培训机构的培训教材。

图书在版编目(CIP)数据

Premiere CC 基础教程/刘影,张倩编著. --北京:清华大学出版社,2014(2021.1重印)
(高等院校电脑美术教材)
ISBN 978-7-302-36488-7

Ⅰ. ①P… Ⅱ. ①刘… ②张… Ⅲ. ①视频编辑软件—高等学校—教材Ⅳ. ①TN94

中国版本图书馆 CIP 数据核字(2014)第 099275 号

责任编辑:张彦青
封面设计:杨玉兰
责任校对:李玉萍
责任印制:沈 露

出版发行:清华大学出版社

　　　　　网　　　址:http://www.tup.com.cn, http://www.wqbook.com
　　　　　地　　　址:北京清华大学学研大厦 A 座　　　邮　　编:100084
　　　　　社 总 机:010-62770175　　　　　　　　　　邮　　购:010-62786544
　　　　　投稿与读者服务:010-62776969, c-service@tup.tsinghua.edu.cn
　　　　　质量反馈:010-62772015, zhiliang@tup.tsinghua.edu.cn
　　　　　课件下载:http://www.tup.com.cn, 010-62791865

印 装 者:三河市龙大印装有限公司

经　　销:全国新华书店

开　　本:185mm×260mm　　印　张:27.25　　字　数:653 千字
　　　　　附DVD1张

版　　次:2014 年 7 月第 1 版　　　　　印　　次:2021 年 1 月第 6 次印刷

定　　价:56.00 元

产品编号:058377-01

前　言

就像数码照相机的普及让普通大众熟悉 Photoshop 软件一样，随着数码摄像机的普及，越来越多的人开始拍摄自己的影像片段，并使用 Premiere 软件进行后期剪辑处理，制作富有个性的 DV 作品。针对这一潮流与大众化的需求，Premiere Pro CC 中提供了很多实用功能，让很多喜好影视编辑、非专业的人也可以使用这个原本很"专业"的视频编辑软件。

Premiere Pro CC 是专门用于视频后期处理的非线性编辑软件。它的强大功能在于可以快速地对视频进行剪辑处理，比如：随意地分割或拼接视频片段，添加特效和过渡效果，融合数码照片、音乐和视频等。所以，专业人士能够使用该软件制作出非常漂亮的影视作品。

本书内容

全书共分 13 章，前 8 章为基础内容，包括 Premiere Pro CC 的基础知识和基本操作、视频素材的捕捉技术、影视剪辑、视频过渡的应用、视频效果的应用、常用字幕的创建与实现、音频的添加与编辑、文件的设置与输出。另外，还有 5 章案例讲解，包括制作节目预告、制作商品广告片头、制作儿童相册、制作旅游宣传片和制作环保宣传片。

第 1 章　介绍 Premiere Pro CC 软件中的一些基础知识和基本操作，包括影视制作基础、影视剪辑的基本流程、视频编辑色彩、工作界面以及界面的布局等基础知识和 Premiere Pro CC 的启动与退出、保存文件、导入素材基本操作。

第 2 章　介绍在捕捉视频时对硬件的要求，以及捕捉视频的方法等。

第 3 章　介绍影视剪辑的一些必备理论，剪辑即是通过为素材添加入点和出点从而截取其中好的视频片段，将它与其他视频进行结合形成一个新的视频片段。

第 4 章　介绍如何为视频片段与片段之间添加过渡。

第 5 章　介绍如何在影片上添加视频特效，这对剪辑人员来说是非常重要的，对视频的好与坏起着决定性的作用，巧妙地为影片添加各式各样的视频特效可以使影片具有很强的视觉感染力。

第 6 章　介绍怎样在 Premiere Pro CC 中创建字幕和创建图形。

第 7 章　介绍如何使用 Premiere Pro CC 为影视作品添加声音效果和音频剪辑的基本操作及理论，对一个剪辑人员来说，对于音频基本理论和音画合成的基本规律，以及 Premiere Pro CC 中音频剪辑基础操作的掌握是非常必要的。

第 8 章　全面介绍对制作完成后的节目的输出设置。

第 9 章　通过创建字幕、设置关键帧动画等操作步骤来介绍节目预告的制作方法。

第 10 章　介绍怎样制作一个商品广告的片头。随着社会的不断发展，为了迎合消费者的喜好，手表也在不断地推出新的产品，因而广告、宣传片等宣传动画也在不断地更新。

第 11 章　介绍怎样制作儿童电子相册。为了更好地记录宝贝们的成长，不少人将宝贝的照片制作成电子相册，从而方便观看并储存。

第 12 章　介绍怎样制作旅游宣传片。通过在序列中创建字幕、为素材设置关键帧、应用嵌套序列等操作，从而产生视频效果。

第 13 章　介绍怎样制作一个环保宣传片。随着经济发展取得的巨大成就，人们的生活水平不断提高，但是我们的环境也遭受到了前所未有的破坏。如今环境问题已成为重大社会问题，不少公司和企业通过宣传片的形式呼吁人们保护我们赖以生存的环境，从而改善环境问题。

3. 本书约定

为便于阅读理解，本书的写作风格遵从如下约定：

- 本书中出现的中文菜单和命令将用【】括起来，以示区分。此外，为了使语句更简洁易懂，本书中所有的菜单和命令之间以竖线(|)分隔，例如，单击【编辑】菜单，再选择【移动】命令，就用【编辑】|【移动】来表示。
- 用加号(+)连接的 2 个或 3 个键表示组合键，在操作时表示同时按这 2 个或 3 个键。例如，Ctrl+V 是指在按 Ctrl 键的同时，按 V 字母键；Ctrl+Alt+F10 是指在按住 Ctrl 键和 Alt 键的同时，按功能键 F10。
- 在没有特殊指定时，单击、双击和拖曳是指用鼠标左键单击、双击和拖曳，右击是指用鼠标右键单击。

配书光盘

- 书中所有实例的素材源文件。
- 书中实例的视频教学文件。

读者对象

- Premiere 初学者。
- 大中专院校和社会培训机构相关专业的学生。
- 非线性编辑专业人员、广告设计人员和计算机视频设计人员。
- 视频编辑爱好者。

本书由德州职业技术学院的刘影、张倩老师执笔编写，同时参与编写的还有刘蒙蒙、徐文秀、任大为、刘鹏磊、高佳斌、白文才、葛伦，德州学院的李鲁、倪海鹏同学也为本书的编排以及内容的组织进行了大量的工作；同时，王成志、李春辉、赵锴、任龙飞、陈月娟、贾玉印、刘峥、王玉、张花、张云、张春燕、刘杰和李娜也参与了部分章节场景文件的整理，其他参与编写与制作的还有陈月霞、刘希林、黄健、黄永生、田冰，北方电脑学校的刘德生、宋明、刘景君老师等，谢谢你们在书稿前期材料的组织、版式设计、校对、编排，以及大量图片的处理等方面所做的工作。在此，对大家一并表示衷心的感谢。

编　者

目　　录

第1章　Premiere Pro CC 基础知识
和基本操作 1

1.1　影视制作基础 1
　　1.1.1　剪辑的定义 1
　　1.1.2　后期剪辑类型 1
　　1.1.3　影视剪辑工作基本流程 4
　　1.1.4　影视编辑色彩与常用图像 5
　　1.1.5　常用的影视编辑基础术语 9
1.2　Premiere 的应用领域及就业范围 12
1.3　关于 Premiere Pro CC 12
　　1.3.1　Premiere Pro CC 简介 12
　　1.3.2　Premiere 与 AE 软件的区别 13
1.4　Premiere Pro CC 的配置要求 13
　　1.4.1　Windows 版本 13
　　1.4.2　Mac OS X 版本 14
　　1.4.3　软件版本的选择 14
1.5　安装 Premiere Pro CC 14
1.6　Premiere Pro CC 的启动和退出 16
　　1.6.1　启动 Premiere Pro CC 16
　　1.6.2　退出 Premiere Pro CC 18
1.7　工作界面和功能面板 19
　　1.7.1　菜单命令 19
　　1.7.2　【项目】窗口 28
　　1.7.3　【节目】监视器 30
　　1.7.4　【素材源】监视器 30
　　1.7.5　【序列】面板 31
　　1.7.6　【工具】面板 33
　　1.7.7　【效果】面板 34
　　1.7.8　【效果控件】面板 34
　　1.7.9　【字幕】窗口 34
　　1.7.10　【音轨混合器】窗口 35
　　1.7.11　【历史记录】面板 35
　　1.7.12　【信息】面板 35
1.8　界面的布局 36
　　1.8.1　【音频】模式工作界面 36

1.8.2　【色彩校正】模式工作界面 36
1.8.3　【编辑】模式工作界面 37
1.8.4　【效果】模式工作界面 37
1.9　保存项目文件 37
　　1.9.1　手动保存项目文件 38
　　1.9.2　自动保存项目文件 39
1.10　导入素材文件 39
　　1.10.1　Premiere Pro CC 支持的
文件格式 39
　　1.10.2　导入视音频素材 41
　　1.10.3　导入图像素材 42
　　1.10.4　导入序列文件 43
1.11　上机练习——制作倒计时影片 44
1.12　思考题 50

第2章　视频素材的捕捉技术 51

2.1　视频素材 51
　　2.1.1　DV 视频和模拟视频 51
　　2.1.2　视频捕捉的硬件要求 52
2.2　视频捕捉对话框 53
　　2.2.1　参数设置面板 53
　　2.2.2　窗口菜单 54
　　2.2.3　设备控制面板 55
2.3　模拟视频素材的捕捉 55
　　2.3.1　捕捉准备 56
　　2.3.2　捕捉参数设置 56
　　2.3.3　设置捕捉的出点和入点 57
2.4　DV 视频素材的捕捉 57
2.5　思考题 58

第3章　影视剪辑 59

3.1　使用 Premiere Pro CC 剪辑素材 59
　　3.1.1　认识监视器窗口 59
　　3.1.2　在其他软件中打开素材 60
　　3.1.3　剪裁素材 61
　　3.1.4　设置标记点 72

3.2 分离素材 75
　3.2.1 切割素材 75
　3.2.2 插入和覆盖编辑 76
　3.2.3 提升和提取编辑 77
　3.2.4 分离和链接素材 78
3.3 版段中的编组和嵌套 79
3.4 创建新元素 80
　3.4.1 倒计时导向 81
　3.4.2 彩条测试卡和黑场视频 81
　3.4.3 彩色遮罩 82
3.5 上机练习——剪辑视频片段 83
3.6 思考题 88

第4章 视频过渡的应用 89
4.1 转场特技设置 89
　4.1.1 镜头过渡 89
　4.1.2 调整过渡区域 91
　4.1.3 改变切换设置 92
　4.1.4 设置默认过渡 93
4.2 高级转场效果 94
　4.2.1 3D 运动 94
　4.2.2 伸缩 105
　4.2.3 划像 109
　4.2.4 擦除 117
　4.2.5 映射 129
　4.2.6 溶解 131
　4.2.7 滑动 139
　4.2.8 特殊效果 145
　4.2.9 缩放 147
　4.2.10 页面剥落 149
4.3 上机练习 155
　4.3.1 风景图片过渡 155
　4.3.2 制作图片淡入淡出过渡 160
4.4 思考题 163

第5章 视频效果的应用 164
5.1 应用视频特效 164
5.2 使用关键帧控制效果 164
　5.2.1 关于关键帧 164

5.2.2 插入关键帧 164
5.3 视频特效与特效操作 165
　5.3.1 【变换】视频特效 165
　5.3.2 【图像控制】视频特效 168
　5.3.3 【实用程序】视频特效 172
　5.3.4 【扭曲】视频特效 174
　5.3.5 【时间】视频特效 182
　5.3.6 【杂色与颗粒】视频特效 183
　5.3.7 【模糊和锐化】视频特效 187
　5.3.8 【生成】视频特效 191
　5.3.9 【视频】特效 201
　5.3.10 【调整】特效 202
　5.3.11 【过渡】特效 207
　5.3.12 【透视】特效 213
　5.3.13 【通道】视频特效 216
　5.3.14 【键控】视频特效 220
　5.3.15 【颜色校正】特效 232
　5.3.16 【风格化】视频特效 239
5.4 上机练习 245
　5.4.1 制作底片效果 245
　5.4.2 制作怀旧老照片 251
5.5 思考题 254

第6章 常用字幕的创建与实现 255
6.1 Premiere Pro CC 中的字幕窗口工具
　简介 255
6.2 建立字幕素材 257
　6.2.1 字幕窗口主要设置 257
　6.2.2 建立文字对象 263
　6.2.3 建立图形物体 267
　6.2.4 插入标记 271
6.3 应用与创建字幕样式效果 271
　6.3.1 应用风格化效果 271
　6.3.2 创建样式效果 272
6.4 运动设置与动画实现 273
　6.4.1 Premiere Pro CC 运动选项
　　简介 273
　6.4.2 设置动画的基本原理 273
6.5 上机练习 274

6.5.1　制作水平滚动的字幕............274

6.5.2　制作逐字打出的字幕............277

6.5.3　手写字效果............281

6.6　思考题............289

第 7 章　音频的添加与编辑............290

7.1　关于音频效果............290

7.1.1　Premiere Pro CC 对音频效果的
处理方式............290

7.1.2　Premiere Pro CC 处理音频的
顺序............290

7.2　使用音轨混合器调节音频............291

7.2.1　认识【音轨混合器】面板......291

7.2.2　设置【音轨混合器】面板......293

7.3　调节音频............294

7.3.1　使用淡化器调节音频............294

7.3.2　实时调节音频............295

7.4　录音和子轨道............296

7.4.1　制作录音............296

7.4.2　添加与设置子轨道............297

7.5　使用【序列】面板合成音频............298

7.5.1　调整音频持续时间和速度......298

7.5.2　增益音频............298

7.6　分离和链接视音频............299

7.7　添加音频特效............300

7.7.1　为素材添加特效............300

7.7.2　设置轨道特效............301

7.7.3　音频效果简介............302

7.8　声音的组合形式及其作用............306

7.8.1　声音的混合、对比与遮罩......306

7.8.2　接应式与转换式声音交替......306

7.8.3　声音与静默的交替............307

7.9　上机练习............307

7.9.1　交响乐效果............307

7.9.2　高低音的转换............308

7.9.3　制作奇异音调的效果............310

7.9.4　左右声道的渐变转化............312

7.9.5　山谷回声效果............313

7.10　思考题............314

第 8 章　文件的设置与输出............315

8.1　输出设置............315

8.1.1　影片输出类型............315

8.1.2　设置输出基本选项............316

8.1.3　输出视频和音频设置............317

8.2　输出文件............318

8.2.1　输出影片............319

8.2.2　输出单帧图像............320

8.2.3　输出序列文件............321

8.2.4　输出 EDL 文件............322

8.3　思考题............323

第 9 章　项目指导——制作节目预告......324

9.1　制作节目序列............324

9.2　制作文字序列............330

9.3　制作图形序列............332

9.4　添加效果............334

**第 10 章　项目指导——制作商品广告
片头**............338

10.1　导入图像素材............338

10.2　新建字幕............339

10.3　创建【图像切换 01】序列............342

10.4　制作嵌套序列............348

10.5　添加音频并输出视频............353

10.5.1　添加音频文件............354

10.5.2　输出文件............355

第 11 章　项目指导——制作儿童相册....356

11.1　导入图像素材............356

11.2　创建字幕............357

11.3　创建【切换图像 01】序列............360

11.4　创建【图片切换 02】序列............366

11.5　创建嵌套序列............373

11.6　添加音频并输出视频............378

11.6.1　添加音频文件............378

11.6.2　输出文件............379

第 12 章 项目指导——制作旅游
宣传片 380
12.1 导入图像素材 380
12.2 创建字幕条序列 381
12.3 创建海洋别墅字幕 385
12.4 制作片尾序列 389
12.4.1 创建字幕 389
12.4.2 制作组合动画 392
12.5 嵌套序列 397
12.6 添加音频并输出视频 402

12.6.1 添加音频文件 402
12.6.2 输出文件 404

第 13 章 项目指导——制作环保
宣传片 405
13.1 导入图像素材 405
13.2 创建字幕 406
13.3 制作环保宣传片 411
13.4 添加音频、输出视频 423

答案 425

第 1 章 Premiere Pro CC 基础知识和基本操作

本章将主要介绍 Premiere Pro CC 软件中的一些基础知识和基本操作。基础知识包括影视制作基础、影视剪辑的基本流程、视频编辑色彩、工作界面以及界面的布局等；基本操作包括 Premiere Pro CC 的启动、退出、保存、导入素材文件等。

1.1 影视制作基础

影视剪辑是对声像素材进行分解重组的整个工作。随着计算机技术的快速发展，剪辑已经不再局限于电影制作了，很多广告动画制作行业也已经应用了剪辑技术。

1.1.1 剪辑的定义

将影片制作中所拍摄的大量素材，经过选择、取舍、分解与组接，最终完成一个连贯流畅、含义明确、主题鲜明并有艺术感染力的作品，我们将其称之为剪辑。

剪辑是影视制作过程中不可缺少的步骤，是影视后期制作中的重要环节。

一部影视作品的诞生，一般需要经历以下几个阶段：剧本创意、选材选题、分镜头脚本、外景拍摄、演播室拍摄、特效创作、后期合成、音效配乐、剪辑创作和输出播放。在这几个阶段中，从剧本的编写到分镜头脚本的编写，属于影视编导的内容；从拍摄直到输出播放，都属于具体制作的阶段，其中剪辑所占的位置十分重要。但是影视节目制作过程是一个有机的整体，各个阶段前后之间相互影响。影视剪辑不能脱离这个过程而独立存在，如编辑的过程要遵循剧本和导演的意愿，在实际制作过程中还要严格按照分镜头脚本进行操作。

相对于影视节目来说，家庭影像作品在制作过程中要随意得多。但是无论是在拍摄过程中还是具体的剪辑过程中都要参考影视节目的制作经验，这样才能制作出精彩的家庭影像作品。

1.1.2 后期剪辑类型

一般来讲，电影、电视节目的制作需要专业的设备、场所及专业技术人员，这些都是由专业公司来完成的。不过近年来，影像作品应用领域呈现出了多样化的趋势，除了电影电视之外，在广告、网络多媒体以及游戏开发等领域也得到了充分的应用；同时随着摄像机的便携化、数字化以及计算机技术的普及，影像制作业走入了普通家庭。从影像存储介质角度上看，影视剪辑技术的发展经历了胶片剪辑、磁带剪辑和数字化剪辑等阶段；从编辑方式角度看，影视剪辑技术的发展经历了线性剪辑和非线性剪辑的阶段。

所谓剪辑就是剪接加上编辑，剪辑又分为线性剪辑与非线性剪辑两种。

1. 线性剪辑

线性剪辑是一种基于磁带的剪辑方式。如图 1.1 所示，它利用电子手段，根据节目内容的要求将素材连接成新的连续画面。通常使用组合编辑将素材顺序编辑成新的连续画面，然后再以插入编辑的方式对某一段进行同样长度的替换。但要想删除、缩短、加长中间的某一段就非常麻烦了，除非将那一段以后的画面抹去，重新录制。

图 1.1　线性剪辑

线性剪辑方式的优点如下。

(1) 能发挥磁带能随意录、随意抹去的特点。

(2) 能保持同步与控制信号的连续性，组接平稳，不会出现信号不连续、图像跳闪的感觉。

(3) 声音与图像可以做到完全吻合，还可各自分别进行修改。

线性剪辑方式的不足如下。

(1) 效率较低：线性剪辑系统是以磁带为记录载体，节目信号按时间线性排列，在寻找素材时录像机需要进行卷带搜索，只能按照镜头的顺序进行搜索，不能跳跃进行，非常浪费时间，编辑效率低下，并且对录像机的磨损也较大。

(2) 无法保证画面质量：影视节目制作中一个重要的问题就是母带翻版时的磨损。传统剪辑方式的实质是复制，是将源素材复制到另一盘磁带上的过程。而模拟视频信号在复制时存在着衰减，信号在传输和编辑过程中容易受到外部干扰，造成信号的损失，图像品质难以保证。

(3) 修改不方便：线性剪辑方式是以磁带的线性记录为基础的，一般只能按编辑顺序记录，虽然插入编辑方式允许替换已录磁带上的声音或图像，但是这种替换实际上只能替掉旧的。它要求要替换的片断和磁带上被替换的片断时间一致，而不能进行增删，不能改变节目的长度。这样对节目的修改非常不方便。

(4) 流程复杂：线性剪辑系统连线复杂，设备种类繁多，各种设备性能不同，指标各异，会对视频信号造成较大的衰减。并且需要众多操作人员，过程复杂。

(5) 流程枯燥：为制作一段十多分钟的节目，往往要对长达四五十分钟的素材反复审阅、筛选、搭配，才能大致找出所需的段落；然后需要大量的重复性机械劳动，过程较为枯燥，会对创意的发挥产生副作用。

(6) 成本较高：线性剪辑系统要求硬件设备多，价格昂贵，各个硬件设备之间很难做到无缝兼容，极大地影响了硬件的性能发挥，同时也给维护带来了诸多不便。由于半导体技术发展迅速，设备更新频繁，成本较高。

因此，对影视剪辑来说，线性剪辑是一种亟须变革的技术。

2. 非线性剪辑

非线性剪辑是指利用计算机高效处理数字信号的功能处理需要编辑的、已经数字化的素材数据的后期剪辑方法。因为在剪辑的过程中，不需依照影片播放的顺序作编辑，想先修改哪个部分就修改哪个部分，所以称之为"非线性剪辑"。

　　非线性剪辑是相对于线性剪辑而言的。非线性剪辑借助计算机来进行数字化制作，几乎所有的工作都在计算机里完成，不再需要那么多的外部设备，对素材的调用也可以在瞬间实现，不用反反复复在磁带上寻找，突破单一的时间顺序的编辑限制，可以按各种顺序排列，具有快捷简便、随机的特性。非线性剪辑可以对进行多次编辑，信号质量始终不会变低，节省了人力物力，提高效率。

　　非线性剪辑需要专用的编辑软件和硬件，现在绝大多数的电视电影制作机构都采用了非线性剪辑系统。从非线性剪辑系统的作用来看，它能集录像机、切换台、数字特技机、编辑机、多轨录音机、调音台、MIDI 创作、时基等设备于一身，几乎包括了所有的传统后期制作设备。这种高度的集成性，使得非线性剪辑系统的优势更为明显，在广播电视界占据越来越重要的地位，非线性剪辑器如图 1.2 所示。

图 1.2　非线性剪辑器

　　非线性剪辑系统的优点如下。

　　(1) 信号质量高：在非线性剪辑系统中，信号质量损耗较大的缺陷是不存在的，无论如何编辑、复制次数有多少，信号质量都始终保持在很高的水平。

　　(2) 制作水平高：在非线性剪辑系统中，大多数的素材都存储在计算机硬盘上，可以随时调用，不必费时费力地逐帧寻找，能迅速找到需要的那一帧画面。整个编辑过程就像文字处理一样，灵活方便。同时，多种多样、花样翻新、可自由组合的特技方式，使制作的节目丰富多彩，将制作水平提高到一个新的层次。

　　(3) 系统寿命长：非线性剪辑系统对传统设备的高度集成，使后期制作所需的设备降至最少，有效地降低了成本。在整个剪辑过程中，录像机只需要启动两次，一次输入素材，一次录制节目带，从而避免了录像机的大量磨损，使录像机的寿命大大延长。

　　(4) 升级方便：影视制作水平的不断提高，对设备也不断地提出新的要求，这一矛盾在传统剪辑系统中很难解决，因为这需要不断投资。而使用非线性剪辑系统，则能较好地解决这一矛盾。非线性剪辑系统所采用的是易于升级的开放式结构，支持许多第三方的硬件和软件。通常，功能的增加只需要通过软件的升级就能实现。

　　(5) 网络化：网络化是计算机的一大发展趋势，非线性剪辑系统可充分利用网络方便地传输数码视频，实现资源共享，还可利用网络上的计算机协同创作，方便对于数码视频资源的管理和查询。目前在一些电视台中，非线性剪辑系统都在利用网络发挥着更大的作用。

　　非线性剪辑方式也存在以下不足之处。

　　(1) 需要大容量存储设备，录制高质量素材时需更大的硬盘空间。

　　(2) 前期摄像仍需用磁带，非线性剪辑系统仍需要磁带录像机。

　　(3) 非线性剪辑系统构建在计算机平台上，由于计算机开放性系统的先天不足，从而造成系统不稳定，由此可能会造成系统死机、运行速度缓慢、数据混乱或丢失、甚至系统崩溃等。

(4) 制作人员综合能力要求高,要求制作人员在制作能力、美学修养、计算机操作水平等方面均衡发展。

就系统不稳定性这一问题而言,建议采取以下措施:选购稳定的计算机作为平台,建议购买可靠的品牌机工作站;减少不必要的计算机硬件;选择合适的操作系统;减少不必要的驻留内存程序,例如聊天程序、系统检测程序等;注意病毒防疫;及时升级非线性板卡的驱动程序。

1.1.3 影视剪辑工作基本流程

影片剪辑的制作流程主要分为素材的采集与输入、素材编辑、特效处理、字幕制作和输出播放 5 个步骤,如图 1.3 所示。

素材的采集与输入　　素材编辑

特效处理　　字幕制作　　输出播放

图 1.3　Premiere Pro CC 使用流程

1. 素材采集与输入

素材的采集就是将外部的视频经过处理转换为可编辑的素材;输入主要是将其他软件处理后的图像、声音等素材,导入到 Adobe Premiere Pro CC 中。

2. 素材编辑

素材编辑就是设置素材的入点与出点,以选择最合适的部分,然后按顺序组接不同素材的过程。

3. 特效处理

对于视频素材,特效处理包括转场、特效与合成叠加;对于音频素材,特技处理包括转场和特效。

非线性剪辑软件功能的强弱,往往体现在特效处理方面。配合硬件 Adobe Premiere Pro CC 能够实现特效的实时播放。

4. 字幕制作

字幕是影视节目中非常重要的部分。在 Adobe Premiere Pro CC 中制作字幕很方便,可以实现非常多的效果,并且还有大量的字幕模板可以选择。

5. 输出播放

在节目编辑完成后，可以输出到录像带上，可以生成视频文件，也可以用于网络发布、刻录 VCD/DVD 以及蓝光高清光盘等。

1.1.4　影视编辑色彩与常用图像

色彩和图像是影视编辑中必不可少的部分，一个好的影视作品就是由好的色彩搭配和漂亮的图片结合而成的。另外，在制作时，需要对色彩的模式、图像类型、分辨率等有一个充分的了解，这样在制作中才能够知道自己所需要的素材类型。

1. 色彩模式

色彩模式是数字世界中表示颜色的一种算法。在数字世界中，为了表示各种颜色，人们通常将颜色划分为若干分量。由于成色原理的不同，决定了显示器、投影仪、扫描仪这类靠色光直接合成颜色的颜色设备和打印机、印刷机这类靠使用颜料的印刷设备在生成颜色方式上的区别。

在计算机中表现色彩，是依靠不同的色彩模式来实现的。下面将介绍几个在编辑中常见的色彩模式。

1) RGB 色彩模式

RGB 颜色是由红、绿、蓝三原色组成的色彩模式。图像中所有的色彩都是由三原色组合而成的。

三原色中的每一种色一般都可包含 256 种亮度级别，三个通道合成起来就可显示完整的彩色图像。电视机或监视器等视频设备就是利用光色三原色进行彩色显示的。在视频编辑中，RGB 是唯一可以使用的配色方式。

在 RGB 图像中的每个通道一般可包含 2^8 个不同的色调；通常所提到的 RGB 图像包含三个通道，因而在一幅图像中可以有 2^{24}(约 1670 万)种不同的颜色。

在 Premiere 中可以通过对红、绿、蓝三个通道的数值的调节，来调整对象色彩。三原色中每一种都有一个 0~255 的取值范围，当三个值都为 0 时，图像为黑色，三个值都为 255 时，图像为白色。三原色如图 1.4 所示。

2) 灰度模式

灰度模式属于非彩色模式，如图 1.5 所示，它只包含 256 级不同的亮度级别，只有一个 Black 通道。剪辑人员在图像中看到的各种色调都是由 256 种不同强度的黑色所表示的。灰度图像中的每个像素的颜色都要用 8 位二进制数字存储。

3) Lab 色彩模式

Lab 颜色通道由一个亮度通道和两个色度通道 a、b 组成。其中 a 代表从绿到红的颜色分量变化；b 代表从蓝到黄的颜色分量变化。

Lab 色彩模式作为一个彩色测量的国际标准，基于最初的 CIE1931 色彩模式。1976 年，这个模式被定义为 CIELab，它解决了彩色复制中由于不同的显示器或不同的印刷设备而带来的差异的问题。Lab 色彩模式是在与设备无关的前提下产生的，因此它不考虑剪辑人员所使用的设备。

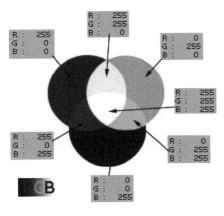

图 1.4 三原色

图 1.5 灰度模式

4) HSB 色彩模式

HSB 色彩模式是基于人对颜色的心理感受而形成的，它将色彩看成三个要素：色调(Hue)、饱和度(aturation)和亮度(Brightness)。因此这种色彩模式比较符合人的主观感受，可让使用者觉得更加直观。它可由底与底对接的两个圆锥体立体模型来表示。其中轴向表示亮度，自上而下由白变黑。径向表示色饱和度，自内向外逐渐变高。而圆周方向则表示色调的变化，形成色环。

5) CMYK 色彩模式

CMYK 色彩模式也称作印刷色彩模式，如图 1.6 所示为 CMYK 色彩模式下的图像，是一种依靠反光的色彩模式。和 RGB 类似，CMY 是 3 种印刷油墨名称的首字母：青色Cyan、品红色 Magenta、黄色 Yellow。而 K 取的是 black 最后一个字母，之所以不取首字母，是为了避免与蓝色(Blue)混淆。从理论上来说，只需要 CMY 三种油墨就足够了，它们三个加在一起就应该得到黑色。但是由于目前制造工艺还不能造出高纯度的油墨，CMY相加的结果实际是一种暗红色，所以需要 K 来进行补充黑色。CMYK 颜色表如图 1.7所示。

图 1.6 CMYK 色彩模式下的图像

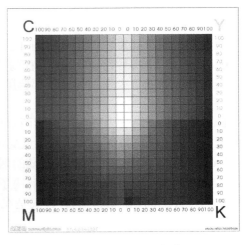

图 1.7 CMYK 颜色表

2. 色彩的分类与特性

自然界中有许多种色彩，如香蕉是黄色的，天空是蓝色的，橘子是橙色的，草是绿色的等，色彩五颜六色，千变万化。平时所看到的白色光，经过分析在色带上可以看到，它包括红、橙、黄、绿、青、蓝、紫 7 种颜色，各颜色间自然过渡。其中，红、绿、蓝是三原色，三原色通过不同比例的混合可以得到各种颜色。色彩有冷色、暖色之分，冷色给人的感觉是安静、冰冷；而暖色给人的感觉是热烈、火热。冷色、暖色的巧妙运用可以使网站产生意想不到的效果。

我国古代把黑、白、玄(偏红的黑)称为"色"，把青、黄、赤称为"彩"，合称"色彩"。现代色彩学也把色彩分为两大类，即无彩色系和有彩色系。无彩色系是指黑和白，只有明度属性；有彩色系有 3 个基本特征，分别为色相、纯度和明度，在色彩学上也称它们为色彩的三要素或三属性。

1) 色相

色相指色彩的名称，这是色彩最基本的特征，是一种色彩区别于另一种色彩的最主要因素。如紫色、绿色和黄色等代表不同的色相。观察色相要善于比较，色相近似的颜色也要区别，比较出它们之间的微妙差别。这种相近色中求对比的方法在写生时经常使用，如果掌握得当，能形成一种色调的雅致、和谐、柔和耐看的视觉效果。将色彩按红→黄→绿→蓝→红依次过渡渐变，即可得到一个色环。如图 1.8 所示为色相环。

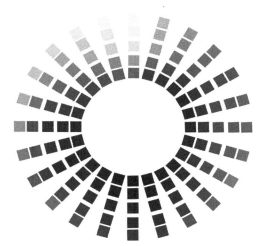

图 1.8　色相环

2) 明度

明度指色彩的明暗程度。明度越高，色彩越亮；明度越低，颜色越暗。色彩的明度变化产生出浓淡差别，这是绘画中用色彩塑造形体、表现空间和体积的重要因素。初学者往往容易将色彩的明度与纯度混淆起来，一说要使画面明亮些，就赶快调粉加白，结果明度是提高了，色彩纯度却降低了，这就是色彩认识的片面性所致。明度差的色彩更容易调和，如紫色与黄色、暗红与草绿、暗蓝与橙色等。

3) 纯度

纯度指色彩的鲜艳程度。纯度高则色彩鲜亮；纯度低则色彩黯淡，含灰色。颜色中以三原色红、绿、蓝为最高纯度色，而接近黑、白、灰的颜色为低纯度色。凡是靠视觉能够辨认出来的，具有一定色相倾向的颜色都有一定的鲜灰度，而其纯度的高低取决于它含中性色黑、白、灰总量的多少。

3. 图形

计算机图像可分为两种类型：位图图像和矢量图像。

1) 位图图像

位图图像又称为点阵图像或绘制图像，是由单个像素点组成的图像，它是依靠分辨率的图像，每一幅都包含着一定数量的像素。剪辑人员在创建位图图像时，就必须制定图像的尺寸和分辨率。数字化后的视频文件也是由连续的图像组成的。位图图像如图 1.9 所示。

2) 矢量图像

矢量图像是与分辨率无关的图像。它通过数学方程式来得到，由数学对象所定义的直线和曲线组成。在矢量图像中，所有的内容都是由数学定义的曲线(路径)组成，这些路径曲线放在特定位置并填充有特定的颜色。移动、缩放图片或更改图片的颜色都不会降低图像的品质，如图 1.10 所示。

图 1.9　位图图像　　　　　　　　　　图 1.10　矢量图像

矢量图像与分辨率无关，将它缩放到任意大小打印在输出设备上，都不会遗漏细节或损伤清晰度。因此，矢量图像是文字(尤其是小字)和粗图像的最佳选择。矢量图像还具有文件数据量小的特点。

Premiere Pro CC 中的字幕里的图像就是矢量图像。

4. 像素

像素是构成图形的基本元素，是位图图形的最小单位。像素具有以下三种特性。

(1) 像素与像素间有相对位置。

(2) 像素具有颜色能力，可以用 bit(位)来度量。

(3) 像素都是正方形的。像素的大小是相对的，它依赖于组成整幅图像像素的数量多少。

5. 分辨率

1) 图像分辨率

图像分辨率是指单位图像线性尺寸中所包含的像素数目，通常以 dpi(像素/英寸)为计量单位。打印尺寸相同的两幅图像，高分辨率的图像比低分辨率的图像所包含的像素多。比如：打印尺寸为 1×1 平方英寸的图像，如果分辨率为 72dpi，包含的像素数目就为 5184(72×72)；如果分辨率为 300dpi，图像中包含的像素数目则为 90000。

要确定使用的图像分辨率。应考虑图像最终发布的媒介。如果制作的图像用于计算机屏幕显示，图像分辨率只需满足典型的显示器分辨率(72dpi 或 96dpi)即可。如果图像用于打印输出，那么必须使用高分辨率(150dpi 或 300dpi)，低分辨率的图像打印输出会出现明显的颗粒和锯齿边缘。如果原始图像的分辨率较低，由于图像中包含的原始像素的数目不能改变，因此仅提高图像分辨率不会提高图像品质。如图 1.11 所示为分辨率为 50 和分辨率为 300 时的对比。

图 1.11　分辨率为 50 与分辨率为 300 的对比效果

2) 显示器分辨率

显示器分辨率是指显示器上每单位长度显示的像素或点的数目。通常以 dpi(点/英寸)为计量单位。显示器分辨率决定于显示器尺寸及其像素设置。PC 显示器典型的分辨率为 96dpi。在平时的操作中，图像的像素被转换成显示器像素或点，这样当图像的分辨率高于显示器的分辨率时，图像在屏幕上显示的尺寸比实际的打印尺寸大。例如，在 96dpi 的显示器上显示 1×1 平方英寸、192 像素/英寸的图像时，屏幕上将以 2×2 平方英寸的区域显示，如图 1.12 所示。

6. 色彩深度

视频数字化后，能否真实反映出原始图像的色彩是十分重要的。在计算机中，采用色彩深度这一概念来衡量处理色彩的能力。色彩深度指的是每个像素可显示出的色彩数，它和数字化过程中的数量化有着密切的关系。因此色彩深度基本上用多少量化数，也就是多少位(bit)来表示。显然，量化比特数越高，每个像素可显示出的色彩数目越多。8 位色彩是 256 色；16 位色彩称为中(Thousands)彩色；24 位色彩称为真彩色，就是百万(Millions)色。另外。32 位色彩对应的是百万+(Millions+)，实际上它仍是

图 1.12　屏幕分辨率

24 位色彩深度，剩下的 8 位为每一个像素存储透明度信息，也叫 Alpha 通道。8 位的 Alpha 通道，意味着每个像素均有 256 个透明度等级。

1.1.5　常用的影视编辑基础术语

在使用 Premiere Pro CC 的过程中，会涉及许多专业术语。理解这些术语的含义，了解这些术语与 Premiere Pro CC 的关系，是充分掌握 Premiere Pro CC 的基础。

1. 帧

帧是组成影片的每一幅静态画面，无论是电影或者电视，都是利用动画的原理使图像产生运动。动画是一种将一系列差别很小的画面以一定速率连续放映而产生出运动视觉的技术。根据人类的视觉暂留现象，连续的静态画面可以产生运动效果。构成动画的最小单位为帧(Frame)，即组成动画的每一幅静态画面，一帧就是一幅静态画面，如图 1.13 所示。

图 1.13　帧

2. 帧速率

帧速率是视频中每秒包含的帧数。物体在快速运动时，人眼对于时间上每一个点的物体状态会有短暂的保留现象。例如在黑暗的房间中晃动一个发光的电筒，由于视觉暂留现象，看到的不是一个亮点沿弧线运动，而是一道道的弧线。这是由于电筒在前一个位置发出的光还在人的眼睛里短暂保留，它与当前电筒的光芒融合在一起，因此组成一段弧线。由于视觉暂留的时间非常短，为 10^{-1} 秒数量级，所以为了得到平滑连贯的运动画面，必须使画面的更新达到一定标准，即每秒钟所播放的画面要达到一定数量，这就是帧速率。PAL 制影片的帧速率是 25 帧/秒，NTSC 制影片的帧速率是 29.97 帧/秒，电影的帧速率是 24 帧/秒，二维动画的帧速率是 12 帧/秒。

3. 采集

采集是指从摄像机、录像机等视频源获取视频数据，然后通过 IEEE1394 接口接收和翻译视频数据，将视频信号保存到计算机硬盘中的过程。

4. 源

源是指视频的原始媒体或来源。通常指便携式摄像机、录像带等。配音是音频的重要来源。

5. 字幕

字幕可以是移动文字提示、标题、片头或文字标题。

6. 故事板

故事板是影片可视化的表示方式，单独的素材在故事板上被表示成图像的略图。

7. 画外音

对视频或影片的解说、讲解通常称为画外音，经常使用在新闻、纪录片中。

8. 素材

素材是指影片中的小片段，可以是音频、视频、静态图像或标题。

9. 转场(转换、切换)

转场就是在一个场景结束到另一个场景开始之间出现的内容。通过添加转场，剪辑人员可以将单独的素材和谐地融合成一部完整的影片，转场效果如图 1.14 所示。

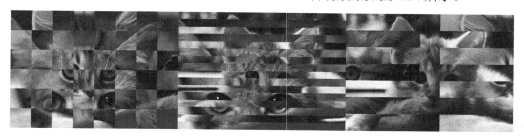

图 1.14　转场特效

10. 流

这是一种新的 Internet 视频传输技术，它允许视频文件在下载的同时被播放。流通常被用于大的视频或音频文件。

11. NLE

NLE 是指非线性剪辑。传统的在录像带上的视频剪辑是线性的，因为剪辑人员必须将素材按顺序保存在录像带上，而计算机的剪辑可以排成任何顺序，因此被称为非线性剪辑。

12. 模拟信号

模拟信号是指非数字信号。大多数录像带使用的是模拟信号，而计算机则使用的是数字信号，用 1 和 0 处理信息。

13. 数字信号

数字信号是用 1 和 0 组成的计算机数据。

14. 时间码

时间码是指用数字的方法表示视频文件的一个点相对于整个视频或视频片段的位置。时间码可以用于做精确的视频编辑。

15. 渲染

渲染是将节目中所有源文件收集在一起，创建最终的影片的过程。

16. 制式

所谓制式，就是指传送电视信号所采用的技术标准。基带视频是一个简单的模拟信号，由视频模拟数据和视频同步数据构成，用于接收端正确地显示图像，信号的细节取决于应用的视频标准或者制式(NTSC/PAL/SECAM)。

17. 节奏

一部好片子的形成大多都源于节奏。视频与音频紧密结合,使人们在观看某部片子的时候,不但有情感的波动,还要在看完一遍后对这部片子整体有个感觉,这就是节奏的魅力,它是音频与视频的完美结合。节奏是在整体片子的感觉基础上形成的,它也象征着一部片子的完整性。

18. 宽高比

视频标准中的第 2 个重要参数是宽高比,可以用两个整数的比来表示,也可以用小数来表示,如 4∶3 或 1.33。电影、SDTV(标清电视)和 HDTV(高清晰度电视)具有不同的宽高比,SDTV 的宽高比是 4∶3 或 1.33;HDTV 和扩展清晰度电视(EDTV)的宽高比是 16∶9 或 1.78;电影的宽高比从早期的 1.333 到宽银幕的 2.77。由于输入图像的宽高比不同,便出现了在某一宽高比屏幕上显示不同宽高比图像的问题。像素宽高比是指图像中一个像素的宽度和高度之比,帧宽高比则是指图像的一帧的宽度与高度之比。某些视频输出使用相同的帧宽高比,但使用不同的像素宽高比。例如:某些 NTSC 数字化压缩卡产生 4∶3 的帧宽高比,使用方像素(1.0 像素比)及 640×480 分辨率;DV-NTSC 采用 4∶3 的帧宽高比,但使用矩形像素(0.9 像素比)及 720×486 分辨率。

1.2   Premiere 的应用领域及就业范围

Adobe Premiere 是目前最流行的非线性剪辑软件,是数码视频编辑的强大工具,它作为功能强大的多媒体视频、音频编辑软件,应用范围广泛,制作效果美不胜收,是视频爱好者们使用最多的视频编辑软件之一。

Premiere 应用范围包括:专业视频数码处理;字幕制作;多媒体制作;视频短片编辑与输出;企业视频演示;教育。

Premiere 应用行业包括:出版行业;教育部门;电视台;广告公司。

1.3   关于 Premiere Pro CC

Premiere 是 Adobe 公司基于 Macintosh(苹果)平台开发的视频编辑软件,它集视、音频编辑于一身,广泛地应用于电视节目制作、广告制作及电影剪辑等领域。

1.3.1   Premiere Pro CC 简介

Premiere 可以在计算机上观看并编辑多种文件格式的电影,还可以制作用于后期节目制作的编辑制定表(Edit Decision List,EDL)。通过其他的计算机外部设备,Premiere 还可以进行电影素材的采集,可以将作品输出到录像带、CD-ROM 和网络上。或将 EDL-输出到录像带生产系统。

Premiere Pro CC 提供了更加强大的、高效的增强功能和先进的专业工具,包括尖端的色彩修正、强大的新音频控制和多个嵌套的时间轴,并专门针对多处理器和超线程进行了优化，利用新一代基于奔腾处理器、运行于 Windows XP 系统下的速度方面的优势，提供能够自由渲染的编辑功能。

Premiere Pro CC 既是一个独立的产品，也是新推出的 Adobe Video Collection 中的关键组件。

Premiere Pro CC 把广泛的硬件支持和坚持独立性结合在一起。能够支持高清晰度和标准清晰度的电影胶片。剪辑人员能够输入和输出各种视频和音频模式。另外，Premiere Pro CC.0 文件能够以工业开放的交换模式 AAF(Advanced Authoring Format，高级制作格式)输出，用于进行其他专业产品的工作。

1.3.2　Premiere 与 AE 软件的区别

AE(After Effects)是 Premiere 的兄弟产品，是一套动态图形的设计工具和特效合成软件。有着比 Premiere 更加复杂的结构和更大的学习难度，主要应用于 Motion Graphic 设计、媒体包装和 VFX(视觉特效)。

而 Premiere 是一款剪辑软件，用于视频段落的组合和拼接，并提供一定的特效与调色功能。Premiere 和 AE 可以通过 Adobe 动态链接联动工作，满足日益复杂的视频制作需求。

1.4　Premiere Pro CC 的配置要求

Premiere Pro CC 安装的版本要求操作系统必须是 64 位，因此要求用户的操作系统必须为 Windows Vista 或 Windows 7(在 Windows XP 下不能安装)。

安装 Premiere Pro CC 的系统要求具体如下。

1.4.1　Windows 版本

Premiere Pro CC 对 Windows 版本的要求如下。

- Intel.Core.2Duo 或 AMD Phenom. II 处理器；需要 64 位支持。
- 需要 64 位操作系统：Microsoft Windows Vista Home Premium、Business、Ultimate 或 Enterprise(带有 Service Pack 1)或者 Windows 7。
- 2GB 内存(推荐 4GB 或更大内存)。
- 4GB 可用硬盘空间用于安装；安装过程中需要额外的可用空间(无法安装在基于闪存的可移动存储设备上)。
- 1280×900 像素的屏幕分辨率，OpenGL 2.0 兼容图形卡。
- 编辑压缩视频格式需要转速为 7200r/min 的硬盘驱动器；未压缩视频格式需要 RAID 0。
- ASIO 协议或 Microsoft Windows Driver Model 兼容声卡。
- 需要 OHCI 兼容型 IEEE1394 端口进行 DV 和 HDV 捕获、导出到磁带并传输到 DV 设备。
- 双层 DVD(DVD+/-R 刻录机用于刻录 DVD；Blu-ray 刻录机用于创建 Blu-ray Disc

媒体)兼容 DVD-ROM 驱动器。

- GPU 加速性能需要经 Adobe 认证的 GPU 卡。
- 需要 Quick Time 7.6.6 软件实现 Quick Time 功能。
- 在线服务需要宽带 Internet 连接。

1.4.2 Mac OS X 版本

Premiere Pro CC 对 Mac OS X 版本的要求如下。

- Intel 多核处理器(含 64 位支持)。
- Mac OS X v10.6.8 或 v10.7 版本;GPU 加速性能需要 Mac OS X v10.8。
- 4GB 内存(推荐 8GB 或更大内存)。
- 4GB 可用硬盘空间用于安装;安装过程中需要额外的可用空间(无法安装在使用区分大小写的文件系统的卷或基于闪存的可移动存储设备上)。
- 编辑压缩视频格式需要 7200 转硬盘驱动器;未压缩视频格式需要 RAID 0。
- 1280×900 像素的屏幕分辨率;Open GL2.0 兼容图形卡。
- 双层 DVD(DVD+/-R 刻录机用于刻录 DVD;Blu-ray 刻录机用于创建 Blu-ray Disc 媒体)兼容 DVD-ROM 驱动器。
- 需要 Quick Time7.6.6 软件实现 Quick Time 功能。
- GPU 加速性能需要经 Adobe 认证的 GPU 卡。
- 在线服务需要宽带 Internet 连接。

1.4.3 软件版本的选择

如果您的系统是 32 位的,那么只有 2.0、CS3、CS4 可供选择。请务必不要选择绿色版、精简版,否则会出现输出问题,给您带来麻烦。CS4 安装在 Windows 7 下可能会出现快捷键丢失,但用户可以尝试在互联网上搜索、下载快捷键文件。

版本区间	适用系统	
2.0~CS4	WinXP	Windows7/8(32bit)
CS5~CC	Windows 7(64bit)	Windows 8(64bit)

如果您的配置过低,推荐使用 Vegas、Edius 来进行剪辑工作,32 位版本的 Premiere 性能优化没有高版本的优秀,而且对配置要求苛刻,矛盾的是同时却无法充分利用高于 4G 的内存和多核心处理器,使用时非常容易出现白屏、卡机、崩溃等现象,会降低您的工作效率。

如果您的系统是 Windows 7、Windows 8 且是 64 位的,推荐 CC,Adobe 在 CS6 重新改良了软件内核,高版本带来的性能优化和提速非常明显。如果您的显卡支持水银加速或破解了水银加速,会获得更优秀的实时性能。

1.5 安装 Premiere Pro CC

安装 Premiere Pro CC 需要 64 位操作系统。安装 Premiere Pro CC 软件的方法非常简

单，只需根据提示便可轻松地完成安装，具体操作步骤如下。

(1) 将 Premiere Pro CC 的安装光盘放入计算机的光驱中，双击 Set-up.exe，运行安装程序，首先进行初始化，如图 1.15 所示。

(2) 初始化完成后弹出如图 1.16 所示的欢迎对话框，然后单击【安装】选项。

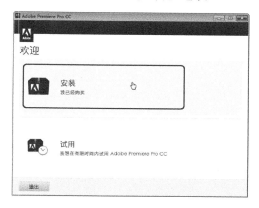

图 1.15　初始化界面　　　　　　　图 1.16　单击【安装】选项

(3) 在弹出的【Adobe 软件许可协议】对话框中阅读 Premiere Pro CC 的许可协议，并单击【接受】按钮，如图 1.17 所示。

(4) 然后在弹出的【序列号】对话框中输入序列号，并单击【下一步】按钮，如图 1.18 所示。

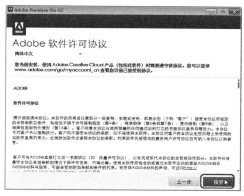

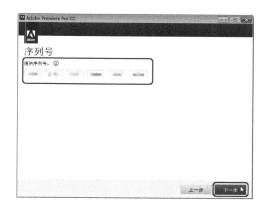

图 1.17　单击【接受】按钮　　　　　　图 1.18　输入序列号

(5) 在弹出的【选项】对话框中设置产品的安装路径，然后单击【安装】按钮，如图 1.19 所示。

(6) 即可弹出安装进度对话框，如图 1.20 所示。

(7) 安装完成后，则会弹出如图 1.21 所示的对话框，然后单击【关闭】按钮。

(8) 选择【开始】|【所有程序】|Premiere Pro CC 选项，单击右键，在弹出的快捷菜单中选择【发送到】|【桌面快捷方式】命令，如图 1.22 所示，即可在桌面创建 Premiere Pro CC 快捷方式。

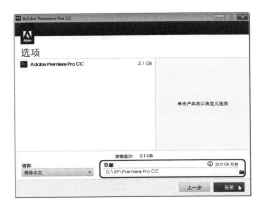

图 1.19　指定保存路径

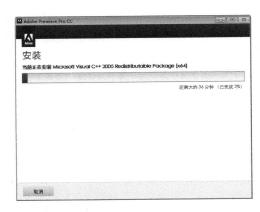

图 1.20　安装进度

图 1.21　安装完成提示对话框

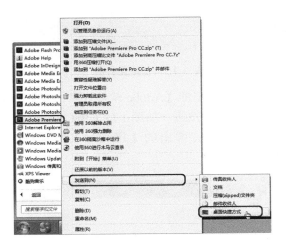

图 1.22　选择【桌面快捷方式】命令

1.6　Premiere Pro CC 的启动和退出

在计算机中安装了 Premiere Pro CC 后，就可以使用它来编辑制作各种视音频作品了。下面将介绍 Premiere Pro CC 的启动及退出方法。

1.6.1　启动 Premiere Pro CC

Premiere Pro CC 安装完成后，启动 Premiere Pro CC 可以使用以下任意一种方法。

(1) 选择【开始】|【程序】选项，在弹出的菜单中选择 Adobe Premiere Pro CC 选项，如图 1.23 所示。

(2) 在桌面上双击 Premiere Pro CC 图标。

(3) 在桌面上选择 Premiere Pro CC 图标，单击右键，在弹出的快捷菜单中选择【打开】命令，如图 1.24 所示。

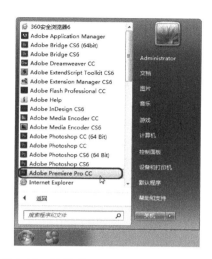

图 1.23　选择【Premiere Pro CC】选项

图 1.24　选择【打开】命令

不妨选择第二种方法，其具体操作步骤如下。

(1) 在桌面上双击 图标，启动 Premiere Pro CC 软件，在启动过程中会弹出一个 Premiere Pro CC 初始化界面，如图 1.25 所示。

(2) 进入欢迎界面，如图 1.26 所示，单击面板上的【新建项目】按钮。

图 1.25　Premiere Pro CC 初始界面

图 1.26　Premiere Pro CC 欢迎界面

在欢迎界面中除【新建项目】按钮外，还包括以下几个按钮。

- 　【打开项目】：单击该按钮，在弹出的对话框中打开一个已有的项目文件。
- 　【新建项目】：单击该按钮，即可新建一个新的项目文件。
- 　【打开最近项目选项】：在它下面会列出最近编辑或打开过的项目文件名。
- 　【退出】：单击该按钮，退出 Premiere Pro CC 软件。

(3) 在欢迎界面中单击【新建项目】按钮，弹出【新建项目】对话框，如图 1.27 所

示，在该对话框中可以设置项目文件的格式、编辑模式、帧尺寸，单击【位置】右侧的
【浏览】按钮，可以选择文件保存的路径，在【名称】右侧的文本框中输入当前项目文件
的名称。

(4) 设置完成后即可新建一个空白的项目文档，如图 1.28 所示。

图 1.27 【新建项目】对话框

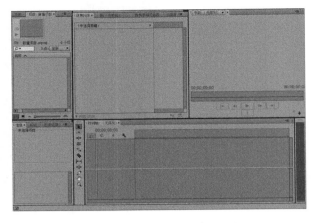

图 1.28 新建的空白项目文档

(5) 在 Premiere Pro CC 中需要单独建立【序列】文件，在菜单栏中选择【文件】|【新建】|【序列】命令，即可打开【新建序列】对话框，如图 1.29 所示。

图 1.29 【新建序列】对话框

图 1.30 选择【退出】命令

1.6.2 退出 Premiere Pro CC

在 Premiere Pro CC 软件中编辑完成后，可进行关闭操作，退出 Premiere Pro CC 的方法有以下几种，使用任意一种方法都可以退出 Premiere Pro CC。

(1) 在菜单栏中选择【文件】|【退出】命令，如图 1.30 所示。

(2) 使用快捷键：Ctrl+Q 组合键。

(3) 在该软件的右上角单击 ❌ 按钮。

如果在之前做的内容没有保存的情况下退出 Premiere Pro CC，系统会弹出一个提示对话框来提示用户是否对当前的项目文件进行保存，如图 1.31 所示。

图 1.31　提示对话框

该对话框中各个按钮的介绍如下。

- 【是】：可以对当前项目文件进行保存，然后关闭软件。
- 【否】：可以直接退出软件。
- 【取消】：回到编辑项目文件中，不退出软件。

1.7　工作界面和功能面板

通过前面的学习，我们对 Premiere Pro CC 的工作界面有了初步的认识，下面将对工作界面及功能面板进行全面的介绍。

1.7.1　菜单命令

Premiere Pro CC 中共提供了 8 组菜单选项，各个选项代表了一类命令，其中大部分菜单命令在界面中也有相应的快捷按钮，下面将分别对其进行介绍。

1.【文件】菜单

【文件】菜单中命令主要用于创建、打开或存储文件或项目等操作，如图 1.32 所示。

提　示

选择右边带有图标的命令条会弹出子菜单。

- 【新建】：将光标置于该选项时，就会弹出【新建】菜单的子菜单，如图 1.33 所示，部分选项介绍如下。
  - 【项目】：创建项目，用于组织、管理影片文件中所使用的素材和序列。
  - 【序列】：创建合成序列，用于编辑加工源素材。
  - 【序列来自素材】：在当前素材中获得序列。
  - 【素材箱】：创建项目内部文件夹，可以容纳各种类型的片段以及子片段。
  - 【脱机文件】：在打开节目时，Premiere 可自动为找不到的片段文件创建离线文件；也可在编辑节目的任意时刻，创建离线文件。
  - 【字幕】：创建字幕编辑窗口。

图 1.32 【文件】菜单

图 1.33 【新建】子菜单

◆ 【Photoshop 文件】：创建一个可在 Photoshop 中编辑绘制的空白 PSD 格式文件，该文件的像素尺寸将自动匹配项目视频的尺寸。在 Photoshop 中编辑完文件并保存后，Premiere 中的 PSD 文件将自动刷新为保存后的最终文件。

◆ 【彩条和色调】：创建标准彩条和色调图像文件。

◆ 【黑场视频】：创建一个黑色图像文件。

◆ 【颜色遮罩】：可创建自定义色彩的图层。

◆ 【通用倒计时片头】：创建倒计时片头。选择该选项时，弹出【新建通用倒计时片头】对话框，如图 1.34 所示。

◆ 【透明视频】：创建一个透明视频素材，通过为该素材添加一些特效来设置素材的效果，这样可以确保其下方轨道中源素材文件不受特效的影响。

图 1.34 【新建通用倒计时片头】对话框

● 【打开项目】：打开【项目文件】对话框，定位并选择打开项目文件。

● 【关闭】：关闭当前操作的项目。

● 【保存】：对当前项目进行保存。

● 【另存为】：将当前项目存储为另一个项目文件。

● 【保存副本】：对当前项目进行复制，并存储为另一个文件作为项目的备份。

● 【返回】：把当前已经编辑过的项目恢复到最后一次保存的状态。

● 【采集】：依靠外部设备进行视频和音频的采集。

● 【批采集】：对采集设备输出素材的入点和出点，进行多段采集剪辑。

- 【Adobe 动态链接】：链接外部资源，可以导入 After Effects 软件中的一些特效，使 Premiere 软件的特效功能更加强大。
- Adobe Story：使用 Adobe Story，编剧人员可以使用 Web 浏览器或基于 Adobe AIR 的桌面应用来访问该程序，提高创作效率。
- 【从媒体资源管理器导入】：首先在媒体浏览窗口中选择需要导入的素材，然后执行该命令将选中的素材导入项目中。
- 【导入】：选择该命令，出现【导入文件】对话框，定位并选择导入文件。
- 【导入最近使用文件】：显示最近导入过的文件。
- 【导出】：对编辑完成的合成序列进行输出。
- 【获取属性】：用来获取文件属性。
- 【在 Bridge 中显示】：选择项目窗口中的素材，单击该命令打开 Bridge 浏览器，并显示该素材。
- 【退出】：退出 Adobe Premiere CC 软件。

2. 【编辑】菜单

【编辑】菜单提供了常用的编辑命令，如撤消、重做、复制、粘贴等操作，如图 1.35 所示。

- 【撤消】：恢复到上一步的步骤。取消的次数可以说是无限次的，它的次数限制仅仅取决于电脑的内存大小，内存越大则可以撤消的次数越多，撤消的次数可以在首选项设置中调整。
- 【重做】：重做恢复的操作。
- 【剪切】：将选择的内容剪切掉并存在剪切板中，以供粘贴使用。
- 【复制】：复制选取的内容并存到剪贴板中，对原有的内容不做任何修改。
- 【粘贴】：将剪贴板中保存的内容粘贴到指定的区域中，可以进行多次粘贴。
- 【粘贴插入】：将复制到剪切板上的剪辑插入到时间指示点。

图 1.35　【编辑】菜单

- 【粘贴属性】：通过复制和粘贴操作，把素材的效果、透明度设置、淡化器设置、运动设置等属性传递给另外的素材。
- 【清除】：清除所选内容。
- 【波纹删除】：可以删除两个剪辑之间的间距，所有未锁定的剪辑就会移动来填补这个空隙。
- 【重复】：创建素材的副本文件。
- 【全选】：选择当前窗口中的所有素材。
- 【取消全选】：取消当前窗口中全部选择。

- 【查找】：在项目素材窗口中寻找相对应的素材。
- 【查找脸部】：分析并定义素材中的面部图像数据，并对这些面部图像进行搜索。
- 【标签】：改变标签的颜色选项。单击▶图标弹出下拉菜单，在菜单中为选择的素材设置不同的颜色标记。
- 【编辑原始】：打开产生素材的应用程序，对其进行编辑。
- 【在 Adobe Audition 中编辑】：Premiere Pro 可以导入由 Audition 生成的音频文件，并可以通过此命令在 Audition 中继续对导入到 Premiere Pro 中的音频素材进行再编辑。

提示

Premiere Pro 并不支持导入音乐 CD 中的 CDA 格式文件作为音频素材使用，可以通过 Audition 将 CDA 格式文件转换为 WAV 等格式，再导入 Premiere Pro 中进行编辑。

- 【在 Adobe Photoshop 中编辑】：通过这个命令可以直接启动 Photoshop 软件，在 Photoshop 软件中对当前素材进行编辑处理。
- 【键盘快捷方式】：可以分别对应用程序、窗口、工具进行键盘快捷键设置，如图 1.36 所示。
- 【首选项】：根据不同需求，对软件的参数进行个性化设置，单击▶图标出现子菜单，如图 1.37 所示。选择其中任意一项都可以打开【首选项】对话框，如图 1.38 所示。

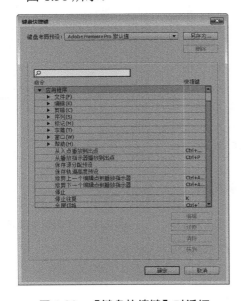

图 1.36 【键盘快捷键】对话框

图 1.37 【首选项】子菜单

3. 【剪辑】菜单

【剪辑】菜单是 Adobe Premiere Pro CC 中十分重要的菜单。Adobe Premiere Pro CC 中剪辑影片的大多数命令都包含在这个菜单中，如图 1.39 所示。

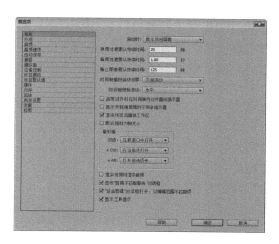

图 1.38　【首选项】对话框

图 1.39　【剪辑】菜单

菜单中部分命令介绍如下。

- 　【重命名】：对素材文件进行重命名，不影响素材源文件的名称。
- 　【制作子剪辑】：将时间线中的某一段素材提取出来作为新的素材存放于【项目】面板中。
- 　【编辑子剪辑】：对子素材进行编辑、改变入点和出点等属性。
- 　【编辑脱机】：对脱机文件的各项参数进行设置。
- 　【源设置】：打开某些特定类型的素材(如使用 RED DIGITAL CINEMA REDCINE-X™摄像机拍摄的.rid 文件)的原始参数设置面板，对素材的原始参数进行设置。
- 　【修改】：修改素材的音频通道属性，自定义素材的帧速率、像素比、场序以及 Alpha 通道，定义时间码。
- 　【视频选项】：调节视频的各种选项，包括以下几项设置。
    - 　【帧定格】：使一个剪辑中的入点和出点或标记点的帧保持静止。
    - 　【场选项】：在使用视频素材时，会遇到交错视频场的问题。它会严重影响最后的合成质量。通过设置场的有关选项来纠正错误的场顺序，能够得到较好的视频合成效果。
    - 　【帧混合】：启用帧融合技术。帧融合技术用来解决视频素材快放和慢放所产生的问题。
    - 　【缩放为帧大小】：将素材文件的画面大小调整为当前序列的画面大小。
- 　【音频选项】：进行调节音量、提取音频素材等设置。
- 　【分析内容】：分析当前选择的素材的内容。
- 　【速度/持续时间】：对素材的速度或时长进行调整。
- 　【移除效果】：删除当前选择的素材上已经添加的效果。

- 【捕捉设置】：设置素材采集的基本参数。
- 【插入】：将选择的剪辑插入到当前视频轨道中，插入位置的素材向后移动。
- 【覆盖】：用选择的剪辑覆盖另一个剪辑中的部分帧，不改变剪辑的时长。
- 【替换素材】：对当前所选择的剪辑过的素材进行替换，包括从源监视器、素材源监视器和匹配帧 3 种替换方式中，选择替换素材的来源。
- 【启用】：激活当前所选择的素材。只有被激活的素材才会在影片监视器窗口中显示。
- 【链接】：将独立的视音频素材链接在一起。链接素材后，该命令变为解除视音频链接命令【解除视音频链接】，可以将链接的视音频素材解除链接。
- 【编组】：将【序列】窗口中选择的文件进行编组。
- 【取消编组】：将成组的文件进行解组。
- 【同步】：对序列中的多段素材进行同步设置。
- 【嵌套】：将一个序列作为素材置入另一个序列中。
- 【多机位】：模拟现场直播中多机位切换的效果。

4. 【序列】菜单

【序列】菜单包含 Adobe Premiere Pro CC 中对序列进行编辑的各项命令，如图 1.40 所示。

菜单中部分命令介绍如下。

- 【序列设置】：设置视频和音频的画面大小、像素、显示格式以及预览文件格式。
- 【渲染入点到出点的效果】：用内存对时间线工作区中的合成序列进行渲染预览。
- 【渲染入点到出点】：完成渲染整个工作区域。
- 【渲染音频】：只渲染剪辑中的音频效果。
- 【删除渲染文件】：删除内存渲染文件。
- 【删除渲染文件】：删除完整的工作区域渲染文件。
- 【添加编辑】：对选择的轨道添加编辑。
- 【添加编辑到所有轨道】：对所有轨道添加编辑。
- 【应用视频过渡】：将【效果】窗口中选中的视频特效应用到剪辑中。
- 【应用音频过渡】：作用与【应用视频过渡】命令相似。
- 【应用默认过渡到选择项】：应用默认视频转场效果到当前选择，默认情况下是【交叉叠化】特效。
- 【标准化主轨道】：对主轨道音频的音量进行标准化设置。
- 【吸附】：靠近边缘的地方自动向边缘处吸附。
- 【添加轨道】：增加视频和音频的编辑轨道，执行完该命令，打开【添加轨道】对话框，在该对话框中可以设置要添加的轨道数量，包括视频轨道、音频轨道和视音子混合轨道，如图 1.41 所示。
- 【删除轨道】：删除视频和音频的编辑轨道，执行完该命令后弹出【删除轨道】对话框，可以在该对话框中选择要删除的轨道，如图 1.42 所示。

图 1.40　【序列】菜单

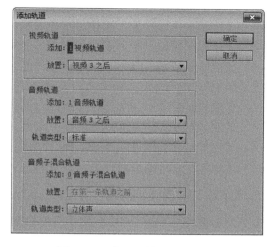

图 1.41　【添加轨道】对话框

图 1.42　【删除轨道】对话框

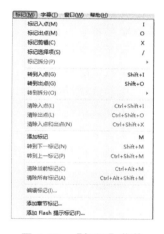

图 1.43　【标记】菜单

5. 【标记】菜单

【标记】菜单主要包含了对标记点进行设置的各项命令，如图 1.43 所示。
菜单中的部分命令介绍如下。

- 　　【标记入点】：设置素材视频和音频的入点。
- 　　【标记出点】：设置素材视频和音频的出点。
- 　　【标记剪辑】：为素材添加标记。
- 　　【标记选择项】：标记选择的素材。
- 　　【转到入点】：跳转至素材的标记点入点。
- 　　【转到出点】：跳转至素材的标记点出点。
- 　　【清除入点】：清除素材中的标记点入点。

- 【清除出点】：清除素材中的标记点出点。
- 【清除入点和出点】：清除素材中的标记点出点和出点。
- 【添加标记】：在素材中添加标记点。
- 【转到下一标记】：系统根据已有的标记点序号，自动设置下一个标记点的序号。
- 【转到上一标记】：系统根据已有的标记点序号，自动设置前一个标记点的序号。
- 【清除所有标记】：设置清除时间线指针所在位置的序列标记点、所有标记点、序列标记点的入点和出点以及指定序号的剪辑标记点。
- 【编辑标记】：对标记的注释、持续时间、章节名等项目进行设置，以用来区别不同的标记。
- 【添加章节标记】：在编辑标识线的位置添加一个 Encore 章节标记。
- 【添加 Flash 提示标记】：设置输出为 Flash 文件时的提示标记点。

6. 【字幕】菜单

　　【字幕】菜单中的命令用于设置字幕的字体、尺寸、对齐方式等。这个菜单的大部分命令平时是处于灰色状态，是不可进行操作的。当新建或者打开一个字幕时，这个菜单的大部分命令就可以使用了。【字幕】菜单如图 1.44 所示。

　　菜单中各项命令介绍如下。

- 【新建字幕】：新建一段字幕，当选择该选项时，会弹出如图 1.45 所示的子菜单，各项命令说明如下。
    - 【默认静态字幕】：创建默认静态字幕。
    - 【默认滚动字幕】：创建默认滚动字幕，包括水平滚动和垂直滚动。
    - 【默认游动字幕】：创建默认游动字幕。
    - 【基于当前字幕】：基于当前选择的字幕格式创建一个新字幕。
    - 【基于模板】：打开字幕模板对话框，从模板中选择一个字幕模板。

图 1.44　【字幕】菜单

图 1.45　【新建字幕】子菜单

- 【字体】：设置字幕文字的字体，显示所有已经安装的字体列表。

- 【大小】：设置被选文字的大小尺寸。
- 【文字对齐】：设置文字的对齐方式。
- 【方向】：设置文字的横排或者竖排方向。
- 【自动换行】：设置文字根据自定义文本框自动换行。
- 【制表位】：文字制表符是一种对齐方式，类似于在 Word 软件中无线表格的制作方法。
- 【模板】：系统提供许多字幕的模板，帮助用户方便地创建字幕。
- 【滚动/游动选项】：字幕垂直移动叫作竖滚；字幕水平移动叫作横滚。
- 【图形】：将图案作为图标的形式插入到文字中。
- 【变换】：进行位置、缩放、旋转、不透明度的设置。
- 【选择】：当有多个对象存在时，通过该命令可方便地对物体进行选择。
- 【排列】：当有多个对象存在时，通过该命令控制它们的排列顺序。
- 【位置】：调整字幕对象的位置，包括水平居中、垂直居中和上下 1/3 处。
- 【对齐对象】：进行对齐方式的设置。
- 【分布对象】：设置物体沿垂直轴或水平轴的分布方式。
- 【视图】：用来控制字幕窗口中的显示情况，在字幕窗口中也有相应的控制按钮和菜单命令。

7.【窗口】菜单

【窗口】菜单主要包含设置显示或关闭各个窗口的命令，如图 1.46 所示。

菜单中部分命令介绍如下。

- 【工作区】：定制工作空间设置，其下拉菜单如图 1.47 所示，各项介绍如下。

图 1.46 【窗口】菜单

编辑	Alt+Shift+1
编辑 (CS5.5)	Alt+Shift+2
元数据记录	Alt+Shift+3
效果	Alt+Shift+4
组件	Alt+Shift+5
音频	Alt+Shift+6
颜色校正	Alt+Shift+7
新建工作区...	
删除工作区(D)...	
重置当前工作区...	Alt+Shift+0
✓ 导入项目中的工作区	

图 1.47 【工作区】子菜单

◆ 【元数据记录】：设置为比较容易查看元素元数据的工作界面布局。

◆ 【效果】：设置为比较容易进行特效调节的工作界面布局。

◆ 【组件】：设置为比较容易进行视频编辑的工作界面布局。

◆ 【色彩校正】：设置为比较容易调色的工作界面布局。

◆ 【音频】：设置为比较容易编辑音频的工作界面布局。

◆ 【新建工作区】：可以根据自己的操作习惯来新建一个界面显示模式。

◆ 【删除工作区】：可以删除新建的或不再需要的工作空间。

◆ 【重置当前工作区】：使用该命令可以使界面回到默认的工作模式。

◆ 【导入项目中的工作区】：当打开一个项目时，自动读取这个项目包含的工作界面布局设置，默认为勾选状态。

● 【事件】：显示或关闭事件面板。

● 【信息】：显示或关闭信息面板。

● 【修正监视器】：显示或关闭修正监视器。

● 【元数据】：显示或关闭元数据面板。

● 【历史记录】：用户可以通过该命令显示或关闭历史面板。

● 【参考监视器】：显示或关闭参考监视器。

● 【媒体浏览器】：显示或关闭媒体浏览器。

● 【字幕动作】：显示或关闭字幕动作面板。

● 【字幕属性】：显示或关闭字幕属性面板。

● 【字幕工具】：显示或关闭字幕工具面板。

● 【字幕样式】：显示或关闭字幕样式面板。

● 【字幕设计器】：显示或关闭字幕设计器面板。

● 【工具】：显示或关闭工具面板。

● 【效果】：显示或关闭效果面板。

● 【时间码】：显示当前时间指针的位置。

● 【时间轴】：显示或关闭时间轴面板。

● 【标记】：显示或关闭标记面板。

● 【源监视器】：用户可以根据该命令显示或关闭源监视器。

● 【节目监视器】：显示或关闭影片监视器。

● 【选项】：显示或关闭选项面板。

● 【项目】：显示或关闭项目面板。

8. 【帮助】菜单

【帮助】菜单方便用户阅读 Adobe Premiere Pro CC 的帮助文件、连接 Adobe 官方网站或者寻求在线帮助等，如图 1.48 所示。

图 1.48 【帮助】菜单

1.7.2 【项目】窗口

【项目】窗口用来管理当前项目中用到的各种素材。

在【项目】窗口的左上方有一个很小的预览窗口。选中每个素材后，都会在预览窗口中显示当前素材的画面，在预览窗口右侧会显示出当前选中素材的详细资料，包括文件名、文件类型、持续时间等，如图 1.49 所示。通过预览窗口，还可以播放视频或者音频素材。

当选中多个素材片段并将其拖曳到【序列】面板时，选择的素材会以相同的顺序在【序列】面板中窗排列，如图 1.50 所示。

图 1.49　【项目】窗口

图 1.50　素材排列

在【项目】窗口中，素材片段分为【列表视图】 ![] 和【图标】 ![] 两种不同的显示方式。

- 【列表视图】按钮 ![] ：单击窗口下部的【列表视图】按钮 ![] ，【项目】窗口便会切换至【列表视图】显示格式；这种模式虽然不会显示视频或者图像的第一个画面，但是可以显示素材的类型、名称、帧速率、持续时间、文件名称、视频信息、音频信息等，是素材信息提供最多的一个显示模式，同时也是默认的显示模式，如图 1.51 示。

- 【图标】按钮 ![] ：单击窗口下部的【图标视图】按钮 ![] ，【项目】窗口便会切换至【图标】显示模式；这种模式会在每个文件下面显示出文件名、持续时间，如图 1.52 所示。

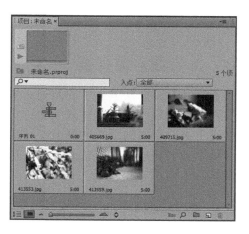

图 1.51　列表视图

图 1.52　图标视图

除了使用按钮进行新建文件外，还可在【项目】窗口单击右侧的 按钮，在打开的快捷菜单中选择【列表】或【图标】选项，如图 1.53 所示。

【项目】窗口除了上面介绍到的按钮外，还有以下按钮。

- 【自动匹配序列】按钮 ▥：单击该按钮，在弹出的【自动匹配到序列】对话框中进行设置，然后单击【确定】按钮，将素材自动添加到【时间线】窗口。

- 【查找】按钮 🔍：单击该按钮，打开【查找】窗口，可输入相关信息查找素材。

- 【新建素材箱】按钮 📁：增加一个容器文件夹，便于对素材存放管理，它可以重命名，在【项目】窗口中，可以直接将文件拖曳至容器中。

- 【新建项】按钮 🔲：单击该按钮，弹出下拉菜单，可以新建【序列】、【脱机文件】、【字幕】、【彩条】、【黑场视频】、【彩色蒙版】、【通用倒计时片头】和【透明视频】文件，如图 1.54 所示。

- 【清除】按钮 🗑：删除所选择的素材或者文件夹。

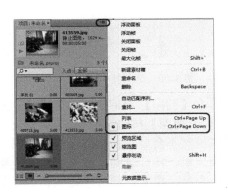

图 1.53　快捷菜单

图 1.54　新建项

除了使用按钮进行新建文件外，还可在【项目】窗口中名称下的空白处右击，在弹出的快捷菜单中进行选择。

1.7.3　【节目】监视器

在【节目】监视器中显示的是视音频编辑合成后的效果，可以通过预览最终效果来评价编辑的质量，以便于进行必要的调整和修改。【节目】监视器还可以用多种波形图的方式来显示画面的参数变化，如图 1.55 所示。

1.7.4　【素材源】监视器

【素材源】监视器主要用来播放、预览源素

图 1.55　【节目】监视器

材，并可以对源素材进行初步的编辑操作，例如设置素材的入点、出点，如图 1.56 所示。如果是音频素材，就会以波状方式显示，如图 1.57 所示。

图 1.56　【素材源】监视器

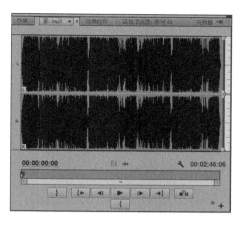

图 1.57　【素材源】监视器中音频的显示方式

1.7.5　【序列】面板

【序列】面板是 Premiere Pro CC 软件中主要的编辑面板，如图 1.58 所示，可以按照时间顺序来排列和连接各种素材，也可以对视频进行剪辑、叠加，设置动画关键帧和合成效果。在【序列】面板中还可以进行多重嵌套，这对于制作影视长片或者复杂特效是非常有用的。

【序列】面板中的常用按钮介绍如下。

- 【吸附】按钮 ⬛：在调整素材的时间位置时，按下该按钮，素材会自动吸附到编辑标识线上，或者与最近的素材文件的边缘对齐。
- 【添加标记】按钮 ⬛：可以在时间标尺上设置时间标记。
- 【切换轨道输出】按钮 ⬛：设置视频轨的可视性，当图标为 ⬛ 时，视频轨为可视；当图标为 ⬛ 时，该轨道中的对象在【节目】监视器窗口中是不可见的。
- 【切换轨道锁定】按钮 ⬛：设置轨道可编辑性，当轨道被锁定时，轨道变为如图 1.59 所示，有斜线显示，位于此轨道上的文件不能被编辑。

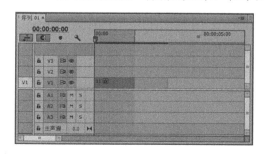

图 1.58　【序列】面板

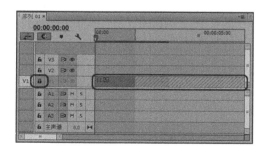

图 1.59　锁定轨道

- 【时间线显示设置】按钮 ⬛：单击该按钮，弹出下拉列表，可以根据需要对轨道素材显示方式进行选择，共有 15 种选项，如图 1.60 所示，部分选项介绍如下。

◆ 【显示视频缩略图】：在【序列】面板显示当前素材的缩略图，该选项的作用是在选择【展开所有轨道】选项的基础上实现的，如图 1.61 所示。

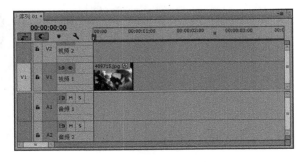

图 1.60 【时间线显示设置】选项　　　　**图 1.61 显示视频缩略图**

◆ 【显示视频关键帧】：显示轨道中对素材设置的关键帧，如图 1.62 所示为显示该素材对位置所设置的关键帧；当选择该选项时，在视频轨道中的素材上单击 fx 按钮，在弹出的下拉列表中可以选择不同的关键帧显示模式。在【运动】关键帧显示中包含了【位置】、【比例】、【等比】、【旋转】、【定位点】、【抗闪烁过滤】等关键帧，如图 1.63 所示。

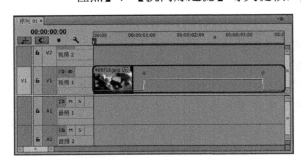

图 1.62 显示视频关键帧　　　　**图 1.63 不同的关键帧显示模式**

◆ 【显示视频名称】：在【时间线】窗口中只显示素材名称，如图 1.64 所示为取消选择【显示视频名称】的效果。

◆ 【显示音频波形】：音频轨的声音呈波形显示，是默认的显示方式。

◆ 【最小化所有轨道】：如果当前轨道处于最大化轨道时，选择该选项，将轨道转换为最小化，一旦将轨道转换为最小化轨道，就无法显示轨道缩略图和关键帧等，如图 1.65 所示。

◆ 【展开所有轨道】：选择该选项，将所有轨道展开显示。

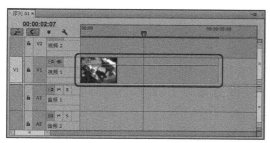

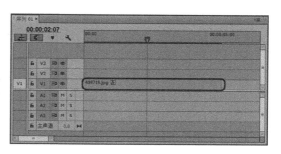

图 1.64　取消【显示视频名称】效果　　　　图 1.65　最小化所有轨道

1.7.6　【工具】面板

【工具】面板含有影片编辑中常用的工具,如图 1.66 所示。
该面板中各个工具的名称及功能介绍如下。

- 【选择工具】:用于选择一段素材或同时选择多段素材,并将素材在不同的轨道中进行移动。也可以调整素材上的关键帧。

- 【轨道选择工具】:用于选择轨道上的某个素材及位于此素材后的其他素材。按住 Shift 键光标变为双箭头,则可以选择位于当前位置后面的所有轨道中的素材。

- 【波纹编辑工具】:使用此工具拖曳素材的入点或出点,可改变素材的持续时间,但相邻素材的持续时间保持不变。被调整素材与相邻素材之间所相隔的时间保持不变。

图 1.66　【工具】面板

- 【滚动编辑工具】:使用此工具调整素材的持续时间,可使整个影视节目的持续时间保持不变。当一个素材的时间长度变长或变短时,其相邻素材的时间长度会相应地变短或变长。

- 【比例拉伸工具】:使用此工具在改变素材的持续时间时,素材的速度也会相应地改变,可用于制作快慢镜头。

提示

改变素材的速度也可以通过右击轨道上的素材,在弹出的快捷菜单中选择【速度/持续时间】命令,在打开的对话框中对素材的速度进行设置。

- 【剃刀工具】:此工具用于对素材进行分割,使用剃刀工具可将素材分为两段,并产生新的入点、出点。按住 Shift 键可将剃刀工具转换为多重剃刀工具,可一次将多个轨道上的素材在同一时间位置进行分割。

- 【外滑工具】:改变一段素材的入点与出点,并保持其长度不变,且不会影响相邻的素材。

- 【内滑工具】:使用滑动工具拖曳素材时,素材的入点、出点及持续时间都不会改变，其相邻素材的长度却会改变。

- 【钢笔工具】：此工具用于框选、调节素材上的关键帧。按住 Shift 键可同时选择多个关键帧；按住 Ctrl 键可添加关键帧。
- 【手形工具】：在对一些较长的影视素材进行编辑时，可使用手形拖曳轨道显示出原来看不到的部分。其作用与【序列】面板下方的滚动条相同，但在调整时要比滚动条更加容易调节并更准确。
- 【缩放工具】：使用此工具可将轨道上的素材放大显示，按住 Alt 键，滚动鼠标滚轮，则可缩小【序列】面板的范围。

1.7.7 【效果】面板

【效果】面板中包含了【预置】、【音频特效】、【音频切换效果】、【视频特效】和【视频切换效果】、Lumetri Looks 6 个文件夹，如图 1.67 所示。单击面板下方的【新建新的自定义素材箱】按钮，可以新建文件夹，用户可将常用的特效放置在新建文件夹中，便于在制作中使用。直接在【效果】面板中上方的输入框中输入特效名称，按 Enter 键，即可找到所需要的特效。

1.7.8 【效果控件】面板

【效果控件】面板用于对素材进行参数设置，如【运动】、【不透明度】及【特效】等，如图 1.68 所示。

图 1.67 【效果】面板

图 1.68 【效果控件】面板

1.7.9 【字幕】窗口

字幕经常作为重要的组成元素出现在影视节目中，字幕往往能将图片、声音所不能表达的意思恰到好处地表达出来，并给观众留下深刻的印象。

新建【字幕】窗口的具体操作步骤如下。

(1) 选择【文件】|【新建】|【字幕】命令，弹出【新建字幕】对话框，在【名称】文本框中对字幕进行重命名，如图 1.69 所示。

(2) 单击【确定】按钮，打开【字幕】窗口，如图 1.70 所示，然后对字幕进行设置。【字幕】窗口在后面会介绍到，此处就不再赘述。

图 1.69　【新建字幕】对话框

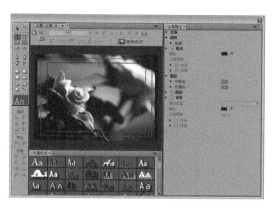

图 1.70　【字幕】窗口

1.7.10　【音轨混合器】窗口

　　【音轨混合器】窗口如图 1.71 所示，用来实现音频的混音效果。【音轨混合器】窗口的具体用法及作用会在以后章节中作专门的介绍。

1.7.11　【历史记录】面板

　　相信用过 Photoshop 的人都不会忘记【历史记录】面板的强大功能。在默认的Premiere Pro CC 界面的左下方也有【历史记录】面板，如图 1.72 所示。

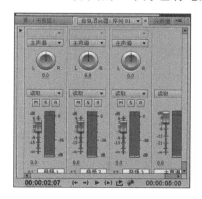

图 1.71　【音轨混合器】窗口

图 1.72　【历史记录】面板

　　在【历史】面板中记录了每一步操作，单击前面已经操作了的条目，就可以恢复到该步操作之前的状态，同时下面的操作条目以灰度表示这些操作已经被撤销了；在进行新的操作之前，还有机会回到任何一步操作，方法是直接单击相应条目。

1.7.12　【信息】面板

　　【信息】面板用来显示当前选取片段或者切换效果的相关信息。在【时间线】窗口中选取了某个视频片段后，在【信息】面板中就会显示该视频片段的详细信息，包括剪辑的开始、结束位置和持续时间，以及当前光标所在位置等信息。

1.8 界面的布局

Premiere Pro CC 的功能很强大，有许多功能窗口和控制面板，用户可以根据需要对窗口进行打开或关闭，在 Premiere Pro CC 中提供了 4 种预设界面布局。

1.8.1 【音频】模式工作界面

在菜单栏中选择【窗口】|【工作区】|【音频】命令，即可将当前工作界面转换为【音频】模式，如图 1.73 所示。该模式界面的特点是打开了【音轨混合器】面板，主要用于对影片音频部分进行编辑。

图 1.73 【音频】模式工作界面

1.8.2 【色彩校正】模式工作界面

在菜单栏中选择【窗口】|【工作区】|【色彩校正】命令，工作界面将转换为【色彩校正】模式，如图 1.74 所示。该模式界面的特点是便于对视频素材进行颜色调节的操作。

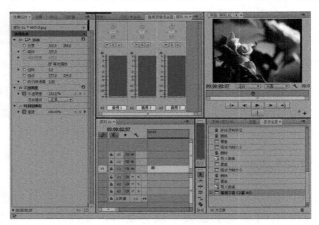

图 1.74 【色彩校正】模式工作界面

1.8.3　【编辑】模式工作界面

在菜单栏中选择【窗口】|【工作区】|【编辑】命令，工作界面将转换为【编辑】模式，如图 1.75 所示。它主要用于视频片段的剪辑和连接工作。

图 1.75　【编辑】模式工作界面

1.8.4　【效果】模式工作界面

在菜单栏中选择【窗口】|【工作区】|【效果】命令，工作界面将转换为【效果】模式，如图 1.76 所示。它主要用于对影片添加特效和设置。

图 1.76　【效果】模式工作界面

1.9　保存项目文件

在创建项目文件时，系统会要求保存项目文件。在编辑过程中，用户也应该养成随时保存项目文件的习惯，这样可以避免因为停电、死机等意外事件而造成的数据丢失。可以手动保存项目文件，也可以自动保存项目文件，下面将分别对其进行介绍。

1.9.1 手动保存项目文件

在编辑过程中，用户完全可以根据自己的感觉来随时对项目文件进行保存，操作虽然烦琐一点，但是对于预防工作数据丢失是非常有用的。

(1) 在 Premiere Pro CC 工作界面中，在菜单栏中选择【文件】|【保存】命令，如图 1.77 所示。系统直接将项目文件保存。

(2) 如果要改变项目文件的名称或者保存路径，就应该选择【文件】|【另存为】命令，如图 1.78 所示。

图 1.77 选择【保存】命令　　　　图 1.78 选择【另存为】命令

(3) 系统会弹出【保存项目】对话框，用户可在这里设置项目文件的名称和保存路径，然后单击【保存】按钮，就可以将项目文件保存起来，如图 1.79 所示。

(4) 如果项目文件的名称和保存路径与已有的一个项目文件的名称和保存路径相同，则系统就会弹出一个警告对话框，让用户选择是覆盖已有的项目文件还是放弃保存，如图 1.80 所示。

图 1.79 【保存项目】对话框　　　　图 1.80 【确认文件替换】对话框

提示

按 Ctrl + S 组合键可以快速保存项目文件。

1.9.2　自动保存项目文件

如果用户没有随时保存项目文件的习惯，则可以设置系统自动保存，这样也可以避免丢失工作数据。设置系统自动保存项目文件的具体操作步骤如下。

(1) 在 Premiere Pro CC 的主界面中，在菜单栏中选择【编辑】|【首选项】|【自动保存】命令，如图 1.81 所示。

(2) 执行完该命令后，即可转到【首选项】对话框的【自动保存】选项组中，在该选项组中勾选【自动保存】复选框，然后设置【自动保存间隔】和【最多项目保存数量】参数，如图 1.82 所示。

图 1.81　选择【自动保存】命令

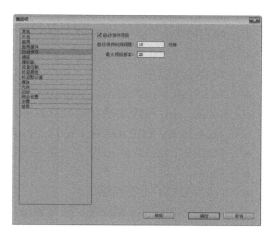

图 1.82　设置自动保存参数

设置自动保存选项之后，在工作过程中，系统就会按照设置的间隔时间定时对项目文件进行保存，避免丢失工作数据。

1.10　导入素材文件

Premiere Pro CC 支持处理多种格式的素材文件，这大大丰富了素材来源，为制作精彩的影视作品提供了有利条件。要制作视音频效果，应该首先将准备好的素材文件导入到 Premiere Pro CC 的编辑项目中。由于素材文件的种类不同，因此导入素材文件的方法也就不尽相同。

1.10.1　Premiere Pro CC 支持的文件格式

1. 支持导入的视频和动画文件格式

Premiere Pro CC 支持导入的视频和动画文件格式如下。

- 3GP，3G2(3G 流媒体的视频编码格式)
- Arri Raw
- ASF(Netshow，仅 Windows)
- AVI(DV-AVI 和 Microsoft AVI)
- DV(DV stream，一种 QuickTime 格式)
- FLV(Flash Video)
- GIF(CompuServe GIF)
- M1V(MPEG-1 Video file)
- M2T(Sony HDV)
- M2TS(Blu-ray BDAV MPEG-2 Transport Stream 和 AVCHD)
- M4V(MPEG-4 Video File)
- MOV(QuickTime，在 Windows 中需要 QuickTime Player)
- MP4(XDCAM EX)
- MPEG/MPE/MPG MPEG-1/MPEG-2
- MPEG, M2V DVD-compliant MPEG-2
- MTS AVCHD
- MXF[Media eXchange Format/P2 Movie: Panasonic Op-Atom variant of MXF with video in DV/DVCPRO/DVCPRO 50/DVCPRO HD/AVCIntra/XDCAM HD Movi/Sony XDCAM HD 50 (4:2:2)/Avid MXF Movie]
- R3D(RED R3D Files 数字电影摄像机格式)
- SFW
- VOB(DVD 光盘视频)
- WMV(Windows Media，仅 Windows)

2. 支持导入的声音格式

在 Premiere Pro CC 中，用户可以导入如下所示的声音格式文件。

- AAC(MPEG-2 Advance Audio Coding File)
- AC3(包括 5.1 环绕声)
- AIFF/AIF(Audio Interchange File Format)
- ASND(Adobe Sound Document)
- AVI(Audio Video Interleaved)
- WAVE
- M4A(MPEG4 音频标准文件)
- mp3(Moving Picture Experts Group Audio)
- MPEG/MPG
- WMA
- WAV

3. 支持的图像和图像序列格式

Premiere Pro CC 支持的图像和图像序列格式如下。

- AI/EPS(Adobe Illustrator 和 Illustrator 序列)
- BMP
- DPX
- EPS(Encapsulated PostScript 专用打印机描述语言)
- GIF(Graphics Interchange Format 图像互换格式和序列)
- ICO(仅 Windows)
- JPEG(JPE、JPG、JFIF)
- PICT
- PNG
- PSD
- PSQ
- PTL/PRTL (Adobe Premiere 字幕)
- TGA/ICB/VDA/VST
- TIF/TIFF(Tagged Image File Format 图像和序列)

4. 支持的软件项目文件格式

Premiere Pro CC 支持的软件项目文件格式如下。

- AAF (Advanced Authoring Format)
- AEP，AEPX (After Effects project)
- CSV，PBL，TXT，TAB Batch lists
- EDL(CMX3600 EDLs)
- OMF
- PLB (Adobe Premiere 6.x bin) Windows only
- PRPROJ (Premiere Pro project)
- PSQ (Adobe Premiere 6.x Bin，仅 Windows)
- XML (FCP XML)

1.10.2　导入视音频素材

视频、音频素材是最常用的素材文件，导入的方法也最简单，只要计算机安装了相应的视频和音频解码器，不需要进行其他设置就可以直接将其导入。

将视音频素材导入到 Premiere Pro CC 的编辑项目中的具体操作步骤如下。

(1) 启动 Premiere Pro CC 软件，将新建项目文件命名，并选择保存路径，然后单击【确定】按钮创建空白项目文档。

(2) 在菜单栏中选择【文件】|【新建】|【序列】命令，在弹出的对话框中保持默认设置，如图 1.83 所示。

(3) 单击【确定】按钮，进入 Premiere Pro CC 的工作界面，在【项目】窗口【名称】选项组的空白右击，在弹出的快捷菜单中选择【导入】命令，如图 1.84 所示。

(4) 打开【导入】对话框，在该对话框中选择需要导入的视音频素材，如图 1.85 所示。然后单击【打开】按钮，这样就会将选择的素材文件导入到【项目】窗口中，如图 1.86

所示。

图 1.83　【新建序列】对话框

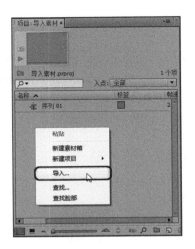

图 1.84　选择【导入】命令

图 1.85　【导入】对话框

图 1.86　导入素材文件

1.10.3　导入图像素材

图像素材是静帧文件，可以在 Premiere Pro CC 中被当作视频文件使用。在导入图像素材之前，应该先设置其默认持续时间，导入图像素材的具体操作步骤如下。

(1) 新建项目文档后，在菜单栏中选择【编辑】|【首选项】|【常规】命令，如图 1.87 所示。

(2) 执行完该命令，即可打开【首选项】对话框并切换至【常规】选项卡，在该选项组中将【静止图像默认持续时间】设置为 200 帧，如图 1.88 所示。

(3) 设置完成后单击【确定】按钮，按 Ctrl+I 组合键，在弹出的【导入】对话框中选择所需的素材文件，然后单击【打开】按钮，如图 1.89 所示。

(4) 将选择的素材文件导入至【项目】窗口中，现在可以看到它们的默认持续时间都是 8 秒，与前面的设置是一致的，如图 1.90 所示。

图 1.87　选择【常规】命令

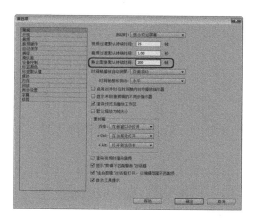

图 1.88　设置【静止图像默认持续时间】参数

图 1.89　【导入】对话框

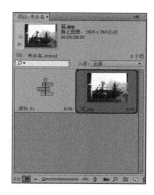

图 1.90　导入后的图像

1.10.4　导入序列文件

序列文件是带有统一编号的图像文件。把序列图片中的一张图片导入 Premiere Pro CC，它就是静态图像文件。如果把它们按照序列全部导入，系统就自动将这个整体作为一个视频文件。

导入序列文件的具体操作步骤如下。

(1) 按 Ctrl+I 组合键，在弹出的【导入】对话框中观察序列图像，如图 1.91 所示。

(2) 在该对话框中勾选【图像序列】复选框，然后选择素材文件"001.jpg"，如图 1.92 所示。

(3) 单击【打开】按钮，即可将序列文件合成为一段视频文件导入到【项目】窗口中，如图 1.93 所示。

(4) 在【项目】窗口中双击前面导入的序列文件，将其导入【素材源】监视器中，可以播放预览视频的内容，如图 1.94 所示。

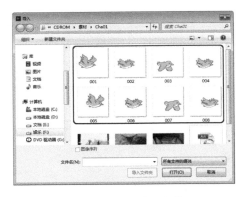

图 1.91　观察序列图像

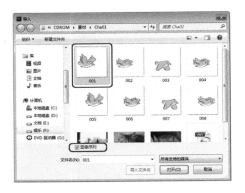

图 1.92　勾选【图像序列】复选框

图 1.93　【项目】窗口

图 1.94　观察效果

1.11　上机练习——制作倒计时影片

下面介绍如何制作倒计时影片，完成后的效果如图 1.95 所示。

图 1.95　倒计时效果

（1）启动 Premiere Pro CC 软件后，在打开的欢迎界面中单击【新建项目】按钮，弹出【新建项目】对话框，将【名称】设置为【倒计时】，单击【文件】右侧的【浏览】按钮，弹出【请选择新项目的目标路径】对话框，在该对话框中设置存储路径，如图 1.96 所示。

（2）单击【选择文件夹】按钮，返回到【新建项目】对话框中，其他保持默认设置，单击【确定】按钮，即可新建项目。在【项目】面板的空白处右击，在弹出的快捷菜单中选择【新建项目】|【序列】命令，弹出【新建序列】对话框，选择【序列预设】选项卡，在【可用预设】列表框中选择 DV-PAL |【标准 48KHZ】选项，其他使用默认名称，如图 1.97 所示。

图 1.96　选择保存路径

图 1.97　新建序列

（3）在菜单栏中选择【序列】|【添加轨道】命令，弹出【添加轨道】对话框，在【视频轨道】选项组中添加 5 条视频轨道，如图 1.98 所示。

（4）在【项目】面板中空白处右击，在弹出的快捷菜单中选择【新建项目】|【字幕】命令，弹出【新建字幕】对话框，保持默认设置，单击【确定】按钮，如图 1.99 所示。

图 1.98　添加视频轨道

图 1.99　【新建字幕】对话框

（5）打开【字幕】对话框，使用【椭圆工具】在字幕设计栏中，拖曳鼠标同时按住 Shift 键绘制正圆，在右侧的【字幕属性】面板【变换】选项组中将【X 位置】、【Y 位置】设置为 390、280，将【宽度】、【高度】分别设置为 240、240，如图 1.100 所示。

（6）在【填充】选项组中将【类型】设置为【线性渐变】，将左侧的色块 RGB 值设置为 191、191、191，将右侧色块 RGB 值设置为 64、64、64，如图 1.101 所示。

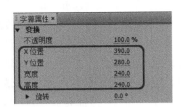

图 1.100　设置大小及位置

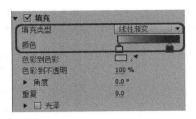

图 1.101　设置填充颜色

（7）在【描边】选项组中单击【外描边】右侧的【添加】按钮，将【类型】设置为【边缘】，将【大小】设置为 5，将【颜色】设置为白色，如图 1.102 所示。

（8）单击【基于当前字幕新建字幕】按钮，弹出【新建字幕】对话框，使用默认设置，单击【确定】按钮，即可新建【字幕 02】，在【变换】选项组中将【宽度】、【高度】分别设置为 210、210，将【X 位置】、【Y 位置】分别设置为 390、280，在【填充】选项组中将【填充类型】设置为【实底】，将【颜色】设置为 37、35、36，如图 1.103 所示。

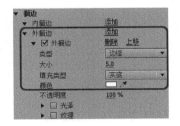

图 1.102　设置描边

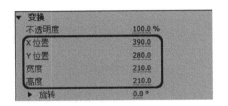

图 1.103　设置位置及大小

（9）再次单击【基于当前字幕新建字幕】按钮，在弹出的对话框中使用默认设置，单击【确定】按钮，新建【字幕 03】，在【描边】选项组中取消勾选【外描边】复选框，将【填充】选项组中的【填充类型】设置为【实底】，将【颜色】RGB 值设置为 214、0、0，设置完成后的效果如图 1.104 所示。

（10）再次单击【基于当前字幕新建字幕】按钮，在弹出的对话框中使用默认设置，单击【确定】按钮，新建【字幕 04】，在【变换】选项组中将【X 位置】、【Y 位置】分别设置为 390、280，将【宽度】、【高度】分别设置为 160、160，如图 1.105 所示。

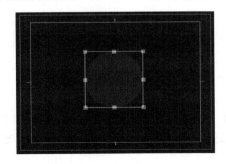

图 1.104　设置完成后的效果

图 1.105　设置参数

(11) 在【填充】选项组中将【填充类型】设置为【径向渐变】，将左侧的色块 RGB 值设置为 255、255、0，将右侧的色块 RGB 值设置为 231、87、1，如图 1.106 所示。

(12) 勾选【外描边】复选框，将【类型】设置为【边缘】，将【大小】设置为 5，将【颜色】设置为白色，如图 1.107 所示。

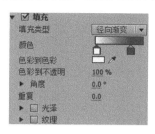

图 1.106　填充颜色

图 1.107　设置描边

(13) 使用【文字工具】在字幕设计栏中输入文字 5，在【变换】选项组中将【X 位置】、【Y 位置】分别设置为 391、290，将【字体属性】设置为【方正大黑简体】，将【字体大小】设置为 112，如图 1.108 所示。

(14) 在【填充】选项组中将【填充类型】设置为【实底】，将【颜色】RGB 值设置为 176、26、2，在【描边】选项组中将【大小】设置为 20，如图 1.109 所示。

图 1.108　设置位置及字体属性

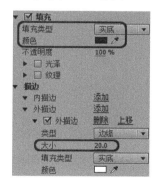

图 1.109　设置【填充】及【描边】

(15) 单击【基于当前字幕新建字幕】按钮，在弹出的对话框中使用默认设置，单击【确定】按钮，新建【字幕 05】，在字幕设计栏中将数字 5 改为 4，然后单击【基于当前字幕新建字幕】按钮，在弹出的对话框中使用默认设置，单击【确定】按钮，新建【字幕 06】，在字幕设计栏中将数字 4 改为 3，使用同样的方法新建【字幕 7】、【字幕 8】，效果如图 1.110 所示。

(16) 再次单击【基于当前字幕新建字幕】按钮，在弹出的对话框中使用默认设置，单击【确定】按钮，新建【字幕 09】，选中字幕设计栏中所有对象并将其删除。使用【文字工具】，在设计栏中输入文字"GO"和"！"。选择"GO"，在【属性】选项组中将【字体系列】设置为 Jokerman，将【字体大小】设置为 200，在【变换】选项组中将【X 位置】、【Y 位置】分别设置为 350、307，在【填充】选项组中适当调整右侧的色块，如图 1.111 所示。

图 1.110　设置完成后的效果

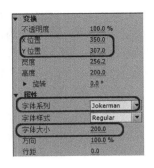

图 1.111　设置参数

(17) 选择"！"，在【变换】选项组中将【字体系列】设置为 Jokerman，将【字体大小】设置为 200，将【X 位置】、【Y 位置】分别设置为 552、302，在【变换】选项组中将【旋转】设置为 15，完成后的效果如图 1.112 所示。

(18) 将【字幕】对话框关闭。激活【项目】面板，将【字幕 01】拖曳至【序列】面板中的 V1 轨道中，选择该素材文件并右击，在弹出的快捷菜单中选择【速度/持续时间】命令，弹出【剪辑速度/持续时间】命令，将【持续时间】设置为 00:00:05:00，如图 1.113 所示。

图 1.112　设置完成后的效果

图 1.113　设置持续时间

(19) 在【项目】面板中将【字幕 03】拖曳至 V2 轨道中，将其持续时间设置为 00:00:01:00，使用同样的方法将【字幕 03】拖曳至 V2 轨道中并设置其持续时间，设置完成后的效果如图 1.114 所示。

(20) 将当前时间设置为 00:00:00:00，在【项目】面板中将【字幕 02】拖曳至 V3 轨道中，将其持续时间设置为 00:00:01:00，完成后的效果如图 1.115 所示。

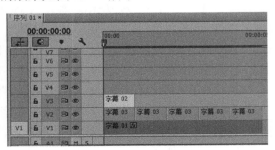

图 1.114　设置完成后的效果　　　　图 1.115　设置完成后的效果

(21) 激活【效果】面板,在【视频过渡】文件夹下选择【擦除】|【时钟式擦除】过渡效果,将其拖曳至 V3 轨道中素材文件的结尾处,如图 1.116 所示。

(22) 在文件上选择过渡特效,激活【效果控件】面板,将【持续时间】设置为 00:00:00:20,如图 1.117 所示。

图 1.116 选择特效

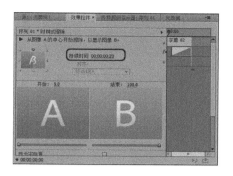

图 1.117 设置持续时间

(23) 将当前时间设置为 00:00:01:00,将【字幕 02】拖曳至 V4 轨道中,将其开头处与时间线对齐,将其持续时间设置为 00:00:01:00,完成后的效果如图 1.118 所示。

(24) 激活【效果】面板,选择【时钟式擦除】特效,将其拖曳至 V4 轨道素材文件的结尾处,选择该过渡特效,激活【效果控件】面板,将【持续时间】设置为 00:00:00:20,如图 1.119 所示。

图 1.118 设置完成后的效果

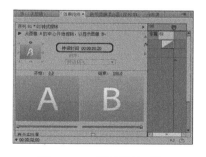

图 1.119 设置持续时间

(25) 使用同样的方法设置其他操作步骤,设置完成后的效果如图 1.120 所示。

(26) 在【项目】面板中将【字幕 04】拖曳至 V8 轨道中,将其持续时间设置为 00:00:01:00,将【字幕 05】拖曳至 V8 轨道中,将其开头处与【字幕 04】的结尾处对齐,并将其持续时间设置为 00:00:01:00,使用同样的方法一次将【字幕 06】、【字幕 07】、【字幕 08】拖曳至 V8 轨道中并设置持续时间,如图 1.121 所示。

(27) 将【字幕 09】拖曳至 V8 轨道中,将其开头处与【字幕 08】素材文件的结尾处对齐,将其持续时间设置为 00:00:01:10。至此倒计时就制作完成了。

(28) 在菜单栏中选择【文件】|【导出】|【媒体】命令,弹出【导出设置】对话框,将【格式】设置为 AVI,将【预设】设置为 PAL DV,单击【输出名称】右侧的文字,在弹出的对话框中设置存储路径,并设置【文件名】为【倒计时】,如图 1.122 所示。

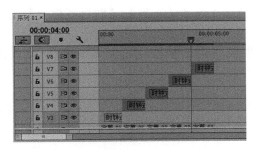

图 1.120　设置完成后的效果

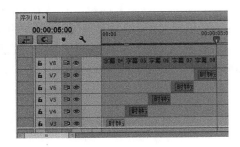

图 1.121　设置完成后的效果

　(29) 单击【保存】按钮，返回到【导出设置】对话框中，单击【导出】按钮即可将影片导出，导出完成后将场景进行保存。

图 1.122　【另存为】对话框

1.12　思　考　题

1. 影视剪辑的作用是什么？
2. 简述色彩的模式的种类，并对其进行相应的介绍。
3. Premiere 界面中包含了哪些主要面板？

第2章 视频素材的捕捉技术

在工作流程中，视频素材的捕捉是进行编辑前的一个准备工作。本章主要介绍在捕捉视频时对硬件的要求，以及捕捉视频的方法等。

2.1 视 频 素 材

Premiere Pro CC 是一个视音频编辑软件。从根本上说，它所编辑的是一些已经存在的视频、音频素材。输入原始视频素材到计算机硬盘有两种方式：外部视频输入和软件视频素材输入。其中，软件视频素材输入较为简单，外部视频输入则有一定的硬件要求和技术要求。外部视频输入是将摄像机、放像机及 VCD 机等的视频素材输入到计算机硬盘上。软件视频素材输入是把一些由应用软件如 3ds Max、Maya 等制作的动画视频素材输入到计算机硬盘上。

2.1.1 DV 视频和模拟视频

一般说来，生活中常见的家用微型便携式摄像机记录的信号是数字信号，这种摄像机又叫作 DV 摄像机。鉴于 DV 摄像机的数字信号便于处理、损耗小等优点，一些专业用的摄像机也有向数字化方向发展的趋势。

注 意

传统的 PAL 制式、NTSC 制式的视频素材都是模拟信号。计算机处理的视频都是数字信号。外部模拟视频输入过程就是一个模拟/数字的转换过程，也称为 A/D 模数转换。

模拟信号是指在时间和幅度方向上都是连续变化的信号；数字信号是指在时间和幅度方向上都是离散的信号。模拟/数字转换分为两步：第一步是把信号转换为时间方向离散的信号，而每一个离散信号在幅度方向连续；第二步是把这样的信号转换为时间、幅度方向都是离散的数字信号。第一步过程称为采样，第二步过程称为量化。

采样是根据这一频率的时钟脉冲，获得该时刻的信号幅度值。采样的时钟频率称为采样频率，采样频率越高，效果越好，但需要的存储空间也越大。采样获得的信号在幅度方向上是在这一范围内连续的值。

注 意

奈奎斯特采样定理描述了采样的频率应该满足的条件：令 f 为所采样信号的最高变化频率，那么采样频率必须不低于 $2f$，才可以正确地反映原信号。其中，最低的采样频率 $2f$ 称为奈奎斯特频率。

量化是把采样获得的信号在幅度方向上进一步离散化的过程。在电压信号的变化范围内取一定的间隔，在这个间隔范围内的电压值都规定为某一个确定值，这样来进行量化。

例如，如果在计算机中用 4 比特编码来表示量化结果，则可以进行 16 级的量化。把电压的变化范围平均划分为 16 级电平，每一级对应值分别在 0～15 之间。

由于一般的视频信号都采用 YUV 格式，进行量化也是按照各个分量来进行的。人眼对于图像中色度信号的变化不敏感，而对亮度信号的变化敏感。利用这个特性，可以把图像中表达颜色的信号去掉一些，而人眼不易察觉。所以一般 U、V 信号都可以进行压缩，而整体效果并不差。另外，人眼对于图像细节的分辨能力有一定的限度，从而可以把图像中的高频信号去掉而不易察觉。利用人眼的这些视觉特性进行采样，就有了不同的采样格式。不同的采样格式是指 YUV 三种信号的打样频率的比例关系不同。它们的比例关系通常采用 Y：U：V 的形式表示，常用的采样格式有 4：4：4、4：1：1、4：2：2、4：2：0 等。

2.1.2 视频捕捉的硬件要求

视频捕捉需要特定的硬件，同时，捕捉的视频质量是否足够好很大程度上也取决于计算机硬件的配置。其中视频捕捉卡、计算机 CPU、内存等硬件的作用最为突出。

1. 视频捕捉卡

视频捕捉的过程通常是一个 A/D 转换的过程。这个过程需要特定的硬件，即视频捕捉卡。视频捕捉卡是外部视频信号记录到计算机硬盘的中间媒介。常用的视频捕捉卡中有独立的视频捕捉卡，更多是被集成为视音频处理套卡。

使用视频捕捉卡的另一个原因是在 A/D 模数转换中数字视频信号的压缩，前面章节中介绍了视频信号的数据量非常大，在转换的过程中如果没有压缩，一般用户的硬盘难以承受。衡量视频捕捉卡的标准之一就是是否带有硬压缩，硬压缩就是通过硬件压缩视频文件的数据。如果视频捕捉卡上有硬压缩，捕捉性能将有很大的提高，例如带有 JPEG 压缩的视频捕捉卡就可以有效地捕捉全部运动的视频。

注意

视频捕捉卡的速度越快，视频捕捉的质量越好，它的速度越快视频在屏幕上的刷新速度就越快。例如，在每秒 30 帧的速度下捕捉视频信号的时候，很多视频捕捉卡可能只捕捉一帧中的一场，然后把捕捉到的一场复制为全帧。这是速度不够快的视频捕捉卡采用的一种处理方式，这种方式造成了捕捉到的信号一定程度上的失真。

2. 计算机 CPU、内存

计算机运行的速度越快，视频的捕捉质量越好。目前，能够安装 Premiere Pro CC 的计算机的 CPU 的速度已经可以满足捕捉一般视频的要求。

计算机的内存越大视频捕捉的质量越好。在视频捕捉的过程中，为了保证有足够的内存供捕捉设备使用，应该尽可能关闭其他的应用程序。

2.2　视频捕捉对话框

使用 Premiere Pro CC 捕捉外部视频信号是通过视频捕捉对话框来实现的。在菜单栏中单击【文件】|【捕捉】命令(或直接按 F5 键)可以打开视频捕捉对话框。该对话框包括状态显示区、预览窗口、参数设置面板、窗口菜单和设备控制面板 5 个部分,如图 2.1 所示。

- 状态显示区:显示外部视频信号设备的连接、工作状态及捕捉的状态等信息。
- 预览窗口:显示所捕捉的外部视频信号。
- 参数设置面板:用来设置捕捉的标准、模式等参数。
- 窗口菜单:用来调整窗口的显示方式、工作状态。
- 设备控制面板:用于捕捉过程开始、结束等的控制。

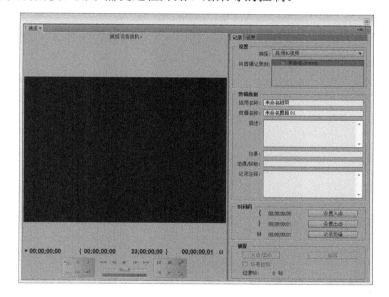

图 2.1　视频捕捉对话框

2.2.1　参数设置面板

参数设置面板包括【记录】选项卡和【设置】选项卡两部分。单击该面板顶部的选项卡可以实现这两部分内容的切换。

1.【记录】选项卡

选择【记录】选项卡可以在源素材带中制定需要捕捉的场景。在这个对话框中,可以将需要捕捉片段的出点和入点记载为一个列表,然后使用设备控制面板中的工具自动地将这些片段捕捉下来。【记录】选项卡如图 2.2 所示。

- 【设置】选项组:用于设置捕捉信号的类型和保存位置。【捕捉】下拉列表框用于设置捕捉信号的类型,允许单独捕捉视频信号和音频信号,也可以同时捕捉这两种信号。【记录素材到】列表框用于显示捕捉的视频信号保存的位置。

- 【剪辑数据】选项组：允许用户输入文本，简单描述捕捉的片段以便于分辨。
【磁带名称】文本框可以为正在捕捉的磁带命名。进行批捕捉时，每更换一次磁带，系统都会提示输入名称。【剪辑名称】文本框可以对正在捕捉的视频片段命名。【描述】文本框可以输入一段文字，对所捕捉的片段属性作简单的描述。【场景】文本框可以记录捕捉的场景信息。

- 【时间码】：设置捕捉的开始点、结束点。【设置入点】按钮用于设置视频捕捉的开始位置。【设置出点】按钮用于设置视频捕捉的结束位置。【记录素材】按钮用于设置出点和入点之间的长度。

2. 【设置】选项卡

【设置】选项卡主要用于设置捕捉到的素材在磁盘的保存位置，以及捕捉的控制方式，如图 2.3 所示。

图 2.2 【记录】选项卡

图 2.3 【设置】选项卡

- 【捕捉设置】选项组：捕捉的各项设置都会在这个列表中显示出来，也可以单击【编辑】按钮进行设置上的调整。

- 【捕捉位置】选项组：设定捕捉的视频、音频片段在计算机保存的位置。单击【浏览】按钮可以重新设定保存的路径。

- 【设备控制】选项组：用于设置捕捉的一些参数。【设备】下拉列表框用于指定捕捉设备。【预卷时间】数值框用于设置预卷时间来与外部视频输入设备的预卷时间匹配。

2.2.2 窗口菜单

单击捕捉对话框右上角的按钮  可以打开窗口菜单。窗口菜单是一种快捷菜单，菜单中的命令在其他菜单栏或者面板中也会出现，如图 2.4 所示。

图 2.4 窗口菜单

- 【捕捉设置】：可以打开捕捉设置对话框。
- 【录制视频】：开始视频捕捉。
- 【录制音频】：开始音频捕捉。
- 【录制音频和视频】：同时捕捉视频音频。
- 【场景检测】：用于探测捕捉信号。
- 【折叠窗口】：将捕捉窗口的参数设置面板隐藏，只保留预览窗口和设备控制面板。

2.2.3　设备控制面板

设备控制面板上的工具是用来控制外部视频设备的，如摄像机等。外部视频设备一般都有自己的控制按钮，但是在实际的捕捉过程中使用这些设备本身的控制按钮会造成播放与捕捉时间上的不同步。Adobe Premiere Pro CC 将这些设备控制工具与本身的捕捉工具组合到一起，使播放与捕捉过程有机地联系在一起，从而在 Adobe Premiere Pro CC 中就能实现素材的预览和捕捉。换句话说，设备控制面板可以实现外部视频设备的遥控。

视频控制面板还有一个重要的作用就是能够生成一个捕捉时间列表，这个列表可以包括多段视频片段的捕捉起点、终点，然后根据这个列表自动捕捉所有的片段，实现视频的批捕捉。

设备控制面板居于捕捉对话框的左下方，各按钮工具的作用较为简单，如图 2.5 所示。

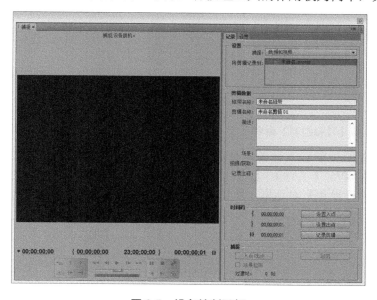

图 2.5　设备控制面板

2.3　模拟视频素材的捕捉

在安装了有效的捕捉硬件，准备好外部视频素材的输出设置，并将这两部分正确地连接起来后，就可以通过 Premiere Pro CC 进行视频素材的捕捉了。下面以模拟视频捕捉过程为例，讲述模拟视频捕捉的方法。

2.3.1 捕捉准备

捕捉准备的具体操作步骤如下。

(1) 按照厂商提供的要求在计算机上安装视频捕捉硬件。

(2) 打开外部视频输入设备，将其与计算机正确连接。

(3) 预留捕捉视频片段在计算机保存的位置，如果容量不够大，将导致捕捉的中断。

(4) 在桌面上双击快捷方式图标，启动 Premiere Pro CC。在弹出的欢迎界面中单击【新建项目】按钮，并输入新项目的名称，创建一个新项目文件。

2.3.2 捕捉参数设置

捕捉参数设置的具体操作步骤如下。

(1) 在菜单栏中选择【编辑】|【首选项】|【设备控制】命令，如图 2.6 所示。

(2) 弹出【首选项】对话框，如图 2.7 所示。

图 2.6 选择【设备控制】命令

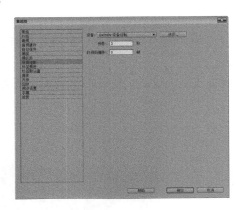

图 2.7 【首选项】对话框

(3) 根据外部的视频输入设备标准进行设备对话框的设置，单击【确定】按钮关闭对话框。在菜单栏中单击【文件】|【项目设置】|【常规】命令，如图 2.8 所示。

(4) 打开【项目设置】对话框，单击【捕捉】选项，进行捕捉设置，如图 2.9 所示。

图 2.8 选择【常规】命令

图 2.9 【项目设置】对话框

2.3.3   设置捕捉的出点和入点

设置捕捉的出点、入点的具体操作步骤如下。

(1) 在外部输入设备中播放视频素材。在 Premiere Pro CC 菜单栏中选择【文件】|【捕捉】命令打开捕捉对话框，视频信号出现在对话框中的预览窗口。

(2) 在设备控制面板中单击【播放】按钮 ▶ 播放所要捕捉的视频，当播放到所要捕捉的起点时单击【入点】按钮 ◀ 设置起点，当播放到所要捕捉的结束点时单击【出点】 ▶ 按钮设置结束点。

(3) 在设备控制面板中单击按钮 ◉ 进行捕捉，系统自动捕捉出点与入点之间的片段。

2.4   DV 视频素材的捕捉

捕捉 DV 视频与捕捉模拟视频是不同的，因为 DV 视频在拍摄时就直接被记录成数字信号，并被保存在一个硬件磁盘上，因此在被输入计算机过程中不存在模拟信号转换成数字信号的过程。在捕捉的过程中，DV 视频不需要一个场景接一个场景地线性捕捉，它仅仅需要一次性将数据传到计算机中。

捕捉准备的具体步骤如下。

(1) 使用 IEEE 1394 接口将外部 DV 视频设备(如摄像机)与计算机连接到一起。

(2) 打开外部视频设备，如摄像机，使其处于播放状态。

(3) 在桌面上双击 ▦ 快捷方式图标，启动 Premiere Pro CC 软件。在弹出的欢迎界面中单击【新建项目】按钮，在弹出的【新建项目】对话框中输入新项目的名称，单击【确定】按钮，创建一个新项目文件。

(4) 进入工作区后，在菜单栏中执行【文件】|【新建】|【新建序列】命令，打开【新建序列】对话框，如图 2.10 所示。

(5) 在菜单栏中选择【文件】|【项目设置】|【暂存盘】命令，打开【项目设置】对话框，在该对话框中设置所捕捉视频在计算机硬盘中的保存位置，如图 2.11 所示。

图 2.10   【新建序列】对话框

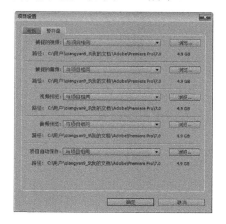

图 2.11   【项目设置】对话框

(6) 在 Premiere Pro CC 菜单栏中选择【文件】【捕捉】命令，打开【捕捉】对话框，使用设备控制面板中的工具设置出点和入点，然后单击【录制】 按钮，开始录制入点与出点之间的信号。

2.5 思 考 题

1. Premiere 的采集界面由些部分组成？如何设置采集参数？采集面板、设置窗口、项目面板的主要功能有哪些？

2. 数字视频的主要特点有哪些？请举例说明。

3. 简述捕捉 DV 视频与捕捉模拟视频的不同之处。

第 3 章　影 视 剪 辑

本章将对影视剪辑的一些必备理论和剪辑语言进行比较详尽的介绍，一个剪辑人员对于剪辑理论的掌握是非常必要的。

剪辑即是通过为素材添加入点和出点从而截取其中好的视频片段，将它与其他视频进行结合形成一个新的视频片段。

3.1　使用 Premiere Pro CC 剪辑素材

在 Premiere Pro CC 中的编辑过程是非线性的，可以在任何时候插入、复制、替换、传递和删除素材片段，还可以采取各种各样的顺序和效果进行试验，并在合成最终影片或输出到磁带前进行预演。

在一般情况下，Premiere Pro CC 会从头至尾地播放一个音频或音频素材。用户可以在 Premiere Pro CC 中使用监视器窗口和序列窗口编辑素材。监视器窗口用于观看素材和完成的影片，设置素材的入点和出点等；序列窗口主要用于建立序列、安排素材、分离素材、插入素材、合成素材以及混合音频素材等。在使用监视器窗口和序列窗口编辑影片时，同时还会使用一些相关的其他窗口和面板。用剪辑窗口或监视器窗口改变一个素材的开始、结束帧，改变静止图像素材的长度。

Premiere Pro CC 中的【监视器】窗口可以对原始素材和序列进行剪辑。

3.1.1　认识监视器窗口

在监视器窗口中有两个监视器：素材监视器与节目监视器，分别用来显示素材与作品在编辑时的状况。如图 3.1 所示为【源】监视器，显示和设置节目中的素材；如图 3.2 所示为【节目】监视器，显示和设置序列。

图 3.1　【源】监视器　　　　　　　　　　图 3.2　【节目】监视器

在【源】监视器窗口中，单击上方素材标题栏或黑色三角按钮，将弹出下拉菜单，其中提供了已经调入序列中的素材列表，可以更加快速便捷地浏览素材的基本情况，如图 3.3 所示。

安全区域的产生是由于电视机在播放视频图像时，屏幕的边会切除部分图像。这种现象叫作溢出扫描。而不同的电视机溢出的扫描量不同，所以要把图像的重要部分放在安全区域内。在制作影片时，需要将重要的场景元素、演员、图表放在动作安全区域内；将标题、字幕放在标题安全区域内，如图 3.4 所示。位于工作区域外侧的方框为运动安全区域，位于内侧的方框为标题安全区域。

图 3.3 查看素材的基本情况

图 3.4 设置安全框

单击【源】监视器窗口或【节目】监视器窗口下方的【安全框】按钮，可以显示或隐藏素材窗口和项目窗口中的安全区域。

3.1.2 在其他软件中打开素材

Premiere Pro CC 具有能在其他软件中打开素材的功能。用户可以用该功能在与素材兼容的其他软件中打开素材进行观看或编辑。例如，可以在 QuickTime 中观看 mov 影片。可以在 Photoshop CC 中打开并编辑图像素材。在应用程序中编辑该素材并存盘后，在 Premiere Pro CC 中的该素材会自动地进行更新。

要在其他应用程序中编辑素材，必须保证计算机中安装有该应用程序，并且有足够的内存来运行该程序。如果是在项目窗口中编辑的序列图片，则在应用程序中只能打开该序列图片第一幅图像；如果是在序列窗口中编辑的序列图片，则打开的是时间标记所在时间的当前帧画面。

使用其他应用程序编辑素材的方法如下。

(1) 在项目窗口(或序列窗口)中选中需要编辑的素材。

(2) 选择【编辑】|【编辑原始】命令，如图 3.5 所示。

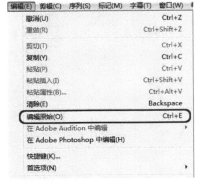

图 3.5 选择【编辑原始】命令

(3) 在打开的应用程序中编辑该素材并保存结果。

(4) 回到 Premiere Pro CC 中，修改后的结果会自动更新到当前素材。

3.1.3　剪裁素材

剪裁可以增加或删除帧以改变素材的长度。素材开始帧的位置被称为入点；素材结束帧的位置被称为出点。素材可以在监视器窗口(剪辑窗口)、序列窗口和修整窗口中被剪裁。用户对素材入点和出点所做的改变，不影响磁盘上源素材本身。用户不能使影片或音频素材比其源素材更长，除非使用速度命令减慢素材播放速度、延长其长度。任何素材最短的长度为 1 帧。

1. 在素材视窗中剪裁素材

【源】监视器窗口每次只能显示一个单独的素材。如果在【源】监视器窗口中打开了若干个素材，Premiere Pro CC 可以通过【源】下拉列表进行管理。Premiere Pro CC 记录素材的入点、出点等设置信息。单击素材窗口上方的【源】下拉列表，下拉列表中显示了所有在【源】监视器窗口中打开过的素材，可以在列表中选择需在【源】监视器窗口中打开的素材。如果序列中的影片被打开在【源】监视器窗口中，名称前会显示序列名称。

在大部分情况下，导入节目的素材都会完全适合最终节目的需要，往往要去掉影片中不需要的部分。这时可以通过设置入点、出点的方法来剪裁素材。

在【源】监视器窗口中改变入点和出点的方法如下。

(1) 在【项目】窗口中双击要设置入点、出点的素材，将其打开在【源】监视器窗口中。

(2) 在【源】监视器窗口中拖曳滑块或按空格键，找需要使用的片段的开始位置。

(3) 单击【源】监视器窗口下方【标记入点】按钮 ![] 或按 I 键，【源】监视器窗口显示当前素材入点画面，素材窗口右上方显示入点标记。

(4) 继续播放影片，找到使用片段的结束位置。

(5) 单击素材窗口下方【标记出点】按钮 ![] 或按 O 键，素材窗口中显示当前素材出点，入点和出点间显示为深色，此时置入序列片段即入点与出点的素材片段，如图 3.6 所示。

(6) 单击【转到入点】按钮 ![] 可以自动找到影片的入点位置；单击【转到出点】按钮 ![] 可以自动找到影片的出点位置。

当声音同步要求非常严格时，用户可以为音频素材设置高精度的入点。音频素材的入点可以使用高达 1/600 秒的精度来调节。可以在监视器菜单中选择【音频波形】，使素材以音频波形显示。对于音频素材，入点和出点指示器出现在波形图相应的点处，如图 3.7 所示。

当用户在为素材将一个同时含有影像和声音的素材拖入序列中时，该素材的音频和视频部分会被放到相应的轨道中。

用户在为素材设置入点和出点时，对素材的音频和视频部分同时有效。也可以为素材的视频或音频部分单独设置入点和出点。

(1) 在素材视频中选择要设置入点、出点的素材。

(2) 播放影片，找到使用片段的开始位置，选择【源】监视器中的素材并右击，在弹出的快捷菜单中选择【标记拆分】|【视频入点】命令，如图 3.8 所示。

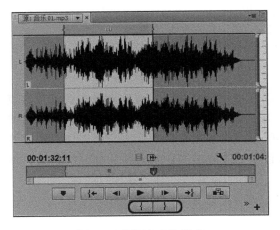

图 3.6　标记入点和出点　　　　　　　　　图 3.7　剪裁音频

（3）播放影片，找到使用片段的结束位置，选择【源】监视器中的素材并右击，在弹出的快捷菜单中选择【标记拆分】|【视频出点】命令，如图 3.9 所示。

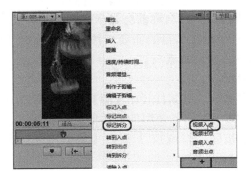

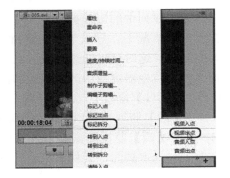

图 3.8　选择【视频入点】命令　　　　　　图 3.9　选择【视频出点】命令

（4）选择【源】监视器中的素材并右击，在弹出的快捷菜单中选择【标记拆分】|【音频入点】命令，将此设为音频入点，如图 3.10 所示。

（5）选择【源】监视器中的素材并右击，在弹出的快捷菜单中选择【标记拆分】|【音频出点】命令，将此设为音频出点，如图 3.11 所示。

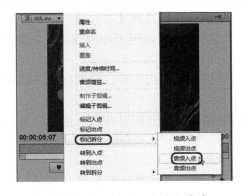

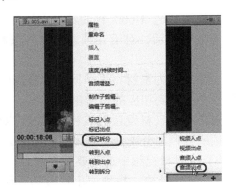

图 3.10　选择【音频入点】命令　　　　　　图 3.11　选择【音频出点】命令

(6) 分别设置入点、出点后的链接素材，在素材视窗中和序列中的形状如图 3.12 所示。

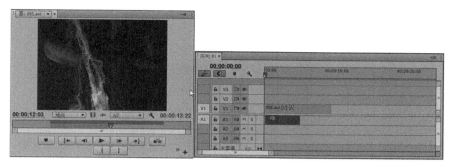

图 3.12 素材在序列中的形状

2. 在序列中剪裁素材

Premiere Pro CC 在序列中提供了多种方式剪裁素材。用户可以使用入点和出点工具或其他编辑工具对素材进行简单或复杂的剪裁。

为了更精细地剪裁，可以在序列中选择一个较小的时间单位。

1) 使用【选择工具】剪裁素材

(1) 将【选择工具】放在要缩短或拉长的素材边缘上，【选择工具】变成了增加光标，如图 3.13 所示。

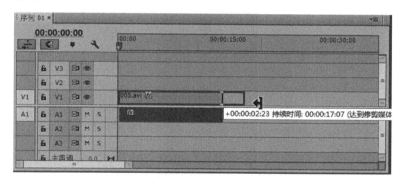

图 3.13 使用【选择工具】剪裁

(2) 拖曳鼠标以缩短或增加该素材。当拖曳鼠标时，素材被调节的入点或出点画面显示在项目窗口中，素材的开始和结束的时间码地址显示在信息面板中。当素材达到预定长度时，释放左键。

2) 使用【滚动编辑工具】剪裁素材

【滚动编辑工具】图标可以调节一个素材的长度，但会增长或者缩短相邻素材的长度，以保持原来两个素材和整个轨道的总长度。滚动编辑通常被称为视频风格编辑。当选择滚动编辑时，用户可以使用【边缘预览】在项目窗口中观看该素材和相邻素材的边缘。

使用【滚动编辑工具】剪裁素材的方法如下。

(1) 在编辑工具栏中选择【滚动编辑工具】。

(2) 将光标放在两个素材的连接处，并拖曳以剪裁素材，【节目】监视器窗口中显示相邻两帧的画面，如图 3.14 所示。

图 3.14　使用【滚动编辑工具】剪裁

(3) 一个素材的长度被调节了，其他素材的长度被缩短或拉长以补偿该调节。

3) 使用【波纹编辑工具】剪裁素材

使用【波纹编辑工具】拖动对象的出点可改变对象长度，相邻对象会粘上来或退后，相邻对象长度不变，节目总时间改变。波纹通常被称为胶片风格编辑。

使用【波纹编辑工具】剪裁素材的方法如下。

(1) 在编辑工具栏中选择【波纹编辑工具】 ⇔。

(2) 将光标放在两个素材连接处，并拖曳鼠标以调节预定素材的长度，如图 3.15 所示。【节目】监视器窗口中显示相邻两帧的画面。只有被拖曳素材的画面变化，其相邻素材画面不变。

(3) 拖曳片段边缘，其相邻片段的位置随之改变。【节目】监视器窗口中时间随之改变，如图 3.16 所示。

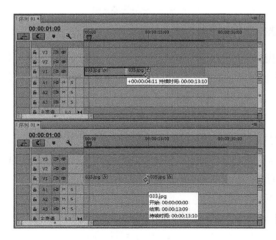

图 3.15　使用【波纹编辑工具】剪裁

图 3.16　时间随之改变

4) 使用【外滑工具】剪裁素材

【外滑工具】改变一个对象的入点与出点，保持其总长度不变，且不影响相邻其他对象。

使用【外滑工具】剪裁素材的方法如下。

(1) 在编辑工具栏中选择【外滑工具】。

(2) 单击需要编辑的片段并按住左键拖曳，如图 3.17 所示。

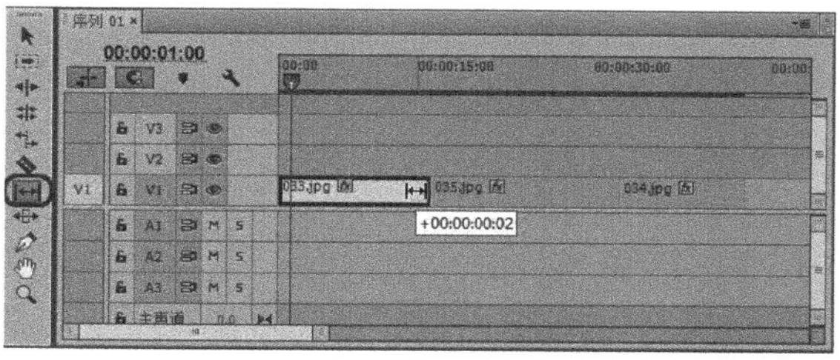

图 3.17　使用鼠标拖曳素材

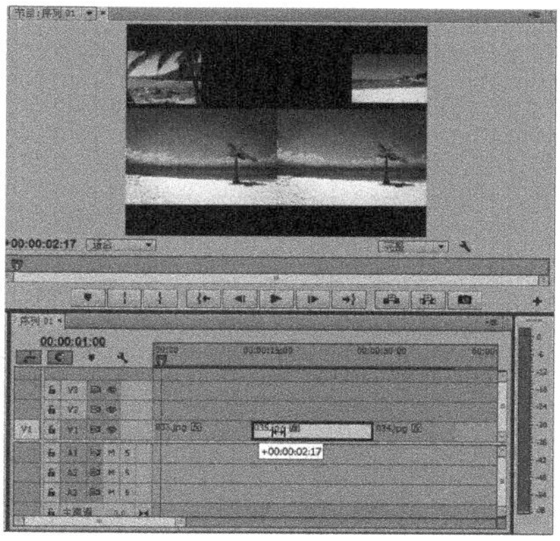

图 3.18　使用【外滑工具】拖曳素材时的画面

(3) 注意【节目】监视器窗口中发生的变化，如图 3.18 所示，左上图像为当前对象左边相邻片段的出点画面，右上图像为当前对象右边相邻片段的入点画面，下边图像为当前对象入点与出点画面，视窗左下方标识数字为当前对象改变帧数(正值标识当前对象入点，出点向后面的时间改变；负值表示当前对象入点、出点向前面的时间改变)。按住左键，在当前对象中拖曳滑动编辑工具。当前对象入点与出点以相同帧数改变，但其总时间不变，且不影响相邻片段。

5) 使用【内滑工具】剪裁素材

【内滑工具】保持要剪辑片段的入点与出点不变，通过其相邻片段入点和出点的改变，改变其序列上的位置，并保持节目总长度不变。

使用【内滑工具】剪裁素材的方法如下。

(1) 在编辑工具栏中选择【内滑工具】。

(2) 在需要编辑的片段上单击并按住左键拖曳。注意【节目】监视器窗口中发生的变化，如图 3.19 所示。

(3) 在图 3.20 中，左下图像为当前对象左边相邻片段的出点画面；右下图像为当前对象右边相邻片段的入点画面；上方图像为当前对象入点与出点画面。标识数字为相邻对象改变帧数。按住左键，在当前对象中拖曳幻灯片编辑工具，当前对象左边相邻片段的出点与右边相邻片段的入点随当前对象移动以相同帧数改变(左边相邻片段出点与右边相邻片段入点画面中的数值显示改变的帧数，0 表示相邻片段出点、入点没有改变；正值表示左边相邻片段出点与右边相邻片段入点向后面的时间改变；负值表示左边相邻片段出点与右边相邻片段入点向前面的时间改变)。当前对象在序列中的位置发生变化，但其入点与出点不变。

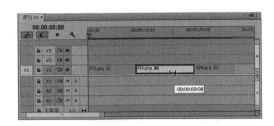

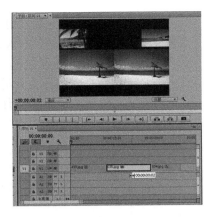

图 3.19　使用鼠标拖曳素材　　　　　图 3.20　使用【内滑工具】拖曳素材效果

3. 改变影片速度

用户可以为素材指定一个新的百分比或长度来改变素材的速度。对于视频和音频素材，其默认速度为 100%。可以设置速度为-10000%～10000%，负的百分值使素材反向播放。当用户改变了一个素材的速度，【节目】监视器窗口和信息面板会反映出新的设置，用户可以设置序列中的素材(视音频素材、静止图像或切换)长度。

改变素材的速度会有效地减少增加原始素材的帧数，这会影响影片素材的运动质量和音频素材的声音质量。例如：设定一个影片的速度到 50%(或长度增加一倍)，影片产生慢动作效果；设定影片的速度到 200%(或减半其长度)，加倍素材的速度以产生快进效果。

如果同时改变了素材的方向，则确保在【场选项】对话框中选择【交换场序】。设置这些场选项会消除可能产生的不平稳运动。

使用工具栏中的【比率拉伸工具】，也可以对片段进行相应的速度调整，改变片段长度。选择速度调整工具，然后拖曳片段边缘，对象速度被改变，但入点、出点不变。

对素材进行变速后，有可能导致播放质量下降，出现跳帧现象。这时可以使用帧融合技术使素材播放得更加平滑。帧融合技术可以通过在已有的帧之间插入新帧来产生更平滑的运动效果。当素材的帧速率低于作品的帧速度时，Premiere Pro CC 通过重复显示上一帧来填充缺少的帧，这时运动图像可能会出现抖动，通过帧融合技术，Premiere Pro CC 在帧之间插入新帧来平滑运动；当素材的帧速率高于作品的帧速率时，Premiere Pro CC 会跳过一些帧，这时同样会导致运动图像抖动，通过帧融合技术，Premiere Pro CC 重组帧来平滑运动。使用帧融合将耗费更多计算时间。

在序列中右击素材，在弹出的快捷菜单中选择【帧定格】命令，在【帧定格选项】对话框中选择【定格滤镜】即可应用帧融合技术，如图 3.21 所示。

改变影片速度的方法如下。

(1) 在菜单栏中选择【剪辑】|【速度/持续时间…】命令，弹出【素材速度/持续时间】对话框，如图 3.22 所示。

(2) 【速度】控制影片速度，100%为原始速度，低于 100%速度变慢，高于 100%速度变快；在【持续时间】栏中输入新时间，会改变影片出点，如果该选项与【速度】链接，则改变影片速度；选择【速度反向】选项，可以倒播影片；【保持音调】选项锁定音频。

设置完毕，单击【确定】按钮退出。

图 3.21　勾选【定格滤镜】复选框

图 3.22　调整影片的速度

设置静止图像默认长度的方法如下。

(1) 选择菜单栏中【编辑】|【首选项】|【常规】命令，弹出【首选项】对话框，如图 3.23 所示。

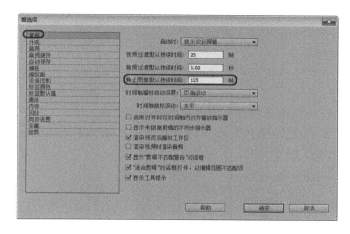

图 3.23　设置静帧图片的默认持续时间

(2) 在【静态图像默认持续时间】数值框中以帧为单位输入静止图像新长度即可。

4．创建静止帧

可以冻结需要保持其长度的素材中特写的帧。冻结一帧将产生与静止图像相同的效果。用户可以在素材的入点、出点和标记点"0"处冻结帧。

产生一个冻结帧的方法如下。

(1) 为需要冻结的素材设置入点、出点和标记点"0"。

(2) 在序列中选择该素材并右击，在弹出的菜单中选择【帧定格】命令，弹出【帧定格选项】对话框。

(3) 选中【定格在】选项，即可选择一个需要冻结的帧。在其下拉列表中，【入点】表示静止帧保持在入点位置，【标记 0】表示静止帧保持在标记点"0"位置，【出点】表示静止帧保持在出点位置，如图 3.24 所示。

(4) 选中【定格滤镜】选项可以将应用到素材片段的滤镜效果静止。

图 3.24 定格在下拉列表

5. 在序列窗口中粘贴素材或素材属性

Premiere Pro CC 提供了标准的 Windows 编辑命令，用于剪切、复制和粘贴素材，这些命令都在【编辑】菜单下。

- 【剪切】命令将选择的内容剪切掉，并存入到剪贴板中，以供粘贴。
- 【复制】命令复制选取的内容并存到剪贴板中，对原有的内容不进行任何修改。
- 【粘贴】命令把剪贴板中保存的内容粘贴到指定的区域中，可以进行多次粘贴。

Premiere Pro CC 还提供了两个独特的粘贴命令：【粘贴插入】和【粘贴属性】。

- 【粘贴插入】命令将所复制的或剪切的素材粘贴到序列中时间指示器所在位置。处于其后方的影片会等距离后退。

粘贴的使用方法如下。

(1) 选择素材，然后选择菜单栏中【编辑】|【复制】命令，也可以按 Ctrl+C 组合键，如图 3.25 所示。

(2) 在序列中将时间指示器移动到需要粘贴的位置。

(3) 选择【编辑】|【粘贴插入】命令，复制的影片被粘贴到时间指示器位置，其后的影片等距离后退，如图 3.26 所示。

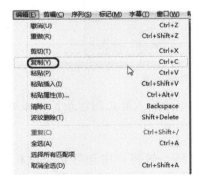

图 3.25 选择【复制】命令

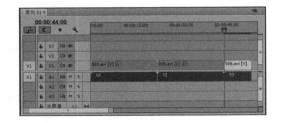

图 3.26 【粘贴插入】后的效果

【粘贴属性】命令是指粘贴一个素材的属性(滤镜效果、运动设定及不透明度设定等)到序列中的目标上。

6. 场设置

在使用视频素材时，会遇到交错视频场的问题。它严重影响着最后的合成质量。大部分视频编辑合成软件中都对场控制提供了一整套解决方案。

要解决场问题，首先必须对场有一个概念性的认识。

在将光信号转换为电信号的扫描过程中，扫描总是从图像的左上角开始，水平向前行进，同时扫描点也以较慢的速率向下移动。当扫描点到达图像右侧边缘时，扫描点快速返回左侧，重新开始在第 1 行的起点下面进行第 2 行扫描，行与行之间的返回过程称为水平消隐。一幅完整的图像扫描信号，由水平消隐间隔分开的行信号序列构成，称为一帧。扫描点扫描完一帧后，要从图像的右下角返回到图像的左下角，开始新一帧的扫描，这一时间间隔，叫作垂直消隐。对 PAL 制信号来讲，采用每帧 625 行扫描。对于 NTSC 制信号来讲，采用每帧 525 行扫描。

大部分的广播视频采用两个交换显示的垂直扫描场构成每一帧画面，这叫作交错扫描场。交错视频的帧由两个场构成，其中一个扫描帧的全部奇数场，称为奇场或上场；另一个扫描帧的全部偶数场，称为偶场或下场。场以水平分隔线的方式隔行保存帧的内容，在显示时首先显示第 1 个场的交错间隔内容，然后再显示第 2 个场来填充第一个场留下的缝隙。计算机操作系统是以非交错形式显示视频的，它的每一帧画面由一个垂直扫描场完成。 电影胶片类似于非交错视频，它每次是显示整个帧的。

解决交错视频场的最佳方案是分离场。合成编辑可以将上载到计算机的视频素材进行场分离。通过从每个场产生一个完整帧再分离视频场，并保存原始素材中的全部数据。在对素材进行如变速、缩放、旋转、效果等加工时，场分离是极为重要的。如果未对素材进行场分离，那么画面中会有严重的毛刺效果。

在分离场的时候，我们是要选择场的优先顺序的。下面列出一般情况下，各种视频标准录像带的场优先顺序，如表 3.1 所示。

表 3.1　各种视频标准录像带的场顺序

格　式	场 顺 序
DV	下场
640×480 NTSC	上场
640×480 NTSC Full	下场
720×480 NTSC DV	下场
720×480 NTSC D1	通常是下场
768×576 PAL	上场
720×576 PAL DV	下场
720×576 PAL D1	上场
HDTV	场或者下场

在选择场顺序后，您应该播放影片，观察影片是否能够平滑地进行播放。如果出现了跳动的现象，则说明场的顺序是错误的。

对于采集或上载的视频素材，一般情况下我们都要对其进行场分离设置。另外，如果要将计算机中完成的影片输出到用于电视监视器播放的领域，在输出时也要对场进行设置。输出到电视机的影片是具有场的。我们可以对没有场的影片来添加场。例如，使用三维动画软件输出的影片，在输出时没有输出场，录制到录像带在电视上播出的时候，就会出现问题。这时候我们可以为其在输出前添加场。您可以在渲染设置中进行场设置，也可以在特效操作中添加场。

　　场的概念源于电视。电视由于要克服信号频率带宽的限制，无法在制式规定的刷新时间内(PAL 制式是 25fps)同时将一帧图像显现在屏幕上，只能将图像分成两个半幅的图像，一先一后地显现，由于刷新速度快，肉眼是分辨不出来的。普通电视都是采用隔行扫描方式。隔行扫描方式是将一帧电视画面分成奇数场和偶数场两次扫描。第一次扫出由 1、3、5、7…等所有奇数行组成的奇数场，第二次扫出由 2、4、6、8…所有偶数行组成的偶数场 (premiere 中称为顶部场 Upper Field 和底部场 Low Field，关系为偶数场 Even Field 应对应顶部场 Upper Field，奇数场 Odd Field 应对应底部场 Lower field)。这样，每一幅图像经过两场扫描，所有的像素便全部扫完。

　　众所周知，电视荧光屏上的扫描频率(即帧频)有 30Hz(美国、日本等，帧频为 30fps 的称为 NTFS 制式)和 25Hz(西欧、中国等，帧频为 25fps 的称为 PAL 制式)两种，即电视每秒钟可传送 30 帧或 25 帧图像，30Hz 和 25Hz 分别与相应国家电源的频率一致。电影每秒钟放映 24 个画格，这意味着每秒传送 24 幅图像，与电视的帧频 24Hz 意义相同。电影和电视确定帧频的共同原则是为了使人们在银幕上或荧屏上能看到动作连续的活动图像，这要求帧频在 24Hz 以上。为了使人眼看不出银幕和荧屏上的亮度闪烁，电影放映时，每个画格停留期间遮光一次，换画格时遮光一次，于是在银幕上亮度每秒钟闪烁 48 次。电视荧光屏的亮度闪烁频率必须高于 48Hz 才能使人眼觉察不出闪烁。由于受信号带宽的限制，电视采用隔行扫描的方式以满足这一要求。每帧分两场扫描，每个场消隐期间荧光屏不发光，于是荧屏亮度每秒闪烁 50 次(25 帧)和 60 次(30 帧)。这就是电影和电视帧频不同的历史原因。但是电影的标准在世界上是统一的。

　　场是因隔行扫描系统而产生的，两场为一帧。目前我们所看到的普通电视的成像，实际上是由两条叠加的扫描折线组成的。比如你想把一张白纸涂黑，你就拿起铅笔，在纸上从上边开始，左右画折线，一笔不断地一直画到纸的底部，这就是一场，然而很不幸，这时你发现画得太稀，于是你又插缝重复补画一次，于是就是电视的一帧。场频的锯齿波与你画的并无异样，只不过在回扫期间，也就是逆程信号是被屏蔽了的；然而这先后的两笔就存在时间上的差异，反映在电视上就是频闪了，造成了视觉上的障碍，于是我们通常会说不清晰。

　　现在，随着器件的发展，逐行系统也就应运而生了。因为它的一幅画面不需要第二次扫描，所以场的概念也就可以忽略了。同样是在单位时间内完成的事情，由于没有时间的滞后及插补的偏差，逐行的质量要好得多，这就是大家要求弃场的原因了。当然代价是，要求硬件(如电视)有双倍的带宽，和线性更加优良的器件，如行场锯齿波发生器及功率输出级部件，其特征频率必然至少要增加一倍。当然，由于逐行生成的信号源(碟片)具有先天优势，所以同为隔行的电视播放，效果也是有显著差异的。

　　就采集设备而言，它所采集的 AVI 本身就存在一个场序的问题，而这又是采集卡的驱动程序和主芯片以及所采集的视频制式所共同决定的；就播放设备而言，它所播放的机器本身还存在一个场序的问题，而这又是由播放设备所采用的工业规范标准以及所播放的视频制式所决定的。上述两种设备的场序是既定的，不可更改的。

　　在实际制作中，就用 Premiere，在采集制作时的场序则可以根据我们的意愿作适当的调整，其根本宗旨是把采集设备的场序适当的调整到播放设备的场序。首先要确定采集设备在采集不同制式不同信号源时，所采用的场序，这可以从采集设备技术说明书中查到；其次要确定你最终输出视频格式和播放机所采用的场序，这可以从所播放的视频制式和播放设备的工业规范标准中查到；好了，现在我们就可以用采集设备的场序来采集，用播放设备的场序来输出。这正是我们在 Premiere 中作场序调整的目的之所在。

提示

　　在 Premiere 中输出的时候，注意输出的场跟源文件的场要一致，否则会抖动得很厉害或有锯齿；还有有些插件不支持场输出，比如 Final Effect(模拟各类天气效果的，雨、雪等)、Power sms(有 1000 多个转场的那个)和好莱坞(Hollywood)请注意设置场的顺序(要不然会出现抖动情况的)；在 Premiere 中慢动作的设置和做 VCD 的设置不一样，请自己根据设备的不同进行研究。如果视频不带遥控装置，需要手动控制录像机进行采集，这时无法设置入点和出点。

　　在使用视频素材时，会遇到交错视频场的问题，它严重影响着最后的合成质量。随着视频格式、采集和回放设备的不同，场的优先顺序也是不同的。如果场顺序反转，运动会变得僵持和闪烁。在编辑中，改变片段的速度、输出胶片带、反向播放片段或冻结视频帧，都有可能遇到场处理问题。所以，正确的场设置在视频编辑中是非常重要的。

　　一般情况下，在新建节目时，就要指定正确的场顺序。这里的顺序一般要按照影片的输出设备来设置。在【新建序列】对话框的【设置】选项卡中，选择【视频】选项并在右侧的窗口中的【场】下拉列表中指定编辑影片所使用的场方式，如图 3.27 所示。【无场(逐行扫描)】应用于非交错场影片。在编辑交错场影片时，要根据相关视频硬件显示奇偶场的顺序，选择【上场优先】或者【下场优先】。在输入影片的时候，也有类似的选项设置。

　　如果编辑过程中，得到的素材场顺序都有所不同，则必须使其统一，并符合编辑输出的场设置。

　　调整方法为：在序列中右击素材，在弹出的快捷菜单中选择【场选项】命令，然后在弹出的【场选项】对话框中进行设置，如图 3.28 所示。

图 3.27　设置场的顺序

图 3.28　选择【场选项】命令

【场选项】对话框中的选项介绍如下。

- 【交换场序】：反转场控制。如果素材场顺序与视频采集卡场顺序相反，则选该项。
- 【无】：不进行处理。
- 【交错相邻帧】：交错场处理。将非交错场转换为交错场。
- 【总是反交错】：非交错场处理。将交错场转换为非交错场。

【消除闪烁】：消除闪烁。该选项消除细水平线的闪烁。当该选项没有被选择时，一个只有一个像素的水平线只在两场中的其中一场出现，则在回放时会导致闪烁；选择该选项将使扫描线的百分值增加或降低以混合扫描线，使一个像素的扫描线在视频的两场中都出现。在 Premiere Pro CC 中播出字幕时，一般都要将该项打开。

7. 删除素材

如果用户决定不使用序列中的某个素材片段，则可以在序列中将其删除。从序列中删除一个素材不会将其在项目窗口中删除。当用户删除一个素材后，可以在轨道上的该素材处留下空位。也可以选择波纹删除，将其他所有轨迹上的内容向左移动覆盖被删除的素材留下的空位。

1) 删除素材

删除素材的方法如下。

(1) 在序列中选择一个或多个素材。

(2) 按 Del 键、BackSpace 键或选择菜单栏中的【编辑】|【清除】命令，如图 3.29 所示。

2) 波纹删除素材

波纹删除素材的方法如下。

(1) 在序列中选择一个或多个素材。

(2) 如果不希望其他轨道的素材移动，可以锁定该轨道。

(3) 在菜单栏中选择【编辑】|【波纹删除】命令，在弹出的菜单中选择【波纹删除】命令，如图 3.30 所示。

图 3.29 选择【清除】命令 　　　图 3.30 选择【波纹删除】命令

3.1.4 设置标记点

设置标记点可以帮助用户在序列中对齐素材或切换，还可以快速寻找目标位置，如图 3.31 所示。

标记点和【序列】窗口中的【对齐】按钮选项
共同工作。若【对齐】按钮 被选中，则【序列】窗口
中的素材在标记的有限范围内移动时，就会快速与邻近
的标记靠齐。对于【序列】窗口以及每一个单独的素
材，都可以加入 100 个带有数字的标记点(0～99)和最多
999 个不带数字的标记点。

　　【源】监视器窗口的标记工具用于设置素材片段的
标记；【节目】监视器窗口的标记工具用于设置序列中
时间标尺上的标记。创建标记点后，可以先选择标记
点，然后移动。

　　为素材视窗中的素材设置标记点方法如下。

　　(1) 在【源】监视器窗口中选择要设置标记的素材。

　　(2) 在素材视窗中找到设置标记的位置，然后单击

图 3.31　设置无编号标记

【添加标记】按钮 为该处添加一个标记点，可以按 M 键，可以在菜单栏中选择【标
记】|【添加标记】命令，如图 3.32 所示。

> **提 示**
>
> 按 M 键时，需要将输入法设置为英文状态，此时按 M 键才会起作用。

　　用户可在此为其添加数字标记。为其添加数字标记的方法如下。

　　(1)【添加章节标记】：在编辑标识线的位置添加一个章节标记。

　　(2) 在【源素材】监视窗口中选择需要添加标记的位置，单击右键，在弹出的快捷菜
单中选择【添加章节标记】命令，如图 3.33 所示。

图 3.32　选择【添加标记】命令

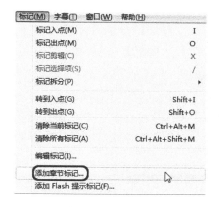

图 3.33　选择【添加章节标记】命令

　　(3) 在弹出的对话框中将其【名称】设置为【章节标记】，选中【章节标记】单选按
钮，其他参数为默认设置，如图 3.34 所示。

　　(4) 设置完成后，单击【确定】按钮，即可在【源素材】监视窗口中为其添加章节
标记。

　　【设置 Flash 提示标记】：设置输出为 Flash 文件时的提示标记点。添加 Flash 提示标
记的方法与其添加章节标记的方法相同。

为序列设置标记点方法为：在【序列】面板中选择素材，将时间线拖曳至需要设置标记的位置，单击该窗口中的【添加标记】按钮 ，即可为其添加标记，如图3.35所示。

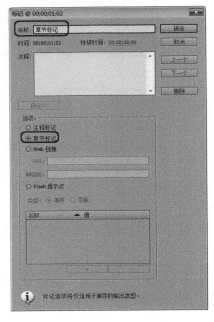

图3.34 【标记】对话框

图3.35 单击【添加标记】按钮

1. 使用标记点

为素材或时间标尺设置标记后，用户可以快速找到某个标记位置或通过标记使素材对齐。

查找目标标记点的方法为：在【源素材】监视窗口中单击【转到下一标记】按钮 和【转到上一标记】按钮 ，可以找到上一个或者下一个标记点。

> **提 示**
>
> 可以利用标记点在素材与素材或与时间标尺之间进行对齐。在【序列】窗口中拖曳素材上的标记点，这时会有一条参考线弹出在标记点中央，可以帮助对齐素材或者时间标尺上的标记点。当标记点对齐后，释放鼠标即可。

2. 删除标记点

用户可以随时将不需要的标记点删除。

如果要删除单个标记点，选择需要删除的标记并右击，在弹出的快捷菜单中选择【清除当前标记】命令，如图3.36所示。

如果要删除全部标记点，选择一个标记点并右击，在弹出的快捷菜单中选择【删除全部标记】命令，如图3.37所示。

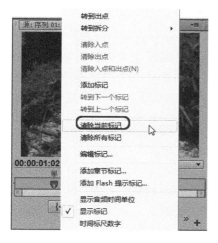

图 3.36　选择【清除当前标记】命令

图 3.37　选择【删除全部标记】命令

3.2　分　离　素　材

在序列中可以切割一个单独的素材成为两个或更多个单独的素材，还可以使用插入工具进行三点或者四点编辑。也可以将链接素材的音频或视频部分分离，或将分离的音频和视频素材链接起来。

3.2.1　切割素材

当用户切割一个素材时，实际上是建立了该素材的两个副本。

可以在序列中锁定轨道，保证在一个轨道上进行编辑时其他轨道上的素材不受影响。

将一个素材切割成两个素材的方法如下。

(1) 在工具栏选择【剃刀工具】 。

(2) 在素材需要剪切处单击，该素材即被切割为两个素材，每一个素材都有其独立的长度和入点、出点，如图 3.38 所示。

如果要将多个轨道上的素材在同一点分割，则按住 Shift 键，会显示多重刀片，轨道上所有未锁定的素材都在该位置被分为两段，如图 3.39 所示。

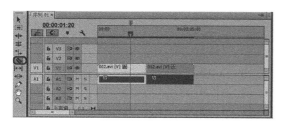

图 3.38　使用【剃刀工具】切割素材

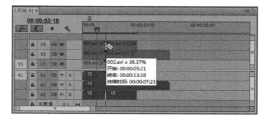

图 3.39　切割多个轨道上的素材

3.2.2 插入和覆盖编辑

用户可以选择插入和覆盖编辑，将【源】监视器窗口或者【节目】监视器窗口中的影片插入到序列中。在插入素材时，可以锁定其他轨道上的素材或切换，以避免引起不必要的变动。锁定轨道非常有用，例如可以在影片中插入一个视频素材而不改变音频轨道。

【插入】按钮 🔳 和【覆盖】按钮 🔳 工具可以将【源】监视器窗口中的片段直接置入序列中的时间标示点位置的当前轨道中。

1. 插入编辑

使用插入工具置入片段时，凡是处于时间标示点之后(包括部分处于时间指示器之后)的素材都会向后推移。如果时间标示点位于目标轨道中的素材之上，插入的新素材会把原有素材分为两段，直接插在其中，原素材的后半部分将会向后推移，接在新素材之后。

使用插入工具插入素材的方法如下。

(1) 在【源】监视器窗口中选中要插入到序列中的素材，并为其设置入点和出点。

(2) 在【节目】监视器窗口或序列中将编辑标示线移动到需要插入的时间点。

(3) 在【源】监视器窗口中单击【插入】按钮 🔳 ，将选择的素材插入序列中编辑标示线后面。此时插入的新素材会直接插在其中，把原有素材分为两段，原素材的后半部分将会向后推移。接在新素材之后，这样素材的长度会增长，如图 3.40 所示。

2. 覆盖编辑

使用覆盖工具插入素材的方法如下。

(1) 在【项目】窗口中选择要插入影片的素材，并将其在【源】监视器窗口中打开，并为其设置入点和出点，如图 3.41 所示。

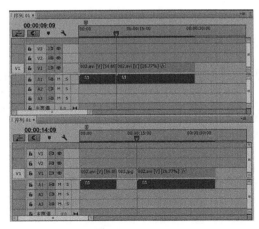

图 3.40　插入素材

图 3.41　标记素材的入点与出点

(2) 在【项目】窗口中将当前时间设置为需要覆盖素材的位置。

(3) 在【源】监视器窗口中单击【覆盖】按钮 🔳 ，加入的新素材在编辑标示线处覆盖其下素材，素材总长度保持不变，如图 3.42 所示。

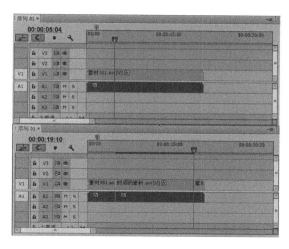

图 3.42　覆盖后的效果

3.2.3　提升和提取编辑

使用【提升】按钮 ![icon] 和【提取】按钮 ![icon] 可以在【序列】窗口中选定轨道上删除指定的一段节目。

1. 提升编辑

使用【提升】按钮 ![icon] 对影片进行删除修改时，只会删除目标轨道中选定范围内的素材片段，对其前、后的素材以及其他轨道上素材的位置都不会产生影响。

使用【提取】按钮的方法如下。

(1) 在【节目】监视器窗口中为素材需要提升的部分设置入点、出点。设置的入点和出点同时显示在序列的时间标尺上，如图 3.43 所示。

(2) 在【节目】监视器窗口中单击【提升】按钮 ![icon]，入点和出点间的素材被删除。删除后的区域留下空白，如图 3.44 所示。

图 3.43　设置素材的入点与出点

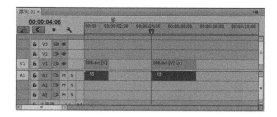

图 3.44　提升后的效果

2. 提取编辑

使用提取工具对影片进行删除修改，不但会删除目标选择栏中指定的目标轨道之中指定的片段，还会将其后的素材前移，填补空缺。而且，对于其他未锁定轨道之中位于该选择范围之内的片段也一并删除，并将后面的所有素材前移。

使用提取工具的方法如下。

(1) 在【节目】监视器窗口中为素材需要删除的部分设置入点、出点。设置的入点和出点同时也显示在序列的时间标尺上。

(2)设置完成后，在【项目】窗口中单击【提取】按钮 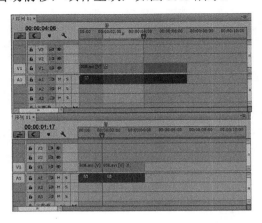，设置入点和出点间的素材被删除，其后的素材将自动前移，填补空缺，如图 3.45 所示。

图 3.45　提取完成后的效果

3.2.4　分离和链接素材

在编辑工作中，经常需要将序列窗口中的视音频链接素材的视频和音频部分分离。用户可以完全打断或者暂时释放链接素材的链接关系并重新放置其各部分。当然，很多时候也需要将各自独立的视频和音频链接在一起，作为一个整体调整。

为素材建立链接的方法如下。

(1) 在序列中框选择要进行链接的视频和音频片段。

(2) 单击右键，在弹出的快捷菜单中选择【链接】命令，如图 3.46 所示，视频和音频就能被链接在一起，选择其中的一项即可将其全部选择，如图 3.47 所示。

图 3.46　选择【链接】命令

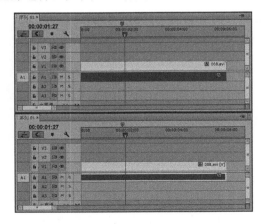

图 3.47　链接后的效果

分离素材的方法如下。

(1) 在序列中选择视音频链接的素材。

(2) 单击右键，在弹出的快捷菜单中选择【取消链接】命令，即可分离素材的音频和视频部分，如图 3.48 所示。

　　链接在一起的素材被断开后，分别移动音频和视频部分，使其错位，然后再链接在一起，系统会在片段上标记警告，并标识错位的时间，如图 3.49 所示。负值表示向前偏移，正值表示向后偏移。

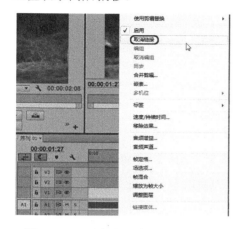

图 3.48　取消视频和音频之间的链接

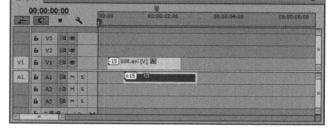

图 3.49　视频和音频的错位提示

3.3　版段中的编组和嵌套

　　在编辑工作中，经常需要对多个素材整体进行操作。这时使用群组命令，可以将多个片段组合为一个整体来进行移动、复制及打点等操作。

　　建立群组素材的方法如下。

　　(1) 在序列中框选要群组的素材。

　　(2) 按住 Shift 键，选择素材，可以加选素材。

　　(3) 在选定的素材上右击，选择弹出菜单中的【编组】命令，选定的素材被群组，如图 3.50 所示。

　　(4) 素材群组后，在进行移动、复制等操作的时候，就会作为一个整体进行操作。

提示

　　群组的素材无法改变其属性，比如改变群组的不透明度或施加特效等。这些操作仍然只针对单个素材有效。

　　如果要取消群组效果，可以右击群组对象，选择弹出菜单中的【取消编组】命令即可，如图 3.51 所示。

　　Premiere Pro CC 在非线性编辑软件中引入了合成的嵌套概念，可以将一个序列嵌套到另外一个序列中，作为一整段素材使用。对嵌套素材的源序列进行修改，会影响到嵌套素材；而对嵌套素材的修改则不会影响到其源序列。使用嵌套可以完成普通剪辑无法完成的复杂工作，并且可以在很大程度上提高工作效率。例如，进行多个素材的重复切换和特效混用。建立嵌套素材的方法如下。

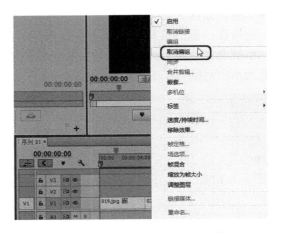

图 3.50　选择【编组】命令　　　　　　　图 3.51　选择【取消编组】命令

（1）首先，节目中必须有至少两个序列存在，在序列窗口中切换到要加入嵌套的目标序列。

（2）在【项目】窗口中选择产生嵌套的序列，例如序列 01，然后按住左键，将序列 01 拖入序列 02 的轨道上即可，如图 3.52 所示。

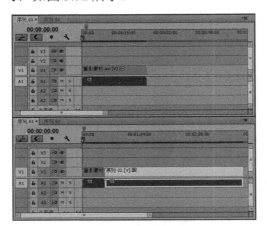

图 3.52　嵌套素材

双击嵌套素材，可以直接回到其源序列中进行编辑。

嵌套可以反复进行。处理多级嵌套素材时，需要大量的处理时间和内存。

> **提示**
>
> 不能将一个没有剪辑的空序列作为嵌套素材使用。

3.4　创建新元素

Premiere Pro CC 除了使用导入的素材，还可以建立一些新素材元素。下面就来进行详细的讲解。

3.4.1　倒计时导向

【倒计时导向】通常用于影片开始前的倒计时准备。Premiere Pro CC 为用户提供了现成的【倒计时导向】，用户可以非常简便地创建一个标准的倒计时素材，并可以在 Premiere Pro CC 中随时对其进行修改。

创建倒计时素材的方法如下。

(1) 在【项目】窗口中单击【新建素材箱】按钮 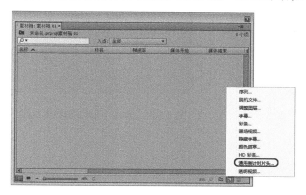，新建一个素材箱，双击新建的素材箱，在弹出的对话框中单击【新建项】按钮，在弹出的快捷菜单中选择【通用倒计时片头】命令，如图 3.53 所示。在弹出的【新建通用倒计时片头】对话框中单击【确定】按钮，弹出【通用倒计时设置】对话框，在该对话框中进行设置，如图 3.54 所示。

图 3.53　选择【通用倒计时片头】命令　　　图 3.54　【通用倒计时设置】对话框

- 【擦除颜色】：擦除颜色。播放倒计时影片的时候，指示线会不停地围绕圆心转动，在指示线转动方向之后的颜色为当前划扫颜色。
- 【背景色】：背景颜色。指示线转换方向之前的颜色为当前背景颜色。
- 【线条颜色】：指示线颜色。固定十字及转动的指示线的颜色由该项设定。
- 【目标颜色】：准星颜色。指定圆形的准星的颜色。
- 【数字颜色】：数字颜色。倒计时影片 8、7、6、5、4 等数字的颜色。
- 【出点提示音】：在倒计时出点时发出的提示音。
- 【倒数 2 秒提示音】：2 秒点是提示标志。在显示"2"的时候发声。
- 【在每秒都响提示音】：每秒提示标志，在每一秒钟开始时发声。

(2) 设置完毕后，单击【确定】按钮，Premiere Pro CC 自动将该段倒计时影片加入项目窗口。

用户可在【项目】窗口或序列中双击倒计时素材，随时打开【倒计时导向设置】窗口进行修改。

3.4.2　彩条测试卡和黑场视频

1. 彩条测试卡

Premiere Pro CC 可以为影片在开始前加入一段彩条。

在【项目】窗口中单击【新建素材箱】按钮，双击新建的素材箱，在弹出的对话框中单击【新建项】按钮，在弹出菜单中选择【彩条】命令，如图 3.55 所示。

2. 黑场视频

Premiere Pro CC 可以在影片中创建一段黑场。在【项目】窗口中右击，在弹出的快捷菜单中选择【新建项目】|【黑场视频】命令，即可创建黑场，如图 3.56 所示。

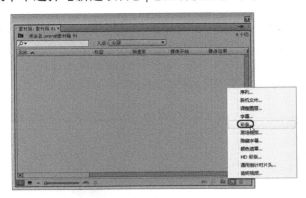

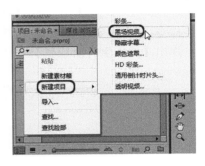

图 3.55　选择【彩条】命令　　　　　　　　　图 3.56　选择【黑场视频】命令

3.4.3　彩色遮罩

Premiere Pro CC 还可以为影片创建一个颜色蒙版。用户可以将颜色蒙版当作背景，也可以利用"透明度"命令来设定与它相关的色彩的透明性。

创建颜色蒙版的方法如下。

(1) 在【项目】窗口空白处右击，在弹出的快捷菜单中选择【新建项目】|【颜色遮罩】命令，如图 3.57 所示，弹出【新建颜色遮罩】对话框，如图 3.58 所示。

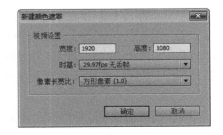

图 3.57　选择【颜色遮罩】命令　　　　　　　图 3.58　【新建颜色遮罩】对话框

(2) 单击【确定】按钮，弹出【设色器】对话框，在该对话框中选择所需要的颜色，单击【确定】按钮。这时会弹出一个【选择名称】对话框，在【选择新遮罩的名称】下的文本框中输入名称，然后单击【确定】按钮，如图 3.59 所示。

图 3.59　重命名颜色蒙版

提示

用户可在【项目】窗口或【序列】窗口双击色彩蒙版，随时打开【颜色拾取】对话框进行修改。

3.5 上机练习——剪辑视频片段

本例将通过在【源】窗口中来剪辑视频片段，并将剪辑的片段放到序列面板的视频轨道中，进行组合、调整以获得想要的影片效果，完成后的效果如图 3.60 所示。

图 3.60 最终效果

其具体操作步骤如下。

(1) 启动软件后在欢迎界面中单击【新建项目】按钮，在弹出的对话框中输入项目文件名称，然后单击【确定】按钮，如图 3.61 所示。

(2) 进入工作界面后按 Ctrl+N 组合键打开【新建序列】对话框，在该对话框中使用默认设置，单击【确定】按钮，如图 3.62 所示。

图 3.61 【新建项目】对话框

图 3.62 【新建序列】对话框

(3) 在【项目】窗口中双击，在弹出的【导入】对话框中选择 CDROM\素材\Cha03\视频素材文件夹，单击【导入文件夹】按钮，如图 3.63 所示。

(4) 将素材打开后，在【项目】窗口中双击导入的素材文件夹，即可打开【素材箱】

面板，在该面板中双击 01.avi 文件即可将其添加到【源】窗口中，如图 3.64 所示。

图 3.63　选择素材文件夹

图 3.64　【源】窗口

（5）在【源】窗口中单击【按钮编辑器】按钮 ⊞ ，在弹出的窗口中单击【标记入点】按钮 ，并将其拖曳至【源】窗口中，然后单击【确定】按钮，即可在【源】窗口中添加按钮，如图 3.65 所示。

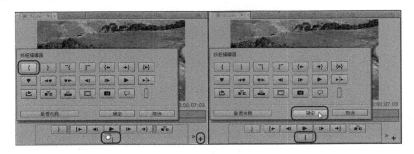

图 3.65　添加按钮

（6）添加完成后在【源】窗口中将当前时间设置为 00:00:00:00，然后单击【标记入点】按钮 ，即可为视频添加入点，如图 3.66 所示。

（7）设置完成后将当前时间设置为 00:00:05:00，在【源】窗口中单击【标记出点】按钮 ，即可为视频添加出点，如图 3.67 所示。

图 3.66　添加入点

图 3.67　添加出点

（8）将入点和出点设置完成后单击【插入】按钮 ，即可将设置完成后的视频插入到【序列】面板下的视频轨道中，如图 3.68 所示。

（9）在【序列】面板中选中插入的素材并右击，在弹出的快捷菜单中选择【取消链接】命令，如图 3.69 所示。

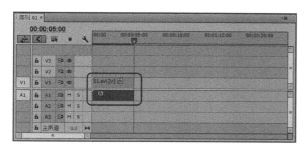

图 3.68　将视频插入到轨道中

图 3.69　选择【取消链接】命令

(10) 将视频与音频的链接取消后，在音频轨道中选择音频，按 Delete 键将音频删除，效果如图 3.70 所示。

(11) 将音频删除后选择视频轨道中的视频素材，切换至【效果控件】窗口中，将缩放设置为 54，如图 3.71 所示。

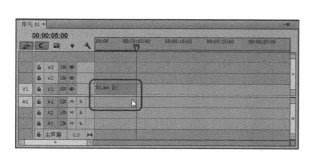

图 3.70　删除音频

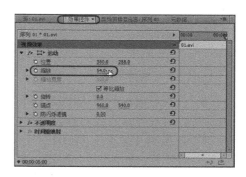

图 3.71　设置视频素材的缩放

(12) 在【素材箱】中双击 02.avi 文件，将其添加到【源】窗口中，使用同样方法在 00:00:00:00 时间处添加入点，然后再在 00:00:48:00 时间处添加出点，效果如图 3.72 所示。

(13) 设置完成后在【序列】面板中将当前时间设置为 00:00:05:00，在【源】窗口中单击【插入】按钮 ，将【源】窗口中的视频插入到视频 1 轨道中，效果如图 3.73 所示。

(14) 在视频轨道中选择刚插入的素材并右击，在弹出的快捷菜单中选择【取消链接】命令，如图 3.74 所示。

(15) 取消视频和音频的链接后，在音频轨道中选择音频，按 Delete 键将音频删除，效果如图 3.75 所示。

图 3.72　设置出点和入点

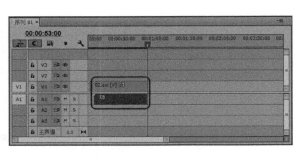

图 3.73　将视频插入到轨道中

图 3.74　取消链接

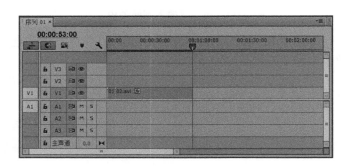

图 3.75　删除音频

(16) 将当前时间设置为 00:00:04:00，选择刚插入的视频素材，将其拖曳至视频 2 轨道中并使其起始端与时间线对齐，效果如图 3.76 所示。

(17) 切换至【效果】窗口中，打开【视频过渡】文件夹，选择【溶解】下的【渐隐为白色】过渡特效，如图 3.77 所示。

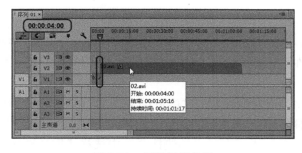

图 3.76　调整视频位置

图 3.77　选择【渐隐为白色】特效

(18) 选择特效后，将其拖曳至【序列】面板下的视频 2 轨道中素材的起始处，效果如图 3.78 所示。

(19) 使用同样方法将【素材箱】中的 03.avi 文件添加到【源】窗口中，并在 00:00:00:00 时间处添加入点，在 00:00:16:00 时间处添加出点，在【序列】面板中将当前时间设置为 00:01:05:16，然后在【源】窗口中单击【插入】按钮，将素材插入到视频轨道中，然后使用相同的方法删除音频并将其调整至视频 3 轨道中，添加过渡特效。执行以上操作后的效果如图 3.79 所示。

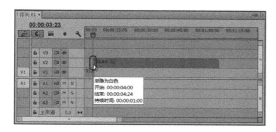

图 3.78　为视频添加特效

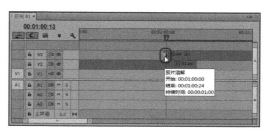

图 3.79　插入并调整视频 3 素材

(20) 切换至【项目】窗口，双击空白处即可打开【导入】对话框，选择 CDROM\素材\Cha03\音频.mp3 文件，然后单击【打开】按钮，如图 3.80 所示。

(21) 将素材打开之后，在【项目】窗口中双击打开的【音频.MP3】文件，即可将其添加至【源】窗口中，在【源】窗口中将时间设置为 00:00:0:00，然后单击【标记入点】按钮 ，将时间设置为 00:02:30:00，然后单击【标记出点】按钮 ，效果如图 3.81 所示。

图 3.80　打开素材文件

图 3.81　为音频添加入点与出点

(22) 添加完成后在【序列】面板中将当前时间设置为 00:01:15:20，然后切换至【源】窗口中单击【插入】按钮，将音频文件插入到音频轨道中，然后将音频轨道中的音频文件拖曳至 00:00:00:00 时间处，效果如图 3.82 所示。

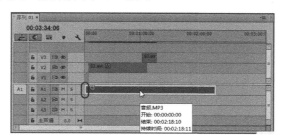

图 3.82　在音频轨道中调整其位置

3.6　思　考　题

1. Premiere Pro CC 中的编辑是一个什么过程？
2. 任意一个素材的最短长度为多长？
3. 什么是出点？
4. 提升与提取的区别是什么？

第4章 视频过渡的应用

一部电影或一个电视节目是由很多镜头组成的，镜头之间组合显示的变化被称为过渡。本章将介绍如何为视频片段与片段之间添加过渡。

4.1 转场特技设置

对于 Premiere Pro CC 提供的过渡效果类型，还可以对它们的效果进行设置，以使最终的显示效果更加丰富多彩。在过渡设置对话框中，我们可以设置每一个过渡的多种参数，从而改变过渡的方向、开始和结束帧的显示以及边缘效果等。

4.1.1 镜头过渡

视频镜头过渡效果在影视制作中比较常用。镜头过渡效果可以使两段不同的视频之间产生各式各样的过渡效果。下面通过旋转离开这一过渡特效来讲解镜头过渡效果的具体操作步骤。

(1) 在【项目】窗口中双击，在弹出的【导入】对话框中打开随书附带光盘中的 CDROM\素材\Cha04\001.jpg、002.jpg 两个素材文件，如图 4.1 所示。

(2) 在菜单栏中单击【文件】按钮，在弹出的下拉列表中选择【新建】|【新建序列】命令，如图 4.2 所示。

图 4.1 打开素材文件

图 4.2 选择【序列】命令

(3) 在弹出的【新建序列】对话框中，使用默认设置，【确定】单击按钮，如图 4.3 所示。

(4) 在【项目】窗口中选择导入的素材文件，将素材拖曳至【序列】面板中的 V1 轨道，如图 4.4 所示。

(5) 激活效果窗口打开【视频过渡】文件夹，选择【3D 运动】下的【门】过渡特效，如图 4.5 所示。

图 4.3　【新建序列】对话框

图 4.4　将素材移动至【序列】面板中

(6) 将该特效拖曳至两个素材之间，如图 4.6 所示。

图 4.5　选择【门】特效

图 4.6　添加特效

(7) 按空格键进行播放，播放效果如图 4.7 所示。

为影片添加过渡后，可以改变过渡的长度。最简单的方法是在序列中选中过渡拖动过渡的边缘即可如图 4.8 所示。还可以在【效果控件】窗口中对过渡进一步的调整，双击过渡即可打开【设置过度持续时间】对话框，如图 4.9 所示。

图 4.7　【门】效果

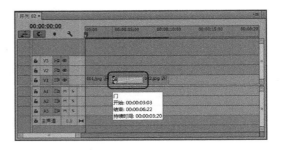

图 4.8　拖动过渡长度

图 4.9　【设置过度持续时间】对话框

4.1.2　调整过渡区域

首先看看右侧的时间轴区域，在这里可以设置过渡的持续时间和校准，如图 4.10 所示即可看到。在两段影片间加入过渡后，时间轴上会有一个重叠区域，这个重叠区域就是发生过渡的范围。同时，【序列】面板中只显示入点和出点间的影片不同，在【效果控件】面板的时间轴中，会显示影片的完全长度。边角带有小三角即表示影片到头。这样设置的好处是可以随时修改影片参与过渡的位置。

将时间标示点移动到影片上，按住左键拖曳，即可移动影片的位置，改变过渡的影响区域。

将时间标示点移动到过渡中线上拖曳，可以改变过渡位置，如图 4.11 所示。还可以将游标移动到过渡上拖曳改变位置，如图 4.12 所示。

图 4.10　【门】效果控件窗口

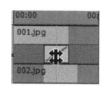

图 4.11　调整效果的位置

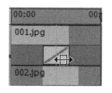

图 4.12　过渡游标

在左边的【校准】下拉列表中提供了几种过渡对齐方式。

【中心切入】：在两段影片之间加入过渡，如图 4.13 所示。

【起点切入】：以片段 B 的入点位置为准建立过渡，如图 4.14 所示。加入过渡时，直接将过渡拖曳到片段 B 的入点即为【开始于切点】模式。

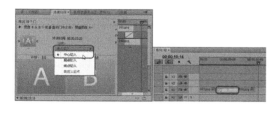

图 4.13　居中于切点

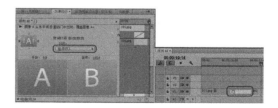

图 4.14　开始于切点

【结束于切点】：以片段 A 的出点位置为准建立过渡，如图 4.15 所示。加入过渡时，直接将过渡拖曳到片段 A 的出点为【结束于切点】模式。

只有通过拖曳方式才可以设置【自定义开始】。将光标移动到过渡边缘当鼠标变为 形状时，可以拖曳改变过渡的长度，如图 4.16 所示。

在调整过渡区域的时候，【节目】监视器窗口中会分别显示过渡影片的出点和入点画面，如图 4.17 所示，以观察调节效果。

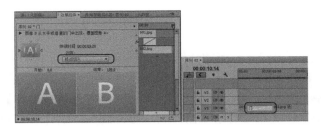

图 4.15　结束于切点

图 4.16　调整效果的长度

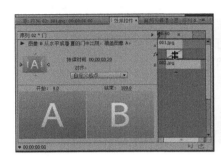

图 4.17　调整过渡区域时的出入点画面

4.1.3　改变切换设置

使用【效果控件】窗口可以改变时间线上的切换设置，包括切换的中心点、起点和终点的值、边界以及防锯齿质量设置，如图 4.18 所示。

- 【显示实际源】：显示素材的起点和终点帧。
- 【边框宽度】：调整切换的边框选项的宽度，默认状况下是没有边框，部分切换没有边框设置项。
- 【边框颜色】：指定切换的边框颜色，使用颜色样本或吸管可以选择颜色。
- 【反向】：相反、反向播放切换。
- 【消除锯齿品质】：调整过渡边缘的光滑度。
- 【自定义】：改变切换的特定设置。大多数切换不具备自定义设置。

在默认情况下，切换都是从 A 到 B 完成的。要改变切换的开始和结束状态，可拖曳【开始】和【结束】滑块。按住 Shift 键并拖曳滑条可以使开始和结束滑条以相同数值变化，如图 4.19 所示。

按住 Shift 键可以同时移动起点和终点滑块。例如，可以设置起点和终点的大小都是 50%，这样切换的整个过程显示的都是 50%的过渡效果。

有一些效果我们可以对它的切换中心进行调整。在效果面板中，选择一个具有中心的过渡效果。在【效果控件】窗口的 B 预览窗口中，拖曳小圆圈以重新配置切换的中心，如图 4.20 所示为小圆圈在中心时显示在【节目】监视器窗口中的结果，如图 4.21 所示的是小圆圈重新设置后在【节目】监视器窗口中的结果。

边缘选择器可以改变切换的方向或定位，单击切换缩略图上的边缘选择器箭头即可。例如，【双侧平推门】切换可以设置【双侧平推门】的角度，如图 4.22 所示。

图 4.18　效果控件面板

图 4.19　切换设置

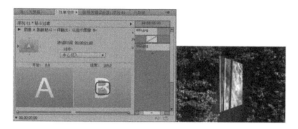

图 4.20　默认过渡中心

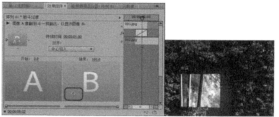

图 4.21　调整切换中心

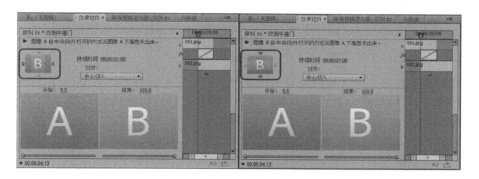

图 4.22　边缘选择器

4.1.4　设置默认过渡

选择【编辑】|【首选项】|【常规】命令，可以在弹出的对话框中进行切换的默认设置，如图 4.23 所示。

可以将当前选定的切换设为默认过渡。这样在使用如自动导入这样的功能时，所建立的都是该过渡。并可以分别设定视频和音频过渡的默认时间，如图 4.24 所示。

Premiere Pro CC 将各种过渡效果根据类型的不同，分别放在【效果】窗口中的【视频过渡】文件夹下的不同子文件夹中，用户可以根据使用的过渡类型，方便地进行查找。

图 4.23 选择【常规】命令

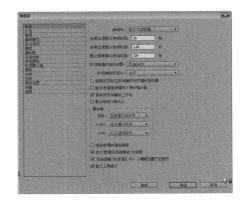

图 4.24 设置默认持续时间

4.2 高级转场效果

Premiere Pro CC 提供了很多种典型的过渡效果，它们按照不同的类型放在不同的分类夹中。单击分类夹展开分类夹，从中选择不同的视频过渡特效，再次单击分类夹可以将分类夹折叠起来。

4.2.1 3D 运动

视频过渡效果，在【3D 运动】文件夹中共包含 10 个 3D 运动效果的场影切换。

1．【向上折叠】过渡效果

【向上折叠】过渡产生一种折叠式的过渡效果，如图 4.25 所示。其具体操作步骤如下。

(1) 在【项目】面板中空白处双击，弹出【导入】对话框，打开随书附带光盘中的 CDROM\素材\Cha04\003.jpg、004.jpg 文件，如图 4.26 所示。

图 4.25 【向上折叠】特效

图 4.26 打开素材文件

(2) 在菜单栏中单击【文件】按钮，在弹出的下拉列表中选择【新建】|【序列】命令，如图 4.27 所示。

(3) 在弹出的窗口中使用默认设置，单击【确定】按钮，然后将打开后的素材拖入

【序列】面板中的视频轨道，如图 4.28 所示。

图 4.27　选择【序列】命令

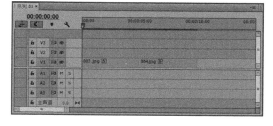

图 4.28　将素材拖入视频轨道

(4) 切换到【效果】窗口，打开【视频过渡】文件夹，选择【3D 运动】下的【向上折叠】特效，如图 4.29 所示。

(5) 选择特效后，将其拖曳至【序列】面板中两个素材之间，如图 4.30 所示。

(6) 按空格键进行播放。

图 4.29　选择【向上折叠】特效

图 4.30　将特效拖入轨道中

2.【帘式】过渡效果

【帘式】过渡效果产生类似窗帘向左右掀开的过渡效果，如图 4.31 所示。其具体操作步骤如下。

(1) 在【项目】窗口中空白处双击，弹出【导入】对话框，打开随书附带光盘中的 CDROM\素材\Cha04\003.jpg、004.jpg 文件，如图 4.32 所示。

图 4.31　【帘式】特效

图 4.32　打开素材文件

(2) 在菜单栏中单击【文件】按钮，在弹出的下拉列表中选择【新建】|【序列】命令，如图 4.33 所示。

(3) 在弹出的窗口中使用默认设置，单击【确定】按钮，然后将打开后的素材拖入【序列】面板中的视频轨道，如图 4.34 所示。

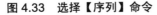

图 4.33　选择【序列】命令

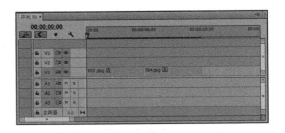

图 4.34　将素材拖入视频轨道

(4) 切换到【效果】窗口，打开【视频过渡】文件夹，选择【3D 运动】下的【帘式】过渡特效，如图 4.35 所示。

(5) 将其拖曳至【序列】面板中两个素材之间，如图 4.36 所示。

(6) 按空格键进行播放。

图 4.35　选择【帘式】特效

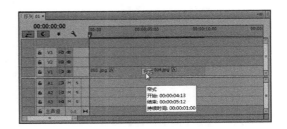

图 4.36　将特效拖入轨道

3. 【摆入】过渡效果

【摆入】过渡效果素材以某条边为中心像钟摆一样进入，如图 4.37 所示。其具体操作步骤如下。

(1) 在【项目】窗口中空白处双击，弹出【导入】对话框，打开随书附带光盘中的 CDROM\素材\Cha04\003.jpg、004.jpg 文件，如图 4.38 所示。

图 4.37　【摆入】特效

图 4.38　打开素材文件

(2) 在菜单栏中单击【文件】按钮，在弹出的下拉列表中选择【新建】|【序列】命

令，如图 4.39 所示。

(3) 在弹出的窗口中使用默认设置，单击【确定】按钮，然后将打开后的素材拖入【序列】面板中的视频轨道，如图 4.40 所示。

图 4.39　选择【序列】命令

图 4.40　将素材拖入视频轨道

(4) 切换到【效果】窗口，打开【视频过渡】文件夹，选择【3D 运动】下的【摆入】过渡特效，如图 4.41 所示。

(5) 将其拖曳至【序列】面板中两个素材之间，如图 4.42 所示。

图 4.41　选择【摆入】特效

图 4.42　拖入特效

(6) 按空格键进行播放。

4．【摆出】过渡效果

【摆出】过渡效果与【摆入】效果一样，但方向相反，如图 4.43 所示。其具体操作步骤如下。

(1) 在【项目】窗口中空白处双击，弹出【导入】对话框，打开随书附带光盘中的 CDROM\素材\Cha04\003.jpg、004.jpg 文件，如图 4.44 所示。

图 4.43　【摆出】特效

图 4.44　打开素材文件

(2) 在菜单栏中单击【文件】按钮，在弹出的下拉列表中选择【新建】|【序列】命令，如图 4.45 所示。

(3) 在弹出的窗口中使用默认设置，单击【确定】按钮，然后将打开后的素材，拖入【序列】面板中的视频轨道，如图 4.46 所示。

图 4.45 【新建序列】对话框

图 4.46 将素材拖入视频轨道

(4) 切换到【效果】窗口，打开【视频过渡】文件夹，选择【3D 运动】下的【摆出】过渡特效，如图 4.47 所示。

(5) 将其拖曳至【序列】面板中两个素材之间，如图 4.48 所示。

(6) 按空格键进行播放。

图 4.47 选择【摆出】特效

图 4.48 拖入特效

5.【旋转】过渡效果

【旋转】过渡效果产生平面压缩过渡效果，如图 4.49 所示。其具体操作步骤如下：

(1) 在【项目】窗口中空白处双击，弹出【导入】对话框，打开随书附带光盘中的 CDROM\素材\Cha04\003.jpg、004.jpg 文件，如图 4.50 所示。

图 4.49 【旋转】特效

图 4.50 打开素材文件

(2) 在菜单栏中单击【文件】按钮，在弹出的下拉列表中选择【新建】|【序列】命令，如图 4.51 所示。

(3) 在弹出的窗口中使用默认设置单击【确定】，然后将打开后的素材，拖入【序列】面板中的视频轨道，如图 4.52 所示。

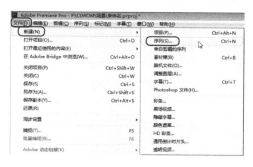

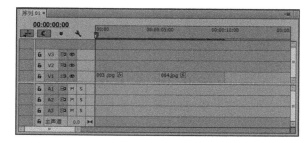

图 4.51　选择【序列】命令　　　　　图 4.52　将素材拖入视频轨道

(4) 切换到【效果】窗口，打开【视频过渡】文件夹，选择【3D 运动】下的【旋转】过渡特效，如图 4.53 所示。

(5) 将其拖曳至【序列】面板中两个素材之间，如图 4.54 所示。

(6) 按空格键进行播放。

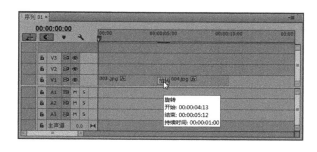

图 4.53　选择【旋转】特效　　　　　图 4.54　拖入特效

6. 【旋转离开】过渡效果

【旋转离开】过渡效果产生透视旋转效果，如图 4.55 所示。其具体操作步骤如下。

(1) 在【项目】窗口中空白处双击，弹出【导入】对话框，打开随书附带光盘中的 CDROM\素材\Cha04\005.jpg、006.jpg 文件，如图 4.56 所示。

(2) 在菜单栏中单击【文件】按钮，在弹出的下拉列表中选择【新建】|【序列】命令，如图 4.57 所示。

(3) 在弹出的窗口中使用默认设置，单击【确定】按钮，然后将打开后的素材拖入【序列】面板中的视频轨道，如图 4.58 所示。

(4) 切换到【效果】窗口，打开【视频过渡】文件夹，选择【3D 运动】下的【旋转离开】过渡特效，如图 4.59 所示。

(5) 将其拖曳至【序列】面板中两个素材之间，如图 4.60 所示。

(6) 按空格键进行播放。

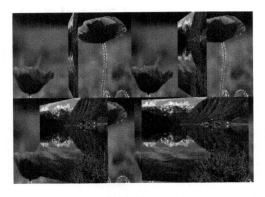

图 4.55 【旋转离开】特效

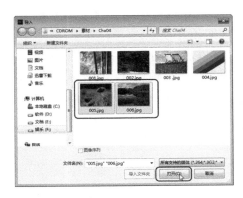

图 4.56 打开素材文件

图 4.57 选择【序列】命令

图 4.58 将素材拖入视频轨道

图 4.59 选择【旋转离开】特效

图 4.60 拖入特效

7.【立方体旋转】过渡效果

【立方体旋转】过渡效果可以产生立方体旋转的 3D 过渡效果,如图 4.61 所示。其具体操作步骤如下。

(1) 在【项目】窗口中空白处双击,弹出【导入】对话框,打开随书附带光盘中的 CDROM\素材\Cha04\005.jpg、006.jpg 文件,如图 4.62 所示。

(2) 在菜单栏中单击【文件】按钮,在弹出的下拉列表中选择【新建】|【序列】命令,如图 4.63 所示。

(3) 在弹出的窗口中使用默认设置,单击【确定】按钮,然后将打开后的素材拖入【序列】面板中的视频轨道,如图 4.64 所示。

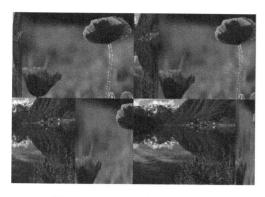

图 4.61　【立方体旋转】特效

图 4.62　打开素材文件

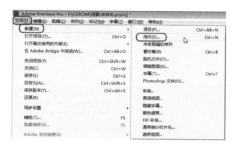

图 4.63　选择【序列】命令

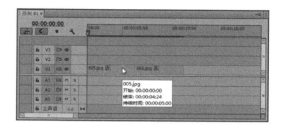

图 4.64　将素材拖入视频轨道

(4) 切换到【效果】窗口，打开【视频过渡】文件夹，选择【3D 运动】下的【立方体旋转】过渡特效，如图 4.65 所示。

(5) 将其拖曳至【序列】面板中两个素材之间，如图 4.66 所示。

(6) 按空格键进行播放。

图 4.65　选择【立方体旋转】特效

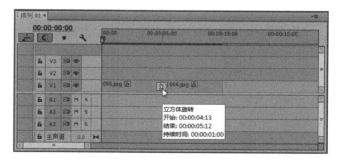

图 4.66　拖入特效

8.【筋斗过渡】过渡效果

【筋斗过渡】过渡效果产生透视旋转效果，如图 4.67 所示。其具体操作步骤如下。

(1) 在【项目】窗口中空白处双击，弹出【导入】对话框，打开随书附带光盘中的 CDROM\素材\Cha04\005.jpg、006.jpg 文件，如图 4.68 所示。

(2) 在菜单栏中单击【文件】按钮，在弹出的下拉列表中选择【新建】|【序列】命

令，如图 4.69 所示。

图 4.67 【筋斗过渡】特效

图 4.68 打开素材文件

(3) 在弹出的窗口中使用默认设置，单击【确定】按钮，然后将打开后的素材拖入【序列】面板中的视频轨道，如图 4.70 所示。

图 4.69 选择【序列】命令

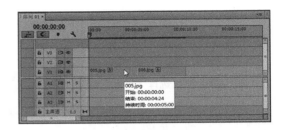

图 4.70 将素材拖入视频轨道

(4) 切换到【效果】窗口，打开【视频过渡】文件夹，选择【3D 运动】下的【筋斗过渡】过渡特效，如图 4.71 所示。

(5) 将其拖曳至【序列】面板中两个素材之间，如图 4.72 所示。

(6) 按空格键进行播放。

图 4.71 选择【筋斗过渡】特效

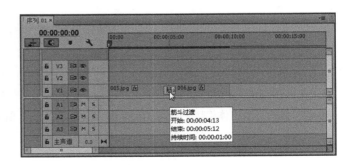

图 4.72 拖入特效

9. 【翻转】过渡效果

【翻转】过渡效果使图像 A 翻转到图像 B，如图 4.73 所示。其具体操作步骤如下。

(1) 在【项目】窗口中空白处双击，在弹出的【导入】对话框中，打开随书附带光盘中的 CDROM\素材\Cha04\005.jpg、006.jpg 文件，如图 4.74 所示。

图 4.73　【翻转】特效

图 4.74　打开素材文件

(2) 在菜单栏中单击【文件】按钮，在弹出的下拉列表中选择【新建】|【序列】命令，如图 4.75 所示。

(3) 在弹出的窗口中使用默认设置，单击【确定】按钮，然后将打开后的素材拖入【序列】面板中的视频轨道，如图 4.76 所示。

图 4.75　选择【序列】命令

图 4.76　将素材拖入视频轨道

(4) 切换到【效果】窗口，打开【视频过渡】文件夹，选择【3D 运动】下的【翻转】过渡特效，如图 4.77 所示。

(5) 将其拖曳至【序列】面板中的素材上，如图 4.78 所示。

图 4.77　选择【翻转】特效

图 4.78　拖入特效

(6) 切换到【效果控件】窗口中，单击【自定义】按钮，打开【翻转设置】对话框，对特效进行进一步的设置。

其中：【带状】用于输入翻转的图像数量。【填充色】用于设置空白区域颜色，如图 4.79 所示。

(7) 按空格键进行播放。

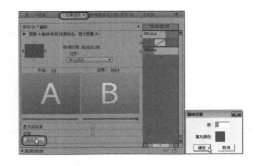

图 4.79 【翻转】设置

10. 【门】过渡效果

【门】过渡效果产生开门式的过渡效果，如图 4.80 所示。其具体操作步骤如下。

(1) 在【项目】窗口中空白处双击，在弹出的【导入】对话框中，打开随书附带光盘中的 CDROM\素材\Cha04\007.jpg、008.jpg 文件，如图 4.81 所示。

图 4.80 【门】特效

图 4.81 打开素材文件

(2) 在菜单栏中单击【文件】按钮，在弹出的下拉列表中选择【新建】|【序列】命令，如图 4.82 所示。

(3) 在弹出的窗口中使用默认设置，单击【确定】按钮，然后将打开后的素材拖入【序列】面板中的视频轨道，如图 4.83 所示。

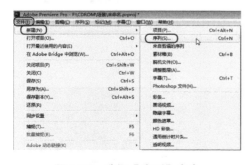

图 4.82 选择【序列】命令

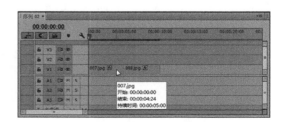

图 4.83 将素材拖入视频轨道

(4) 切换到【效果】窗口，打开【视频过渡】文件夹，选择【3D 运动】下的【门】过渡特效，如图 4.84 所示。

(5) 将其拖曳至【序列】面板中的素材上，如图 4.85 所示。

(6) 按空格键进行播放。

图 4.84　选择【门】特效

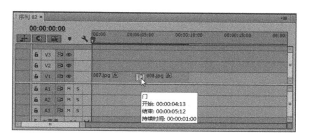

图 4.85　拖入特效

4.2.2　伸缩

在【伸缩】文件夹下共包括 4 个切换视频效果。

1.【交叉伸展】过渡效果

【交叉伸展】过渡效果使素材从一个边伸展进入，同时另一个素材收缩消失，如图 4.86 所示。其具体操作步骤如下。

(1) 在【项目】窗口中空白处双击，弹出【导入】对话框，打开随书附带光盘中的 CDROM\素材\Cha04\007.jpg、008.jpg 文件，如图 4.87 所示。

图 4.86　【交叉伸展】特效

图 4.87　打开素材文件

(2) 在菜单栏中单击【文件】按钮，在弹出的下拉列表中选择【新建】|【序列】命令，如图 4.88 所示。

(3) 在弹出的窗口中使用默认设置，单击【确定】按钮，然后将打开后的素材拖入【序列】面板中的视频轨道，如图 4.89 所示。

(4) 切换到【效果】窗口，打开【视频过渡】文件夹，选择【伸缩】下的【交叉伸展】过渡特效，如图 4.90 所示。

(5) 将其拖曳至【序列】面板两个素材之间，如图 4.91 所示。

(6) 按空格键进行播放。

图 4.88 选择【序列】命令

图 4.89 将素材拖入视频轨道

图 4.90 选择【交叉伸展】特效

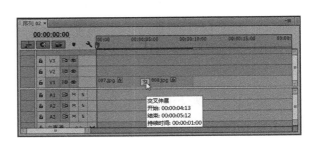

图 4.91 拖入特效

2. 【伸展】过渡效果

【伸展】过渡效果类似于【交叉伸展】效果，素材也从一个边伸展进入，逐渐覆盖另一个素材，如图 4.92 所示。其操作步骤如下。

(1) 在【项目】窗口中空白处双击，弹出【导入】对话框，打开随书附带光盘中的 CDROM\素材\Cha04\009.jpg、010.jpg 文件，如图 4.93 所示。

图 4.92 【伸展】特效

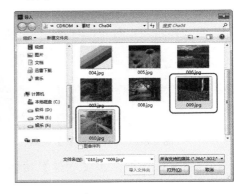

图 4.93 打开素材文件

(2) 在菜单栏中单击【文件】按钮，在弹出的下拉列表中选择【新建】|【序列】命令，如图 4.94 所示。

(3) 在弹出的窗口中使用默认设置，单击【确定】按钮，然后将打开后的素材拖入【序列】面板中的视频轨道，如图 4.95 所示。

图 4.94　选择【序列】命令

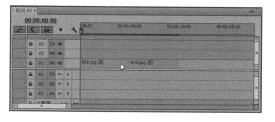

图 4.95　将素材拖入视频轨道

(4) 切换到【效果】窗口，打开【视频过渡】文件夹，选择【伸缩】下的【伸展】过渡特效，如图 4.96 所示。

(5) 将其拖曳至【序列】面板两个素材之间，如图 4.97 所示。

(6) 按空格键进行播放。

图 4.96　选择【伸展】特效

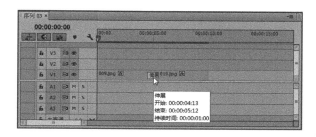

图 4.97　拖入特效

3. 【伸展覆盖】过渡效果

【伸展覆盖】过渡效果使素材从画面中心线处放大伸展进入，如图 4.98 所示。其操作步骤如下。

(1) 在【项目】窗口中空白处双击，弹出【导入】对话框，打开随书附带光盘中的 CDROM\素材\Cha04\009.jpg、010.jpg 文件，如图 4.99 所示。

图 4.98　【伸展覆盖】特效

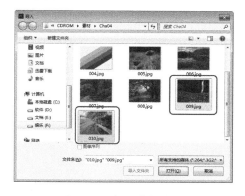

图 4.99　打开素材文件

(2) 在菜单栏中单击【文件】按钮，在弹出的下拉列表中选择【新建】|【序列】命令，如图 4.100 所示。

(3) 在弹出的窗口中使用默认设置，单击【确定】按钮，然后将打开后的素材拖入【序列】面板中的视频轨道，如图 4.101 所示。

图 4.100　选择【序列】命令　　　　　　　　图 4.101　将素材拖入视频轨道

(4) 切换到【效果】窗口，打开【视频过渡】文件夹，选择【伸缩】下的【伸展覆盖】过渡特效，如图 4.102 所示。

(5) 将其拖曳至【序列】面板两个素材之间，如图 4.103 所示。

(6) 按空格键进行播放。

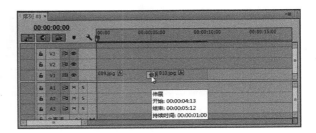

图 4.102　选择【伸展覆盖】特效　　　　　　图 4.103　拖入特效

4.【伸展进入】过渡效果

【伸展进入】过渡效果使素材从画处放大伸展进入，并结合了溶解效果，如图 4.104 所示。其具体操作步骤如下。

(1) 在【项目】窗口中空白处双击，打开随书附带光盘中的 CDROM\素材 \Cha04\009.jpg、010.jpg 文件，如图 4.105 所示。

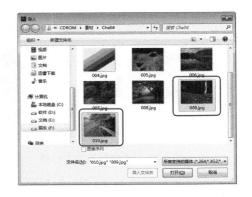

图 4.104　【伸展进入】特效　　　　　　　　图 4.105　打开素材文件

（2）在菜单栏中单击【文件】按钮，在弹出的下拉列表中选择【新建】|【序列】命令，如图 4.106 所示。

（3）在弹出的窗口中使用默认设置，单击【确定】按钮，然后将打开后的素材拖入【序列】面板中的视频轨道，如图 4.107 所示。

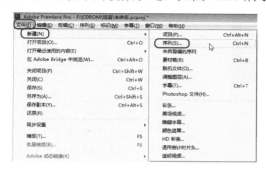

图 4.106　选择【序列】命令

图 4.107　将素材拖入视频轨道

（4）切换到【效果】窗口，打开【视频过渡】文件夹，选择【伸缩】下的【伸展进入】过渡特效，如图 4.108 所示。

（5）将其拖曳至【序列】面板两个素材之间，如图 4.109 所示。

（6）按空格键进行播放。

图 4.108　选择【伸展进入】特效

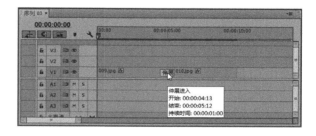

图 4.109　拖入特效

4.2.3　划像

在【划像】文件夹中共包括 7 个以划像方式过渡的切换视频效果。

1. 【交叉划像】过渡效果

【交叉划像】过渡效果产生十字交叉状的过渡效果，如图 4.110 所示。其具体操作步骤如下。

（1）在【项目】窗口中空白处双击，弹出【导入】对话框，打开随书附带光盘中的 CDROM\素材\Cha04\009.jpg、010.jpg 文件，如图 4.111 所示。

（2）在菜单栏中单击【文件】按钮，在弹出的下拉列表中选择【新建】|【序列】命令，如图 4.112 所示。

（3）在弹出的窗口中使用默认设置，单击【确定】按钮，然后将打开后的素材拖入【序列】面板中的视频轨道，如图 4.113 所示。

图 4.110 【交叉划像】特效

图 4.111 打开素材文件

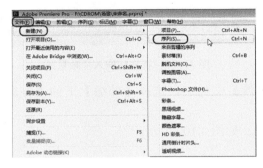

图 4.112 选择【序列】命令

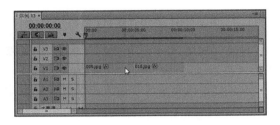

图 4.113 将素材拖入视频轨道

(4) 切换到【效果】窗口打开【视频过渡】文件夹，选择【划像】下的【交叉划像】过渡效果，如图 4.114 所示。

(5) 将其拖曳至【序列】面板中两个素材之间，如图 4.115 所示。

(6) 按空格键进行播放。

图 4.114 选择【交叉划像】特效

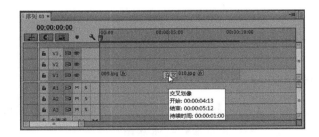

图 4.115 拖入特效

2. 【划像形状】过渡效果

【划像形状】过渡效果在默认时产生几个菱形的过渡效果，如图 4.116 所示。其操作步骤如下。

(1) 在【项目】窗口中空白处双击，弹出【导入】对话框，打开随书附带光盘中的 CDROM\素材\Cha04\011.jpg、012.jpg 文件，如图 4.117 所示。

(2) 在菜单栏中单击【文件】按钮，在弹出的下拉列表中选择【新建】|【序列】命令，如图 4.118 所示。

图 4.116　【划像形状】特效

图 4.117　打开素材文件

图 4.118　选择【序列】命令

（3）在弹出的窗口中使用默认设置，单击【确定】按钮，然后将打开后的素材拖入【序列】面板中的视频轨道，如图 4.119 所示。

（4）切换到【效果】窗口，打开【视频过渡】文件夹，选择【划像】下的【划像形状】过渡效果，如图 4.120 所示。

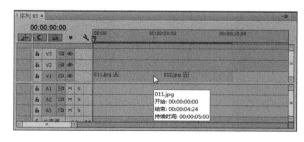

图 4.119　将素材拖入视频轨道

图 4.120　选择【划像形状】特效

（5）将其拖曳至【序列】面板中两个素材之间，如图 4.121 所示。

（6）切换到【效果控件】窗口，单击【自定义】按钮，打开【划像形状设置】对话框，对特效进行进一步的设置，如图 4.122 所示。

该对话框中的选项介绍如下。

【形状数量】：拖动滑块调整【横向】和【纵向】的值。

【形状类型】：选择形状，【矩形】、【椭圆】和【菱形】。

（7）按空格键进行播放。

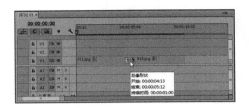

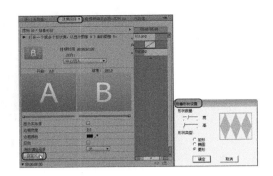

图 4.121　拖入特效　　　　　　　　　　　　　图 4.122　划像形状设置

3. 【圆划像】过渡效果

【圆划像】过渡效果产生一个圆形的效果，如图 4.123 所示。其具体操作步骤如下。

(1) 在【项目】窗口中空白处双击，弹出【导入】对话框，打开随书附带光盘中的 CDROM\素材\Cha04\011.jpg、012.jpg 文件，如图 4.124 所示。

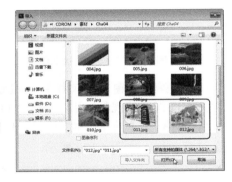

图 4.123　【圆划像】特效　　　　　　　　　　图 4.124　打开素材文件

(2) 在菜单栏中单击【文件】按钮，在弹出的下拉列表中选择【新建】|【序列】命令，如图 4.125 所示。

(3) 在弹出的窗口中使用默认设置，单击【确定】按钮，然后将打开后的素材拖入【序列】面板中的视频轨道，图 4.126 所示。

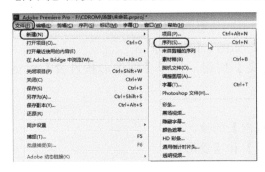

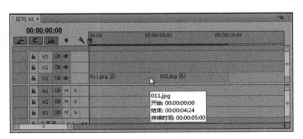

图 4.125　选择【序列】命令　　　　　　　　　图 4.126　将素材拖入视频轨道

（4）切换到【效果】窗口，打开【视频过渡】文件夹，选择【划像】下的【圆划像】过渡效果，如图 4.127 所示。

（5）将其拖曳至【序列】面板中两个素材之间，如图 4.128 所示。

（6）按空格键进行播放。

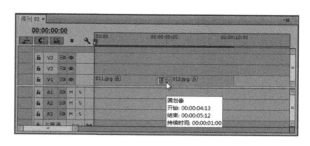

图 4.127　选择【圆划像】特效

图 4.128　拖入特效

4.【星形划像】过渡效果

【星形划像】过渡效果产生五角样式的过渡效果，如图 4.129 所示。其具体操作步骤如下。

（1）在【项目】窗口中空白处双击，弹出【导入】对话框，打开随书附带光盘中的 CDROM\素材\Cha04\011.jpg、012.jpg 文件，如图 4.130 所示。

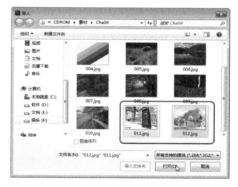

图 4.129　【星形划像】特效

图 4.130　打开素材文件

（2）在菜单栏中单击【文件】按钮，在弹出的下拉列表中选择【新建】|【序列】命令，如图 4.131 所示。

（3）在弹出的窗口中使用默认设置，单击【确定】按钮，然后将打开后的素材拖入【序列】面板中的视频轨道，如图 4.132 所示。

（4）切换到【效果】窗口，打开【视频过渡】文件夹，选择【划像】下的【星形划像】过渡效果，如图 4.133 所示。

（5）将其拖曳至【序列】面板中两个素材之间，如图 4.134 所示。

（6）按空格键进行播放。

图 4.131 选中【序列】命令

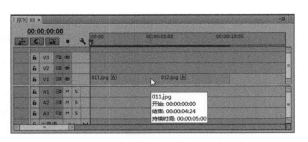

图 4.132 将素材拖入视频轨道

图 4.133 选择【星形划像】特效

图 4.134 拖入特效

5. 【点划像】过渡效果

【点划像】过渡效果产生 X 形状的过渡效果，如图 4.135 所示。其具体操作步骤如下。

(1) 在【项目】窗口中空白处双击，弹出【导入】对话框，打开随书附带光盘中的 CDROM\素材\Cha04\011.jpg、012.jpg 文件，如图 4.136 所示。

图 4.135 【点划像】特效

图 4.136 打开素材文件

(2) 在菜单栏中单击【文件】按钮，在弹出的下拉列表中选择【新建】|【序列】命令，如图 4.137 所示。

(3) 在弹出的窗口中使用默认设置，单击【确定】按钮，然后将打开后的素材拖入【序列】面板中的视频轨道，如图 4.138 所示。

(4) 切换到【效果】窗口，打开【视频过渡】文件夹，选择【划像】下的【点划像】过渡效果，如图 4.139 所示。

(5) 将其拖曳至【序列】面板中两个素材之间，如图 4.140 所示。

(6) 按空格键进行播放。

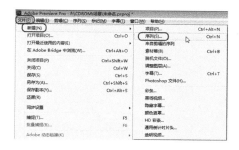

图 4.137　选择【序列】命令

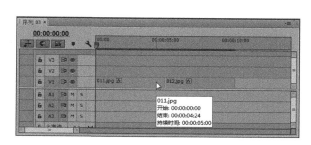

图 4.138　将素材拖入视频轨道

图 4.139　选择【点划像】特效

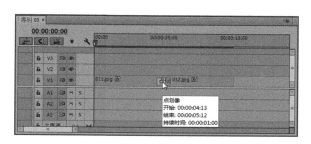

图 4.140　拖入特效

6.【盒形划像】过渡效果

【盒形划像】过渡效果产生矩形扩展或收缩的过渡效果，如图 4.141 所示。其具体操作步骤如下。

(1) 在【项目】窗口中空白处双击，弹出【导入】对话框，打开随书附带光盘中的 CDROM\素材\Cha04\013.jpg、014.jpg 文件，如图 4.142 所示。

图 4.141　【盒形划像】特效

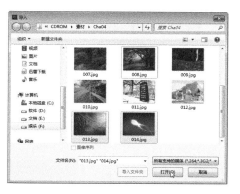

图 4.142　打开素材文件

(2) 在菜单栏中单击【文件】按钮，在弹出的下拉列表中选择【新建】|【序列】命令，如图 4.143 所示。

(3) 在弹出的窗口中使用默认设置，单击【确定】按钮，然后将打开后的素材拖入【序列】面板中的视频轨道，如图 4.144 所示。

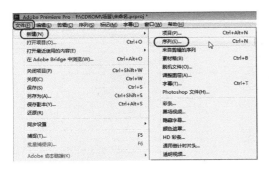

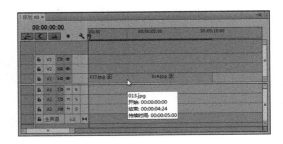

图 4.143　选择【序列】命令　　　　　　　　图 4.144　将素材拖入视频轨道

(4) 切换到【效果】窗口，打开【视频过渡】文件夹，选择【划像】下的【盒形划像】过渡特效，如图 4.145 所示。

(5) 将其拖曳至【序列】面板中两个素材之间，如图 4.146 所示。

(6) 按空格键进行播放。

图 4.145　选择【盒形划像】特效　　　　　　图 4.146　拖入特效

7.【菱形划像】过渡效果

【菱形划像】过渡效果产生菱形的过渡效果，如图 4.147 所示。其具体操作步骤如下。

(1) 在【项目】窗口中空白处双击，弹出【导入】对话框，打开随书附带光盘中的 CDROM\素材\Cha04\013.jpg、014.jpg 文件，如图 4.148 所示。

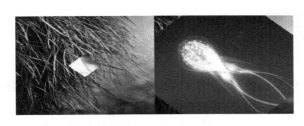

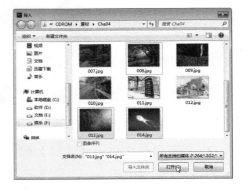

图 4.147　【菱形划像】特效　　　　　　　　图 4.148　打开素材文件

(2) 在菜单栏中单击【文件】按钮，在弹出的下拉列表中选择【新建】|【序列】命

令，如图 4.149 所示。

(3) 在弹出的窗口中使用默认设置，单击【确定】按钮，然后将打开后的素材，拖入【序列】面板中的视频轨道，如图 4.150 所示。

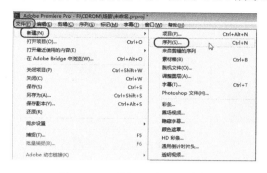

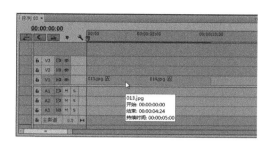

图 4.149　选择【序列】命令　　　　　　图 4.150　将素材拖入视频轨道

(4) 切换到【效果】窗口，打开【视频过渡】文件夹，选择【划像】下的【菱形划像】过渡特效，如图 4.151 所示。

(5) 将其拖曳至【序列】面板中两个素材之间，如图 4.152 所示。

(6) 按空格键进行播放。

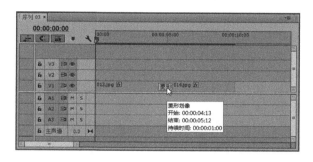

图 4.151　选择【菱形划像】特效　　　　　图 4.152　拖入特效

4.2.4　擦除

在【擦除】文件夹中共包括 17 个以扫像方式过渡的切换视频效果。

1.【划出】过渡效果

【划出】过渡效果使图像 B 逐渐扫过图像 A，效果如图 4.153 所示。其具体操作步骤如下。

(1) 在【项目】窗口中空白处双击，弹出【导入】对话框，打开随书附带光盘中的 CDROM\素材\Cha04\013.jpg、014.jpg 文件，如图 4.154 所示。

(2) 在菜单栏中单击【文件】按钮，在弹出的下拉列表中选择【新建】|【序列】命令，如图 4.155 所示。

(3) 在弹出的窗口中使用默认设置，单击【确定】按钮，然后将打开后的素材拖入【序列】面板中的视频轨道，如图 4.156 所示。

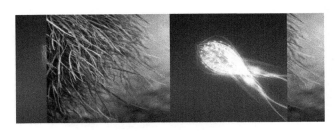

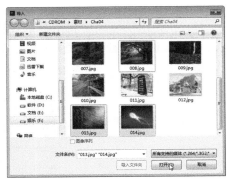

图 4.153 【划出】特效　　　　　　　图 4.154 打开素材文件

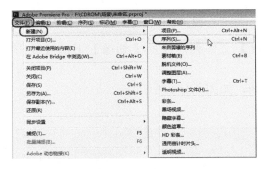

图 4.155 选择【序列】命令　　　　　图 4.156 将素材拖入视频轨道

(4) 切换到【效果】窗口，打开【视频过渡】文件夹，选择【擦除】下的【划出】过渡效果，如图 4.157 所示。

(5) 将其拖曳至【序列】面板两个素材之间，如图 4.158 所示。

(6) 按空格键进行播放。

图 4.157 选择【划出】特效　　　　　图 4.158 拖入特效

2. 【双侧平推门】过渡效果

【双侧平推门】过渡效果使图像 A 以开、关门的方式过渡转换到图像 B，如图 4.159 所示。其具体操作步骤如下。

(1) 在【项目】窗口中空白处双击，弹出【导入】对话框，打开素材随书附带光盘中的 CDROM\素材\Cha04\015.jpg、016.jpg 素材文件，如图 4.160 所示。

图 4.159　【双侧平推门】特效

图 4.160　打开素材文件

(2) 在菜单栏中单击【文件】按钮，在弹出的下拉列表中选择【新建】|【序列】命令，如图 4.161 所示。

(3) 在弹出的窗口中使用默认设置，单击【确定】按钮，然后将打开后的素材拖入【序列】面板中的视频轨道，如图 4.162 所示。

图 1.161　选择【序列】命令

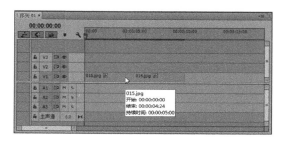

图 4.162　将素材拖入视频轨道

(4) 切换到【效果】窗口，打开【视频过渡】文件夹，选择【擦除】下的【双侧平推门】过渡效果，如图 4.163 所示。

(5) 将其拖曳至【序列】面板两个素材之间，如图 4.164 所示。

(6) 按空格键进行播放。

图 4.163　选择【双侧平推门】特效

图 4.164　拖入特效

3. 【带状擦除】过渡效果

【带状擦除】过渡效果使图像 B 从水平方向以条状进入并覆盖图像 A，效果如图 4.165 所示。其具体操作步骤如下。

(1) 在【项目】窗口中空白处双击，弹出【导入】对话框，打开随书附带光盘中的 CDROM\素材\Cha04\015.jpg、016.jpg 文件，如图 4.166 所示。

图 4.165 【带状擦除】特效

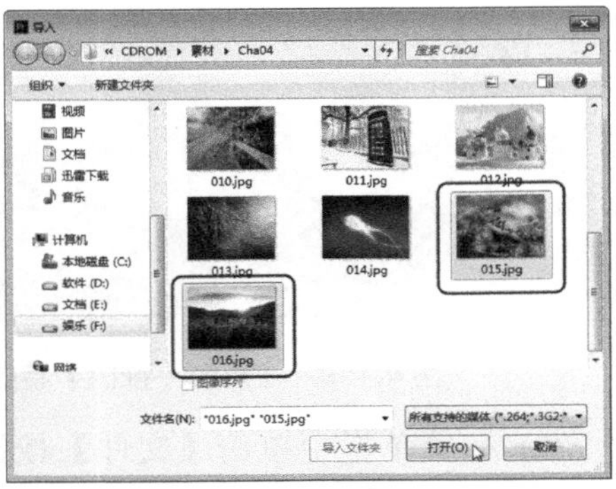

图 4.166 打开素材文件

(2) 在菜单栏中单击【文件】按钮，在弹出的下拉列表中选择【新建】|【序列】命令，如图 4.167 所示。

(3) 在弹出的窗口中使用默认设置，单击【确定】按钮，然后将打开后的素材拖入【序列】面板中的视频轨道，如图 4.168 所示。

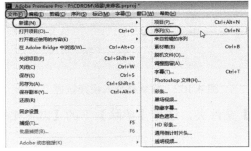

图 4.167 选择【序列】命令

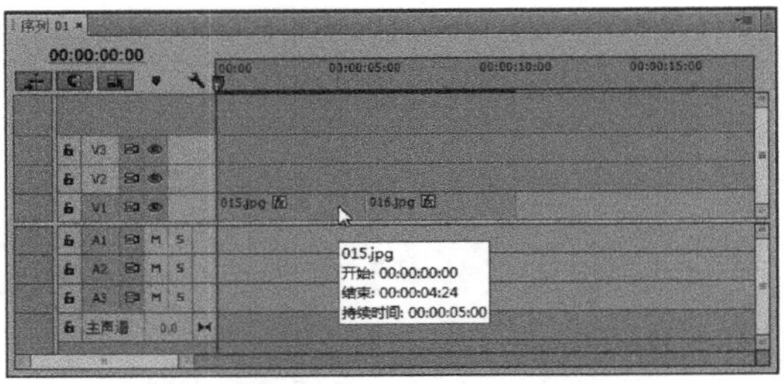

图 4.168 将素材拖入视频轨道

(4) 切换到【效果】窗口，打开【视频过渡】文件夹，选择【擦除】下的【带状擦除】过渡效果，如图 4.169 所示。

(5) 将其拖曳至【序列】面板中的素材上，如图 4.170 所示。

图 4.169 选择【带状擦除】特效

图 4.170 拖入特效

（6）切换到【效果控件】窗口，单击【自定义】按钮，打开【带状擦除设置】对话框，对特效进行进一步的设置，如图 4.171 所示。

其中：【条带数量】用于设置切换时条带的数量。

图 4.171　打开【带状擦除设置】对话框

4.【径向擦出】过渡效果

【径向擦出】过渡效果使图像 B 从图像 A 的一角扫入画面，如图 4.172 所示。其具体操作步骤如下。

（1）在【项目】窗口中空白处双击，弹出【导入】对话框，打开随书附带光盘中的 CDROM\素材\Cha04\015.jpg、016.jpg 文件，如图 4.173 所示。

图 4.172　【径向擦出】特效

图 4.173　打开素材文件

（2）在菜单栏中单击【文件】按钮，在弹出的下拉列表中选择【新建】|【序列】命令，如图 4.174 所示。

（3）在弹出的窗口中使用默认设置，单击【确定】按钮，然后将打开后的素材拖入【序列】面板中的视频轨道，如图 4.175 所示。

（4）切换到【效果】窗口，打开【视频过渡】文件夹，选择【擦除】下的【径向擦出】过渡效果，如图 4.176 所示。

（5）将其拖曳至【序列】面板两个素材之间，如图 4.177 所示。

（6）按空格键进行播放。

图 4.174　选择【序列】命令

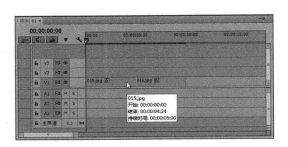

图 4.175　将素材拖入视频轨道

图 4.176　选择【径向擦出】特效

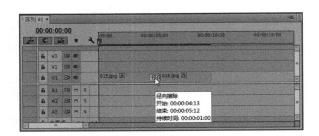

图 4.177　拖入特效

5. 【插入】过渡效果

【插入】过渡效果使图像 B 从图像 A 的左上角斜插进入画面，如图 4.178 所示。其具体操作步骤如下。

(1) 在【项目】窗口中空白处双击，弹出【导入】对话框，打开随书附带光盘中的 CDROM\素材\Cha04\015.jpg、016.jpg 素材文件，如图 4.179 所示。

图 4.178　【插入】特效

图 4.179　打开素材文件

(2) 在菜单栏中单击【文件】按钮，在弹出的下拉列表中选择【新建】|【序列】命令，如图 4.180 所示。

(3) 在弹出的窗口中使用默认设置，单击【确定】按钮，然后将打开后的素材拖入【序列】面板中的视频轨道，如图 4.181 所示。

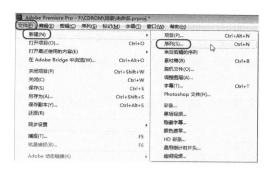

图 4.180 选择【序列】命令

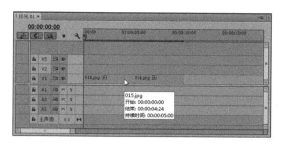

图 4.181 将素材拖入视频轨道

(4) 切换到【效果】窗口，打开【视频过渡】文件夹，选择【擦除】下的【插入】过渡效果，如图 4.182 所示。

(5) 将其拖曳至【序列】面板两个素材之间，如图 4.183 所示。

(6) 按空格键进行播放。

图 4.182 选择【插入】特效

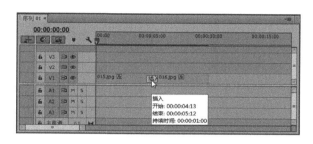

图 4.183 拖入特效

6. 【时钟式擦出】过渡效果

【时钟式擦出】过渡效果使图像 A 以时钟放置方式过渡到图像 B。其具体操作步如下。

(1) 使用上述方法打开随书附带光盘中的素材文件，并将其拖入【序列】面板中的视频轨道。

(2) 切换到【效果】窗口，打开【视频过渡】文件夹，选择【擦除】下的【时钟式擦出】过渡效果，将其拖曳至【序列】面板两个素材之间。

(3) 按空格键进行播放，过渡效果如图 4.184 所示。

图 4.184 【时钟式擦出】特效

7. 【棋盘】过渡效果

【棋盘】过渡效果使图像 A 以棋盘消失过渡到图像 B，其操作步骤如下。

(1) 使用上述方法打开随书附带光盘中的素材文件，并将其拖入【序列】面板中的视频轨道。

(2) 切换到【效果】窗口打开【视频过渡】文件夹，选择【擦除】下的【棋盘】过渡效果，将其拖曳至【序列】面板两个素材之间。

(3) 按空格键进行播放，过渡效果如图 4.185 所示。

图 4.185 【棋盘】效果

8. 【棋盘擦出】过渡效果

【棋盘擦出】过渡效果使图像 B 以方格形逐行出现覆盖图像 A。其具体操作步骤如下。

(1) 使用上述方法打开随书附带光盘中的素材文件，并将其拖入【序列】面板中的视频轨道。

(2) 切换到【效果】窗口，打开【视频过渡】文件夹，选择【擦除】下的【棋盘擦出】过渡效果，将其拖曳至【序列】面板两个素材之间。

(3) 按空格键进行播放，过渡效果如图 4.186 所示。

图 4.186 【棋盘擦出】特效

9. 【楔形擦出】过渡效果

【楔形擦出】过渡效果使图像 B 呈扇形打开扫入。其具体操作步骤如下。

(1) 使用上述方法打开随书附带光盘中的素材文件，并将其拖入【序列】面板中的视频轨道。

(2) 切换到【效果】窗口，打开【视频过渡】文件夹，选择【擦除】下的【楔形擦出】过渡效果，将其拖曳至【序列】面板两个素材之间。

(3) 按空格键进行播放，过渡效果如图 4.187 所示。

图 4.187　【契形擦出】特效

10．【水波块】过渡效果

【水波块】过渡效果使图像 B 沿"Z"字形交错扫过图像 A。其具体操作步骤如下。

(1) 使用上述方法打开随书附带光盘中的素材文件，并将其拖入【序列】面板中的视频轨道。

(2) 切换到【效果】窗口，打开【视频过渡】文件夹，选择【擦除】下的【水波块】过渡特效，将其拖曳至【序列】面板两个素材之间。

(3) 切换到【效果控件】窗口中单击【自定义】按钮，打开【水波块设置】对话框，对特效进行进一步的设置，如图 4.188 所示。

其中：【水平】用于设置水平划片的数量；【垂直】用于设置垂直划片的数量。

(4) 按空格键进行播放，应用该切换的效果如图 4.189 所示。

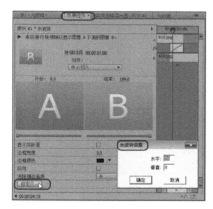

图 4.188　【水波块设置】对话框

图 4.189　【水波块】特效

11．【油漆飞溅】过渡效果

【油漆飞溅】过渡效果使图像 B 以墨点状覆盖图像 A。其具体操作步骤如下。

(1) 使用上述方法打开随书附带光盘中的素材文件，并将其拖入【序列】面板中的视频轨道。

(2) 切换到【效果】窗口，打开【视频过渡】文件夹，选择【擦除】下的【油漆飞溅】过渡效果，将其拖曳至【序列】面板两个素材之间。

(3) 按空格键进行播放。其应用该切换的效果如图 4.190 所示。

图 4.190   【油漆飞溅】特效

12. 【渐变擦除】过渡效果

【渐变擦除】过渡效果可以用一张灰度图像制作渐变切换。在渐变切换中，图像 B 充满灰度图像的黑色区域，然后通过每一个灰度级开始显现进行切换，直到白色区域完全透明。其具体操作步骤如下。

(1) 使用上述方法打开随书附带光盘中的素材文件，并将其拖入【序列】面板中的视频轨道。

(2) 切换到【效果】窗口，打开【视频过渡】文件夹，选择【擦除】下的【渐变擦除】过渡特效，将其拖曳至【序列】面板两个素材之间，即可弹出【渐变擦除设置】对话框。

(3) 在打开【渐变擦除设置】对话框中对特效进行进一步的设置。

其中：单击【选择图像】按钮，可以选择要作为灰度图的图像，通过【柔化】设置它的柔和度，如图 4.191 所示。

(4) 按空格键进行播放，过渡效果如图 4.192 所示。

图 4.191   【渐变擦除设置】对话框

图 4.192   【渐变擦除】特效

13. 【百叶窗】过渡效果

【百叶窗】过渡效果使图像 B 在逐渐加粗的线条中逐渐显示，类似于百叶窗。其具体操作步骤如下。

(1) 使用上述方法打开随书附带光盘中的素材文件，并将其拖入【序列】面板中的视频轨道。

(2) 切换到【效果】窗口，打开【视频过渡】文件夹，选择【擦除】下的【百叶窗】过渡特效，将其拖曳至【序列】面板两个素材之间。

(3) 切换到【效果控件】窗口中单击【自定义】按钮，打开【百叶窗设置】对话框对特效进行进一步的设置，如图 4.193 所示。

(4) 按空格键进行播放，过渡效果如图 4.194 所示。

图 4.193　【百叶窗设置】对话框

图 4.194　【百叶窗】特效

14. 【螺旋框】过渡效果

【螺旋框】过渡效果使图像 B 以螺纹块状旋转出现，效果如图 4.195 所示。其具体操作步骤如下。

(1) 在【项目】窗口中空白处双击，弹出【导入】对话框，打开随书附带光盘中的 CDROM\素材\Cha04\017.jpg、018.jpg 文件，如图 4.196 所示。

图 4.195　【螺旋盒】特效

图 4.196　打开素材文件

(2) 在菜单栏中单击【文件】按钮，在弹出的下拉列表中选择【新建】|【序列】命令，在弹出的窗口中使用默认设置，单击【确定】按钮，然后将打开后的素材拖入【序列】面板中的视频轨道，如图 4.197 所示。

(3) 切换到【效果】窗口，打开【视频过渡】文件夹，选择【擦除】下的【螺旋框】过渡效果，将其拖曳至【序列】面板中的素材上，如图 4.198 所示。

(4) 切换到【效果控件】窗口中单击【自定义】按钮，打开【螺旋框设置】对话框，对特效进行进一步的设置，如图 4.199 所示。

(5) 按空格键进行播放。

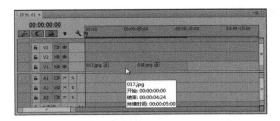

図 4.197　将素材拖入视频轨道　　　　图 4.198　拖入特效

15. 【随机块】过渡效果

【随机块】过渡效果使图像 B 以方块随机出现覆盖图像 A。其具体操作步骤如下。

(1) 使用上述方法打开随书附带光盘中的素材文件，并将其拖入【序列】面板中的视频轨道。

(2) 切换到【效果】窗口，打开【视频过渡】文件夹，选择【擦除】下的【随机块】过渡特效，将其拖曳至【序列】面板两个素材之间。

(3) 切换到【效果控件】窗口中单击【自定义】按钮，打开【随机块设置】对话框，对特效进行进一步的设置，如图 4.200 所示。

(4) 按空格键进行播放，效果如图 4.201 所示。

其中，【宽】和【高】分别用于设置随机块的宽度和高度。

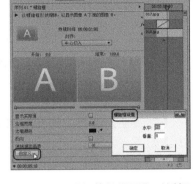

图 4.199　【螺旋框设置】对话框

图 4.200　【随机块设置】对话框

图 4.201　【随机块】特效

16. 【随机擦除】过渡效果

【随机擦除】过渡效果使图像 B 从图像 A 一边随机出现扫走图像 A。其具体操作步骤如下。

(1) 使用上述方法打开随书附带光盘中的素材文件，并将其拖入【序列】面板中的视频轨道。

(2) 切换到【效果】窗口打开【视频过渡】文件夹，选择【擦除】下的【随机擦除】

过渡特效，将其拖曳至【序列】面板两个素材之间。

(3) 按空格键进行播放，效果如图 4.202 所示。

图 4.202 【随机擦除】特效

17.【风车】过渡效果

【风车】过渡效果使图像 B 以风轮状旋转覆盖图像 A。其具体操作步骤如下。

(1) 使用上述方法打开随书附带光盘中的素材文件，并将其拖入【序列】面板中的视频轨道。

(2) 切换到【效果】窗口打开【视频过渡】文件夹，选择【擦除】下的【风车】过渡特效，将其拖曳至【序列】面板两个素材之间。

(3) 切换到【效果控件】窗口中单击【自定义】按钮，弹出【风车设置】对话框，对特效进行进一步的设置，如图 4.203 所示。

(4) 按空格键进行播放，效果如图 4.204 所示。

图 4.203 【风车设置】对话框

图 4.204 【风车】特效

4.2.5 映射

在【映射】文件夹中共包括两个以映射方式过渡的切换视频效果。

1.【声道映射】过渡效果

【声道映射】过渡效果是从图像 A 和 B 选择通道并映射到输出。其具体操作步骤如下。

(1) 在【项目】窗口中空白处双击，弹出【导入】对话框，打开随书附带光盘中的

CDROM\素材\Cha04\019.jpg、020.jpg 文件，如图 4.205 所示。

(2) 在菜单栏中单击【文件】按钮，在弹出的下拉列表中选择【新建】|【序列】命令，在弹出的窗口中使用默认设置，单击【确定】按钮，然后将打开后的素材拖入【序列】面板中的视频轨道，如图 4.206 所示。

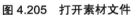

图 4.205　打开素材文件

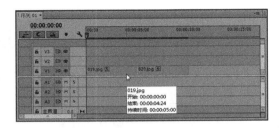

图 4.206　将素材拖入视频轨道

(3) 切换到【效果】窗口打开【视频过渡】文件夹，选择【映射】下的【声道映射】过渡效果，将其拖曳至【序列】面板中的素材上，当添加该过渡效果时，会弹出【映射通道设置】对话框，如图 4.207 所示，在对话框中对该特效进行设置。

(4) 按空格键进行播放，效果如图 4.208 所示。

图 4.207　【声道映射】对话框

图 4.208　【声道映射】特效

2. 【明亮度映射】过渡效果

【明亮度映射】过渡效果是将图像 A 的亮度映射到图像 B，效果如图 4.209 所示。其具体操作步骤如下。

图 4.209　【明亮度映射】特效

(1) 使用上述方法打开随书附带光盘中的素材文件，并将其拖入【序列】面板中的视频轨道。

(2) 切换到【效果】窗口，打开【视频过渡】文件夹，选择【映射】下的【明亮度映射】过渡效果，如图 4.210 所示。

(3) 将其拖曳至【序列】面板中两个素材之间，如图 4.211 所示。

(4) 按空格键进行播放。

图 4.210 选择【明亮度映射】特效

图 4.211 拖入特效

4.2.6 溶解

在【溶解】文件夹下，共包括 8 项溶解效果的视频过渡效果。

1. 【交叉溶解】过渡效果

【交叉溶解】过渡效果两个素材进行溶解转换，即前一个素材逐渐消失的同时后一个素材逐渐显示，如图 4.212 所示。其具体操作步骤如下。

(1) 在【项目】窗口中空白处双击，弹出【导入】对话框，打开随书附带光盘中的 CDROM\素材\Cha04\019.jpg、020.jpg 文件，如图 4.213 所示。

图 4.212 【交叉溶解】特效

图 4.213 打开素材文件

(2) 在菜单栏中单击【文件】按钮，在弹出的下拉列表中选择【新建】|【序列】命令，如图 4.214 所示。

(3) 在弹出的窗口中使用默认设置，单击【确定】按钮，然后将打开后的素材拖入【序列】面板中的视频轨道，如图 4.215 所示。

(4) 切换到【效果】窗口，打开【视频过渡】文件夹，选择【溶解】下的【交叉溶解】过渡效果，如图 4.216 所示。

(5) 将其拖曳至【序列】面板两个素材之间，如图 4.217 所示。

(6) 按空格键进行播放。

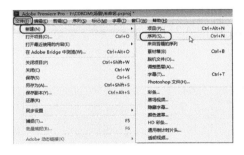

图 4.214 选择【序列】命令

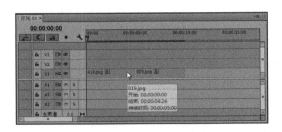

图 4.215 将素材拖入视频轨道

图 4.216 选择【交叉溶解】特效

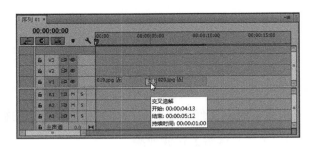

图 4.217 拖入特效

2. 【叠加溶解】过渡效果

【叠加溶解】过渡效果将素材 A 作为纹理贴图映像给图像 B，实现高亮度溶解过渡效果，如图 4.218 所示。其具体操作步骤如下。

(1) 在【项目】窗口中空白处双击，弹出【导入】对话框，打开随书附带光盘中的 CDROM\素材\Cha04\019.jpg、020.jpg 素材文件，如图 4.219 所示。

图 4.218 【叠加溶解】特效

图 4.219 打开素材文件

(2) 在菜单栏中单击【文件】按钮，在弹出的下拉列表中选择【新建】|【序列】命令，如图 4.220 所示。

(3) 在弹出的窗口中使用默认设置，单击【确定】按钮，然后将打开后的素材拖入【序列】面板中的视频轨道，如图 4.221 所示。

(4) 切换到【效果】窗口，打开【视频过渡】文件夹，选择【溶解】下的【叠加溶解】过渡效果，如图 4.222 所示。

（5）将其拖曳至【序列】面板两个素材之间，如图 4.223 所示。

（6）按空格键进行播放。

图 4.220　选择【序列】命令

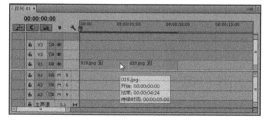

图 4.221　将素材拖入视频轨道

图 4.222　选择【叠加溶解】特效

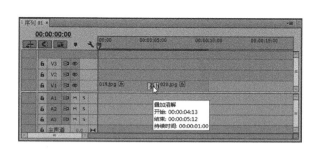

图 4.223　拖入特效

3.【抖动溶解】过渡效果

【抖动溶解】过渡效果使两个素材实现抖动溶解转换，也就是溶解过程中增加了一些点，如图 4.224 所示。其具体操作步骤如下。

（1）在【项目】窗口中空白处双击，弹出【导入】对话框，打开随书附带光盘中的 CDROM\素材\Cha04\021.jpg、022.jpg 文件，如图 4.225 所示。

图 4.224　【抖动溶解】特效

图 4.225　打开素材文件

（2）在菜单栏中单击【文件】按钮，在弹出的下拉列表中选择【新建】|【序列】命令，如图 4.226 所示。

（3）在弹出的窗口中使用默认设置，单击【确定】按钮，然后将打开后的素材拖入【序列】面板中的视频轨道，如图 4.227 所示。

图 4.226　选择【序列】命令

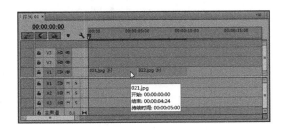

图 4.227　将素材拖入视频轨道

(4) 切换到【效果】窗口，打开【视频过渡】文件夹，选择【溶解】下的【抖动溶解】过渡效果，如图 4.228 所示。

(5) 将其拖曳至【序列】面板两个素材之间，如图 4.229 所示。

(6) 按空格键进行播放。

图 4.228　选择【抖动溶解】特效

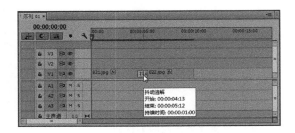

图 4.229　拖入特效

4. 【渐隐为白色】过渡效果

【渐隐为白色】过渡效果与【渐隐为黑色】很相似，它可以使前一个素材逐渐变白，让后一个素材由白逐渐显示。

5. 【渐隐为黑色】过渡效果

【渐隐为黑色】过渡效果使前一个素材逐渐变黑，让后一个素材由黑逐渐显示，如图 4.230 所示。其具体操作步骤如下。

(1) 在【项目】窗口中空白处双击，弹出【导入】对话框，打开随书附带光盘中的 CDROM\素材\Cha04\021.jpg、022.jpg 素材文件，如图 4.231 所示。

图 4.230　【渐隐为黑色】特效

图 4.231　打开素材文件

(2) 在菜单栏中单击【文件】按钮，在弹出的下拉列表中选择【新建】|【序列】命令，如图 4.232 所示。

(3) 在弹出的窗口中使用默认设置，单击【确定】按钮，然后将打开后的素材拖入【序列】面板中的视频轨道，如图 4.233 所示。

图 4.232　选择【序列】命令

图 4.233　将素材拖入视频轨道

(4) 切换到【效果】窗口，打开【视频过渡】文件夹，选择【渐隐为黑色】过渡效果，如图 4.234 所示。

(5) 将其拖曳至【序列】面板两个素材之间，如图 4.235 所示。

图 4.234　选择【渐隐为黑色】特效

图 4.235　拖入特效

6. 【胶片溶解】过渡效果

【胶片溶解】过渡效果使素材产生胶片朦胧的效果切换至另一个素材，其效果如图 4.236 所示。其具体操作步骤如下。

(1) 在【项目】窗口中空白处双击，弹出【导入】对话框，打开随书附带光盘中的 CDROM\素材\Cha04\021.jpg、022.jpg 素材文件，如图 4.237 所示。

图 4.236　【胶片溶解】特效

图 4.237　打开素材文件

(2) 在菜单栏中单击【文件】按钮，在弹出的下拉列表中选择【新建】|【序列】命令，如图 4.238 所示。

(3) 在弹出的窗口中使用默认设置，单击【确定】按钮，然后将打开后的素材拖入【序列】面板中的视频轨道，如图 4.239 所示。

图 4.238　选择【序列】命令　　　　　　　图 4.239　将素材拖入视频轨道

(4) 切换到【效果】窗口，打开【视频过渡】文件夹，选择【溶解】下的【胶片溶解】过渡效果，如图 4.240 所示。

(5) 将其拖曳至【序列】面板两个素材之间，如图 4.241 所示。

(6) 按空格键进行播放。

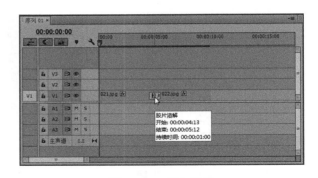

图 4.240　选择【胶片溶解】特效　　　　　　图 4.241　拖入特效

7．【随机反转】过渡效果

【随机反转】过渡效果在默认设置下，开始位置的素材先以随机块形式反转色彩，然后结束位置的素材以随机块形式逐渐显示，效果如图 4.242 所示。其具体操作步骤如下。

(1) 在【项目】窗口中空白处双击，弹出【导入】对话框，打开随书附带光盘中的 CDROM\素材\Cha04\021.jpg、022.jpg 文件，如图 4.243 所示。

(2) 在菜单栏中单击【文件】按钮，在弹出的下拉列表中选择【新建】|【序列】命令，如图 4.244 所示。

(3) 在弹出的窗口中使用默认设置，单击【确定】按钮，然后将打开后的素材拖入【序列】面板中的视频轨道，如图 4.245 所示。

(4) 切换到【效果】窗口，打开【视频过渡】文件夹，选择【溶解】下的【随机反转】过渡效果，如图 4.246 所示。

(5) 将其拖曳至【序列】面板中的素材上，如图 4.247 所示。

图 4.242　【随机反转】特效

图 4.243　打开素材文件

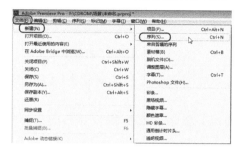

图 4.244　选择【序列】命令

图 4.245　将素材拖入视频轨道

图 4.246　选择【随机反转】特效

图 4.247　拖入特效

(6) 切换到【效果控件】窗口，单击【自定义】按钮，打开【随机反转设置】对话框，对特效进行进一步的设置，如图 4.248 所示。

其部分参数介绍如下。

【宽】：设置图像水平随机块数量。

【高】：设置图像垂直随机块数量。

【反转来源】：显示素材即图像 A 反色效果。

【反转目标】：显示作品即图像 B 反色效果。

(7) 按空格键进行播放。

图 4.248　【随机反转设置】
对话框

8. 【非叠加溶解】过渡效果

【非叠加溶解】过渡效果转换中比较两个素材的亮度，从结束素材中较亮的区域逐渐显示，如图 4.249 所示。其具体操作步骤如下。

(1) 在【项目】窗口中空白处双击，弹出【导入】对话框，打开随书附带光盘中的 CDROM\素材\Cha04\022.jpg、021.jpg 素材文件，如图 4.250 所示。

图 4.249 【非叠加溶解】特效   图 4.250 打开素材文件

(2) 在菜单栏中单击【文件】按钮，在弹出的下拉列表中选择【新建】|【序列】命令，如图 4.251 所示。

(3) 在弹出的窗口中使用默认设置，单击【确定】按钮，然后将打开后的素材拖入【序列】面板中的视频轨道，如图 4.252 所示。

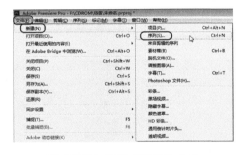 

图 4.251 选择【序列】命令   图 4.252 将素材拖入视频轨道

(4) 切换到【效果】窗口，打开【视频过渡】文件夹，选择【溶解】下的【非叠加溶解】过渡效果，如图 4.253 所示。

(5) 将其拖曳至【序列】面板中两个素材之间，如图 4.254 所示。

(6) 按空格键进行播放。

 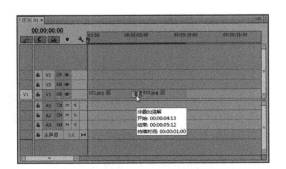

图 4.253 选择【非叠加溶解】特效   图 4.254 拖入特效

4.2.7　滑动

在【滑动】文件夹中共包括 12 种视频过渡效果。

1.【中心合并】过渡效果

【中心合并】过渡效果使图像 A 从正中心裂成四块并向中央合并，露出图像 B，效果如图 4.255 所示。其具体操作步骤如下。

(1) 在【项目】窗口中空白处双击，弹出【导入】对话框，打开随书附带光盘中的 CDROM\素材\Cha04\023.jpg、024.jpg 素材文件，如图 4.256 所示。

图 4.255　【中心合并】特效

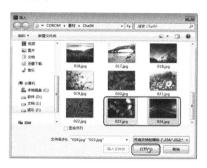

图 4.256　打开素材文件

(2) 在菜单栏中单击【文件】按钮，在弹出的下拉列表中选择【新建】|【序列】命令，如图 4.257 所示。

(3) 在弹出的窗口中使用默认设置，单击【确定】按钮，然后将打开后的素材拖入【序列】面板中的视频轨道，如图 4.258 所示。

图 4.257　选择【序列】命令

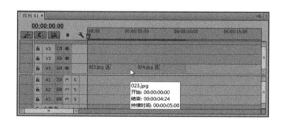

图 4.258　将素材拖入视频轨道

(4) 切换到【效果】窗口，打开【视频过渡】文件夹，选择【滑动】下的【中心合并】过渡效果，如图 4.259 所示。

(5) 将其拖曳至【序列】面板中两个素材之间，如图 4.260 所示。

(6) 按空格键进行播放。

2.【中心拆分】过渡效果

【中心拆分】过渡效果使图像 A 从中心分裂为四块，向四角滑出，显现出图像 B。其具体操作步骤如下。

(1) 使用上述方法打开随书附带光盘中的素材文件，并将其拖入【序列】面板中的视频轨道。

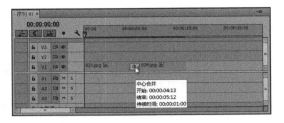

图 4.259　选择【中心合并】特效　　　　　　图 4.260　拖入特效

(2) 切换到【效果】窗口，打开【视频过渡】文件夹，选择【滑动】下的【中心拆分】过渡效果，并将其拖至【序列】面板中两个素材之间。

(3) 按空格键进行播放，其效果如图 4.261 所示。

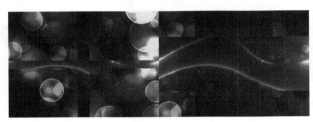

图 4.261　【中心拆分】特效

3. 【互换】过渡效果

【互换】过渡效果使图像 B 从图像 A 后方转向前方盖压图像 A。其具体操作步骤如下。

(1) 使用上述方法打开随书附带光盘中的素材文件，并将其拖入【序列】面板中的视频轨道。

(2) 切换到【效果】窗口，打开【视频过渡】文件夹，选择【滑动】下的【互换】过渡效果，并将其拖曳至【序列】面板中两个素材之间。

(3) 按空格键进行播放，其过渡效果如图 4.262 所示。

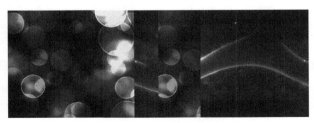

图 4.262　【互换】特效

4. 【多旋转】过渡效果

【多旋转】过渡效果使图像 B 被分割成若干个小方格旋转铺入。其具体操作步骤如下。

(1) 使用上述方法打开随书附带光盘中的素材文件，并将其拖入【序列】面板中的视频轨道。

(2) 切换到【效果】窗口，打开【视频过渡】文件夹，选择【滑动】下的【多旋转】过渡效果，并将其拖曳至【序列】面板中两个素材之间。

(3) 切换到【效果控件】窗口中单击【自定义】按钮，打开【多旋转设置】对话框，对特效进行进一步的设置，如图 4.263 所示。

其中：【水平】和【垂直】分别用于设置水平方向方格数量和垂直方向方格数量。

(4) 按空格键进行播放。其过渡效果如图 4.264 所示。

图 4.263　【多旋转设置】对话框

图 4.264　【多旋转】特效

5. 【带状滑动】过渡效果

【带状滑动】过渡效果使图像 B 以条状进入，并逐渐覆盖图像 A。其具体操作步骤如下。

(1) 使用上述方法打开随书附带光盘中的素材文件，并将其拖入【序列】面板中的视频轨道。

(2) 切换到【效果】窗口，打开【视频过渡】文件夹，选择【滑动】下的【带状滑动】过渡效果，并将其拖曳至【序列】面板中两个素材之间。

(3) 切换到【效果控件】窗口中单击【自定义】按钮，打开【带状滑动设置】对话框，对特效进行进一步的设置，如图 4.265 所示。

其中：【带数量】用于输入切换条数目。

(4) 按空格键进行播放，效果如图 4.266 所示。

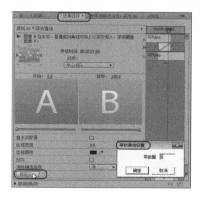
图 4.265　【带状滑动设置】对话框

图 4.266　【带状滑动】特效

6. 【拆分】过渡效果

【拆分】过渡效果使图像 A 像自动门一样打开，露出图像 B。其具体操作步骤如下。

(1) 使用上述方法打开随书附带光盘中的素材文件，并将其拖入【序列】面板中的视频轨道。

(2) 切换到【效果】窗口，打开【视频过渡】文件夹，选择【滑动】下的【拆分】过渡效果，并将其拖曳至【序列】面板中两个素材之间。

(3) 按空格键进行播放，效果如图 4.267 所示。

图 4.267 【拆分】特效

7. 【推】过渡效果

【推】过渡效果使图像 B 将图像 A 推出屏幕，如图 4.268 所示。其具体操作步骤如下。

(1) 在【项目】窗口中空白处双击，弹出【导入】对话框，打开随书附带光盘中的 CDROM\素材\Cha04\025.jpg、026.jpg 文件，如图 4.269 所示。

图 4.268 【推】特效

图 4.269 打开素材文件

(2) 在菜单栏中单击【文件】按钮，在弹出的下拉列表中选择【新建】|【序列】命令，如图 4.270 所示。

(3) 在弹出的窗口中使用默认设置，单击【确定】按钮，然后将打开后的素材拖入【序列】面板中的视频轨道，如图 4.271 所示。

(4) 切换到【效果】窗口，打开【视频过渡】文件夹，选择【滑动】下的【推】过渡效果，如图 4.272 所示。

(5) 将其拖曳至【序列】面板中两个素材之间，如图 4.273 所示。

(6) 按空格键进行播放。

图 4.270　选择【序列】命令

图 4.271　将素材拖入视频轨道

图 4.272　选择【推】特效

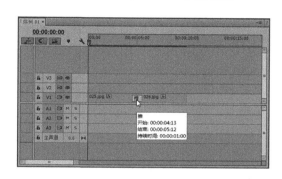

图 4.273　拖入特效

8. 【斜线滑动】过渡效果

【斜线滑动】过渡效果使图像 B 呈自由线条状滑入图像 A。其具体操作步骤如下。

(1) 使用上述方法打开随书附带光盘中的素材文件，并将其拖入【序列】面板中的视频轨道。

(2) 切换到【效果】窗口，打开【视频过渡】文件夹，选择【滑动】下的【斜线滑动】过渡效果，并将其拖曳至【序列】面板中两个素材之间。

(3) 切换到【效果控件】窗口中单击【自定义】按钮，打开【斜线滑动设置】对话框，对特效进行进一步的设置，如图 4.274 所示。

其中：【栅条设置】用于输入转换切片数。

(4) 按空格键进行播放，效果如图 4.275 所示。

图 4.274　【斜线滑动设置】对话框

图 4.275　【斜线滑动】特效

9. 【旋绕】过渡效果

【旋绕】过渡效果使图像 B 打破为若干方块从图像 A 中旋转而出。其具体操作步骤如下。

(1) 使用上述方法打开随书附带光盘中的素材文件，并将其拖入【序列】面板中的视频轨道。

(2) 切换到【效果】窗口，打开【视频过渡】文件夹，选择【滑动】下的【旋绕】过渡效果，并将其拖曳至【序列】面板中两个素材之间。

(3) 切换到【效果控件】窗口中单击【自定义】按钮，打开【旋绕设置】对话框，对特效进行进一步的设置，如图 4.276 所示。

其部分参数介绍如下。

【水平】：输入水平方向产生的方块数量。

【垂直】：输入垂直方向产生的方块数量。

【速率(%)】：输入旋转度数。

(4) 按空格键进行播放，效果如图 4.277 所示。

图 4.276 【旋绕设置】对话框

图 4.277 【旋绕】特效

10. 【滑动】过渡效果

【滑动】过渡效果使图像 B 滑入覆盖图像 A。其具体操作步骤如下。

(1) 使用上述方法打开随书附带光盘中的素材文件，并将其拖入【序列】面板中的视频轨道。

(2) 切换到【效果】窗口，打开【视频过渡】文件夹，选择【滑动】下的【滑动】过渡效果，并将其拖曳至【序列】面板中两个素材之间。

(3) 按空格键进行播放，效果如图 4.278 所示。

图 4.278 【滑动】特效

11. 【滑动带】过渡效果

【滑动带】过渡效果使图像 B 在水平或垂直的线条中逐渐显示。其具体操作步骤如下。

(1) 使用上述方法打开随书附带光盘中的素材文件，并将其拖入【序列】面板中的视频轨道。

(2) 切换到【效果】窗口，打开【视频过渡】文件夹，选择【滑动】下的【滑动带】过渡效果，并将其拖曳至【序列】面板中两个素材之间。

(3) 按空格键进行播放，效果如图 4.279 所示。

图 4.279　【滑动带】特效

12. 【滑动框】过渡效果

【滑动框】过渡效果与【带状滑动】过渡效果类似，图像 B 的形成更像是积木的累积。其具体操作步骤如下。

(1) 使用上述方法打开随书附带光盘中的素材文件，并将其拖入【序列】面板中的视频轨道。

(2) 切换到【效果】窗口，打开【视频过渡】文件夹，选择【滑动】下的【滑动框】过渡效果，并将其拖曳至【序列】面板中两个素材之间。

(3) 切换到【效果控件】窗口中单击【自定义】按钮，打开【滑动框设置】对话框，对特效进行进一步的设置，如图 4.280 所示。

(4) 按空格键进行播放，效果如图 4.281 所示。

图 4.280　【滑动框设置】对话框

图 4.281　【滑动框】特效

4.2.8　特殊效果

在【特殊效果】文件夹中共包括 3 个视频过渡效果。

1.【三维】过渡效果

【三维】过渡效果把开始素材映射给结束素材的红通道和蓝通道。其具体操作步骤如下。

(1) 在【项目】窗口中空白处双击，弹出【导入】对话框，打开随书附带光盘中的 CDROM\素材\Cha04\027.jpg、028.jpg 文件，如图 4.282 所示。

(2) 在菜单栏中单击【文件】按钮，在弹出的下拉列表中选择【新建】|【序列】命令，如图 4.283 所示。

图 4.282　打开素材文件

图 4.283　选择【序列】命令

(3) 在弹出的窗口中使用默认设置，单击【确定】按钮，然后将打开后的素材拖入【序列】面板中的视频轨道，如图 4.284 所示。

(4) 切换到【效果】窗口，打开【视频过渡】文件夹，选择【特殊效果】下的【三维】过渡效果，如图 4.285 所示。

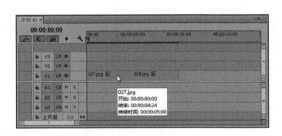

图 4.284　将素材拖入视频轨道

图 4.285　选择【三维】特效

(5) 将其拖曳至【序列】面板中两个素材之间，如图 4.286 所示。

(6) 按空格键进行播放，效果如图 4.287 所示。

图 4.286　拖入特效

图 4.287　【三维】特效

2. 【纹理化】过渡效果

【纹理化】过渡效果产生纹理贴图效果。其具体操作步骤如下。

(1) 使用上述方法打开随书附带光盘中的素材文件，并将其拖入【序列】面板中的视频轨道。

(2) 切换到【效果】窗口打开【视频过渡】文件夹，选择【特殊效果】下的【纹理化】过渡效果，并将其拖曳至【序列】面板中两个素材之间。

(3) 按空格键进行播放，效果如图 4.288 所示。

图 4.288　【纹理化】特效

3. 【置换】过渡效果

【置换】过渡效果以处于时间线前方的片段作为位移图，以其像素颜色值的明暗，分别用水平和垂直的错位，来影响与其进行切换的片段。其具体操作步骤如下。

(1) 使用上述方法打开随书附带光盘中的素材文件，并将其拖入【序列】面板中的视频轨道。

(2) 切换到【效果】窗口打开【视频过渡】文件夹，选择【特殊效果】下的【置换】过渡效果，并将其拖曳至【序列】面板中两个素材之间。

(3) 按空格键进行播放，效果如图 4.289 所示。

图 4.289　【置换】特效

4.2.9　缩放

在【缩放】文件夹中共包含 4 个以缩放方式过渡的切换视频效果。

1. 【交叉缩放】过渡效果

【交叉缩放】过渡效果使图像 A 放大冲出，图像 B 缩小进入。其具体操作步骤如下。

(1) 使用上述方法打开随书附带光盘中的素材文件，并将其拖入【序列】面板中的视频轨道。

(2) 切换到【效果】窗口打开【视频过渡】文件夹，选择【缩放】下的【交叉缩放】

过渡效果，并将其拖曳至【序列】面板中两个素材之间。

(3) 切换到【效果控件】窗口中调整缩放点的位置，如图 4.290 所示。

(4) 按空格键进行播放，效果如图 4.291 所示。

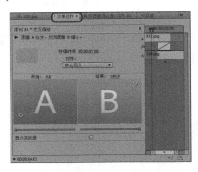

图 4.290　【效果控件】窗口　　　　　　图 4.291　【交叉缩放】特效

2. 【缩放】过渡效果

【缩放】过渡效果使图像 B 从图像 A 中放大出现。其具体操作步骤如下。

(1) 使用上述方法打开随书附带光盘中的素材文件，并将其拖入【序列】面板中的视频轨道。

(2) 切换到【效果】窗口打开【视频过渡】文件夹，选择【缩放】下的【缩放】过渡效果，并将其拖曳至【序列】面板中两个素材之间。

(3) 按空格键进行播放，效果如图 4.292 所示。

图 4.292　【缩放】特效

3. 【缩放框】过渡效果

【缩放框】过渡效果使图像 B 分为多个方块从图像 A 中放大出现。其具体操作步骤如下。

(1) 使用上述方法打开随书附带光盘中的素材文件，并将其拖入【序列】面板中的视频轨道。

(2) 切换到【效果】窗口打开【视频过渡】文件夹，选择【缩放】下的【缩放框】过渡效果，并将其拖曳至【序列】面板中两个素材之间。

(3) 切换到【效果控件】窗口中单击【自定义】按钮，打开【缩放框设置】对话框，对特效进行进一步的设置，如图 4.293 所示。

其中，【形状数量】：拖动滑块，设置宽和高方向的方块数量。

(4) 按空格键进行播放，效果如图 4.294 所示。

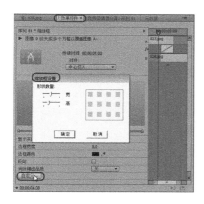

图 4.293　【缩放框设置】对话框

图 4.294　【缩放框】特效

4. 【缩放轨迹】过渡效果

【缩放轨迹】过渡效果使图像 A 缩小并带有拖尾消失。其具体操作步骤如下。

(1) 使用上述方法打开随书附带光盘中的素材文件，并将其拖入【序列】面板中的视频轨道。

(2) 切换到【效果】窗口打开【视频过渡】文件夹，选择【缩放】下的【缩放轨迹】过渡效果，并将其拖曳至【序列】面板中两个素材之间。

(3) 按空格键进行播放，效果如图 4.295 所示。

图 4.295　【缩放轨迹】特效

4.2.10　页面剥落

在【页面剥落】文件夹中共有 5 个视频页面剥落切换效果。

1. 【中心剥落】过渡效果

【中心剥落】过渡效果使素材从中心一起分裂成 4 块卷出，如图 4.296 所示。其具体操作步骤如下。

(1) 在【项目】窗口中空白处双击，弹出【导入】对话框，打开随书附带光盘中的 CDROM\素材\Cha04\029.jpg、030.jpg 文件，如图 4.297 所示。

(2) 在菜单栏中单击【文件】按钮，在弹出的下拉列表中选择【新建】|【序列】命令，如图 4.298 所示。

(3) 在弹出的窗口中使用默认设置，单击【确定】按钮，然后将打开后的素材拖入【序列】面板中的视频轨道，如图 4.299 所示。

图 4.296　【中心剥落】特效　　　　　　　　图 4.297　打开素材文件

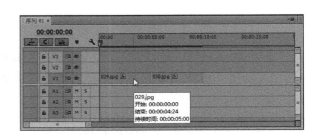

图 4.298　选择【序列】命令　　　　　　图 4.299　将素材拖入视频轨道

(4) 切换到【效果】窗口，打开【视频过渡】文件夹，选择【页面剥落】下的【中心剥落】过渡效果，如图 4.300 所示。

(5) 将其拖曳至【序列】面板中两个素材之间，如图 4.301 所示。

(6) 按空格键进行播放。

图 4.300　选择【中心剥落】特效　　　　　　图 4.301　拖入特效

2. 【剥开背面】过渡效果

【剥开背面】过渡效果开始素材由中央呈 4 块分别被卷走，显露出结束素材，如图 4.302 所示。其具体操作步骤如下。

(1) 在【项目】窗口中空白处双击，弹出【导入】对话框，打开随书附带光盘中的 CDROM\素材\Cha04\029.jpg、030.jpg 文件，如图 4.303 所示。

(2) 在菜单栏中单击【文件】按钮，在弹出的下拉列表中选择【新建】|【序列】命令，如图 4.304 所示。

图 4.302　【剥开背面】特效

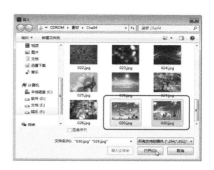

图 4.303　打开素材文件

（3）在弹出的窗口中使用默认设置，单击【确定】按钮，然后将打开后的素材拖入【序列】面板中的视频轨道，如图 4.305 所示。

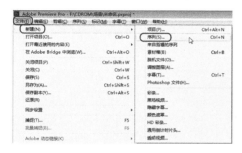

图 4.304　选择【序列】命令

图 4.305　将素材拖入视频轨道

（4）切换到【效果】窗口，打开【视频过渡】文件夹，选择【页面剥落】下的【剥开背面】过渡效果，如图 4.306 所示。

（5）将其拖曳至【序列】面板中的素材上，如图 4.307 所示。

（6）按空格键进行播放。

图 4.306　选择【剥开背面】特效

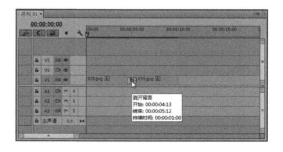

图 4.307　拖入特效

3.【卷走】过渡效果

【卷走】过渡效果使素材产生像纸一样被卷起来的过渡效果，如图 4.308 所示。其具体操作步骤如下。

（1）在【项目】窗口中空白处双击，弹出【导入】对话框，打开随书附带光盘中的 CDROM\素材\Cha04\029.jpg、030.jpg 文件，如图 4.309 所示。

图 4.308 【卷走】特效 图 4.309 打开素材文件

(2) 在菜单栏中单击【文件】按钮，在弹出的下拉列表中选择【新建】|【序列】命令，如图 4.310 所示。

(3) 在弹出的窗口中使用默认设置，单击【确定】按钮，然后将打开后的素材拖入【序列】面板中的视频轨道，如图 4.311 所示。

图 4.310 选择【序列】命令 图 4.311 将素材拖入视频轨道

(4) 切换到【效果】窗口打开【视频过渡】文件夹，选择【页面剥落】下的【卷走】过渡效果，如图 4.312 所示。

(5) 将其拖曳至【序列】面板中两个素材之间，如图 4.313 所示。

(6) 按空格键进行播放。

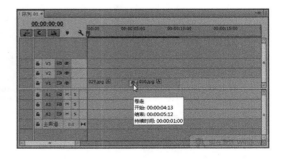

图 4.312 选择【卷走】特效 图 4.313 拖入特效

4.【翻页】过渡效果

【翻页】过渡效果和下面的【页面剥落】类似，但是素材卷起时，页面剥落部分仍旧是这一素材，如图 4.314 所示。其具体操作步骤如下。

(1) 在【项目】窗口中空白处双击，弹出【导入】对话框，打开随书附带光盘中的 CDROM\素材\Cha04\031.jpg、032.jpg 文件，如图 4.315 所示。

图 4.314　【翻页】特效

图 4.315　打开素材文件

(2) 在菜单栏中单击【文件】按钮，在弹出的下拉列表中选择【新建】|【序列】命令，如图 4.316 所示。

(3) 在弹出的窗口中使用默认设置，单击【确定】按钮，然后将打开后的素材拖入【序列】面板中的视频轨道，如图 4.317 所示。

图 4.316　选择【序列】命令

图 4.317　将素材拖入视频轨道

(4) 切换到【效果】窗口，打开【视频过渡】文件夹，选择【页面剥落】下的【翻页】过渡效果，如图 4.318 所示。

(5) 将其拖曳至【序列】面板中两个素材之间，如图 4.319 所示。

(6) 按空格键进行播放。

图 4.318　选择【翻页】特效

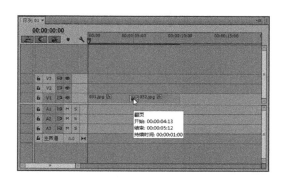

图 4.319　拖入特效

5. 【页面剥落】过渡效果

【页面剥落】过渡效果产生页面剥落转换的效果，如图 4.320 所示。其具体操作步骤如下。

(1) 在【项目】窗口中空白处双击，弹出【导入】对话框，打开随书附带光盘中的 CDROM\素材\Cha04\031.jpg、032.jpg 文件，如图 4.321 所示。

图 4.320　【页面剥落】特效　　　　　　　　图 4.321　打开素材文件

(2) 在菜单栏中单击【文件】按钮，在弹出的下拉列表中选择【新建】|【序列】命令，如图 4.322 所示。

(3) 在弹出的窗口中使用默认设置，单击【确定】按钮，然后将打开后的素材拖入【序列】面板中的视频轨道，如图 4.323 所示。

图 4.322　选择【序列】命令　　　　　　　图 4.323　将素材拖入视频轨道

(4) 切换到【效果】窗口，打开【视频过渡】文件夹，选择【页面剥落】下的【页面剥落】过渡效果，如图 4.324 所示。

(5) 将其拖曳至【序列】面板中两个素材之间，如图 4.325 所示。

(6) 按空格键进行播放。

图 4.324　选择【页面剥落】特效　　　　　　图 4.325　拖入特效

4.3 上 机 练 习

通过本章的学习，下面将使用学到的知识制作风景图片过渡、淡入淡出的过渡效果。

4.3.1 风景图片过渡

本例将通过对过渡效果进行设置，并使多个过渡效果同时出现在一个画面上，从而达到理想的效果。最终效果如图 4.326 所示。

图 4.326 最终效果

具体操作步骤如下。

(1) 启动 Premiere Pro CC 软件，在欢迎界面中单击【新建项目】命令，在弹出的【新建项目】窗口中输入文件名称，选择保存位置，然后单击【确定】按钮，如图 4.327 所示。

图 4.327 新建项目

(2) 在菜单栏中单击【文件】按钮，在弹出的下拉列表中选择【新建】|【序列】命令，或者按 Ctrl+N 组合键，打开【新建序列】对话框，如图 4.328 所示。

(3) 在弹出的【新建序列】对话框中使用默认设置输入文件名称，单击【确定】按钮，如图 4.329 所示。

(4) 在【项目】面板的空白处双击，打开【导入】对话框，选择随书附带光盘中的 CDROM\素材\Cha04\风景图片文件，然后单击【导入文件夹】按钮，如图 4.330 所示。

(5) 将素材打开后在项目面板中双击素材文件夹，在打开的【素材箱】面板中选择素材 01.jpg 文件，将其拖入【序列】面板中的视频 2 轨道中，如图 4.331 所示，并关闭【素材箱】面板。

图 4.328　选择【序列】命令

图 4.329　【新建序列】对话框

图 4.330　导入素材

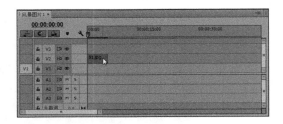

图 4.331　将素材拖入【序列】面板

（6）在【序列】面板中选择视频 2 轨道中的素材，并在选中的素材上右击，在弹出的快捷菜单中选择【速度/持续时间】命令，如图 4.332 所示。

（7）在打开的【剪辑速度/持续时间】对话框中将持续时间设置为 2 秒，然后单击【确定】按钮，如图 4.333 所示。

图 4.332　选择【速度/持续时间】命令

图 4.333　设置持续时间

（8）在项目面板中将素材文件打开，在打开的【素材箱】面板中选择 012.jpg 素材，将其拖入【序列】面板中的视频 1 轨道，并将持续时间设置为 35 秒，如图 4.334 所示。

（9）选中视频 1 轨道中的素材，切换至【效果控件】窗口中，将【运动】下的【缩放】设置为 77，如图 4.335 所示。

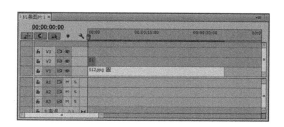

图 4.334　再次添加素材至视频轨道中

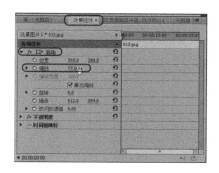

图 4.335　设置素材的缩放

(10) 切换至【效果】窗口中，打开【视频过渡】文件夹，选择【擦除】下的【渐变擦除】过渡特效，如图 4.336 所示。

(11) 将其拖曳至视频 2 轨道中开头处，在弹出的窗口中使用默认设置，单击【确定】按钮，如图 4.337 所示。

图 4.336　选择【渐变擦除】特效

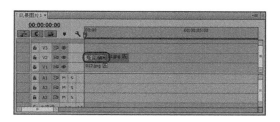

图 4.337　将过渡效果拖入视频轨道中

(12) 选中视频轨道中的素材，切换至【效果控件】窗口，将【运动】下的【缩放】设置为 132，如图 4.338 所示。

(13) 将当前时间设置为 00:00:01:10，在素材箱中选择 02.jpg 文件，将其拖入视频 3 轨道中，使其开始处与【时间线】对齐，如图 4.339 所示。

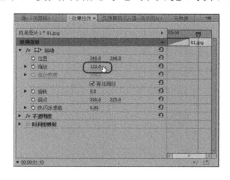

图 4.338　设置缩放

图 4.339　使素材对齐时间线

(14) 切换至【效果】窗口，打开【视频过渡】文件夹，选择【滑动】下的【斜线滑动】过渡特效，如图 4.340 所示。

(15) 将该特效拖曳至视频 3 轨道中的素材开始处，并选中视频 3 轨道中的素材，将其持续时间设置为 2 秒，如图 4.341 所示。

图 4.340　选择【斜线滑动】特效

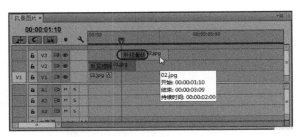
图 4.341　设置素材持续时间

(16) 确认选中视频 3 轨道中的素材，切换至【效果控件】窗口，将【运动】下的【缩放】设置为 110，如图 4.342 所示。

(17) 在菜单栏中选择【序列】按钮，在弹出的下拉列表中选择【添加轨道】命令，如图 4.343 所示。

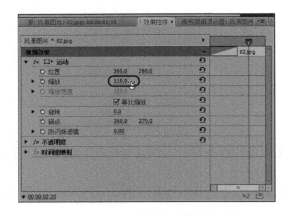
图 4.342　设置素材的缩放

图 4.343　选择【添加轨道】命令

(18) 在弹出的【添加轨道】对话框中，将【视频轨道】选项组中的添加视频轨道设置为 10，然后单击【确定】按钮，如图 4.344 所示，即可在项目面板中添加 10 视频轨道。

(19) 将当前时间设置为 00:00:02:20，然后在【素材箱】面板中选择 03.jpg 文件，将其拖曳至【序列】面板下的视频 4 轨道中，使其起始端与【时间线】对齐，并将其持续时间设置为 2 秒，如图 4.345 所示。

(20) 切换至【效果】窗口，打开【视频过渡】文件夹，选择【滑动】下的【滑动带】过渡效果，将其拖曳至视频 4 轨道中 03.jpg 文件的起始端处，如图 4.346 所示。

(21) 在【效果】窗口中，选择【滑动】下的【滑动框】过渡效果，将其拖曳至视频 3 轨道中 02.jpg 文件的末端处，如图 4.347 所示。

(22) 在视频 4 轨道中选中素材 03.jpg，切换至【效果控件】窗口，将运动下的【缩放】设置为 115，如图 4.348 所示。

(23) 将当前时间设置为 00:00:04:05，然后在【素材箱】面板中选择 04.jpg 文件，将其拖动至【序列】面板下的视频 5 轨道中，使其起始端与【时间线】对齐，如图 4.349 所示。

图 4.344　添加视频轨道

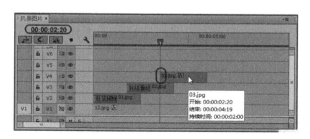

图 4.345　向视频轨道中添加素材

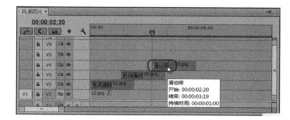

图 4.346　为 03.jpg 添加特效

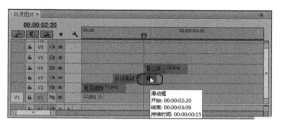

图 4.347　为 02.jpg 添加特效

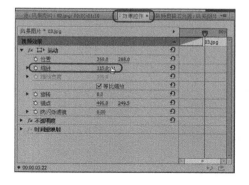

图 4.348　设置素材的缩放

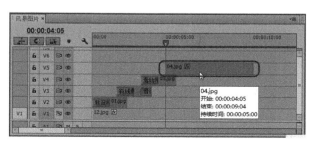

图 4.349　向视频轨道中添加素材

(24) 确认在视频 5 轨道中选中 04.jpg 素材文件，右击并在弹出的快捷菜单中选择【速度/持续时间】命令，在弹出的对话框中将其持续时间设置为 2 秒，然后单击【确定】按钮，如图 4.350 所示。

(25) 切换至【效果】窗口，打开【视频过渡】文件夹，选择【划像】下的【划像形状】过渡效果，将其拖曳至视频 5 轨道中 04.jpg 文件的起始端，效果如图 4.351 所示。

(26) 切换至【效果控件】窗口，在运动下设置该素材图片的位置与大小，效果如图 4.352 所示。

(27) 使用相同的方法添加素材并制作其他过渡效果。完成后的最终效果如图 4.353 所示。

图 4.350　设置素材的持续时间

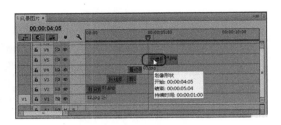

图 4.351　为素材添加特效

图 4.352　设置素材的位置

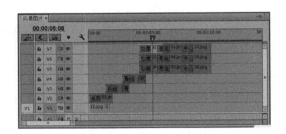

图 4.353　完成后的效果

4.3.2　制作图片淡入淡出过渡

本例将通过制作淡入淡出效果，进行展示图片的风采，完成后的效果如图 4.354 所示。

图 4.354　最终效果

其具体操作步骤如下。

(1) 启动软件后在欢迎界面中单击【新建项目】按钮，在弹出的【新建项目】窗口中输入文件名称，然后单击【确定】按钮，如图 4.355 所示。

(2) 进入工作区后按 Ctrl+N 组合键，打开【新建序列】对话框，在该对话框中输入序列名称，然后单击【确定】按钮，如图 4.356 所示。

图 4.355　新建项目

图 4.356　新建序列

(3) 在【项目】窗口中的空白处右击，在弹出的快捷菜单中选择【新建项目】|【颜色遮罩】命令，如图 4.357 所示。

(4) 即可弹出【新建颜色遮罩】对话框，在该对话框中使用默认设置，单击【确定】按钮，如图 4.358 所示。

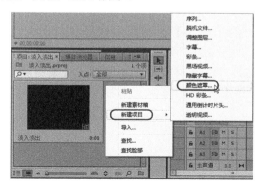

图 4.357　选择【颜色遮罩】命令

图 4.358　【新建颜色遮罩】对话框

(5) 在弹出的【拾色器】对话框中将颜色设置为白色，然后单击【确定】按钮，即可弹出【选择名称】对话框，可以输入名称，在这里使用默认设置，然后单击【确定】按钮，如图 4.359 所示。

(6) 将【颜色遮罩】创建完成后，在【项目】窗口中将其拖曳至【序列】面板下的视频 1 轨道中，如图 4.360 所示。

(7) 在【序列】面板中选中视频 1 轨道中的【颜色遮罩】，并右击，在弹出的快捷菜单中选择【速度/持续时间】命令，如图 4.361 所示。

(8) 在弹出的【剪辑速度/持续时间】对话框中，将持续时间设置为 7 秒，然后单击【确定】按钮，如图 4.362 所示。

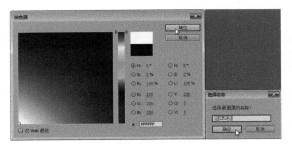

图 4.359　设置遮罩颜色及名称

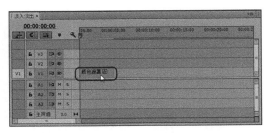

图 4.360　将颜色遮罩拖曳至序列面板中

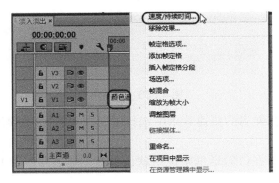

图 4.361　选择【速度/持续时间】命令

图 4.362　设置持续时间

(9) 在【项目】面板的空白处双击，在弹出的【导入】对话框中选择 CDROM\素材\Cha04\汽车文件夹，单击【导入文件夹】按钮，如图 4.363 所示。

(10) 将素材打开后，在【项目】窗口中双击打开的素材文件，即可打开【素材箱】面板，在该面板中选择 01.jpg 文件并将其拖曳至【序列】面板下的视频 2 轨道中，如图 4.364 所示。

图 4.363　打开素材文件

图 4.364　将素材拖曳至视频轨道中

(11) 在【序列】面板下的视频 2 轨道中选中素材并右击，在弹出的快捷菜单中选择【速度/持续时间】命令，在弹出的对话框中将其持续时间设置为 1 秒，如图 4.365 所示。

(12) 在【素材箱】中选择素材 02.jpg 文件，将其拖曳至视频 2 轨道中，使该素材的起始端与 01.jpg 文件的末端处对齐，如图 4.366 所示。

图 4.365　设置素材的持续时间

图 4.366　向视频轨道中添加素材

(13) 在视频 2 轨道中选中 02.jpg 文件，将其持续时间设置为 1 秒，然后切换至【效果】窗口中，打开【视频过渡】文件夹，选择【溶解】下的【交叉溶解】过渡效果，如图 4.367 所示。

(14) 将【交叉溶解】过渡效果拖曳至视频 2 轨道中两个素材之间，效果如图 4.368 所示。

图 4.367　选择【交叉溶解】特效

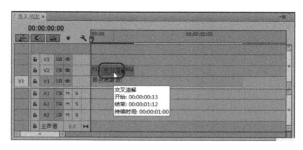

图 4.368　将特效拖曳至视频轨道中的素材上

(15) 在视频轨道中选中过渡特效，切换至【效果控件】窗口中，将【交叉溶解】的【持续时间】设置为 00:00:01:20，如图 4.369 所示。

(16) 使用同样的方法，将余下的文件拖曳至【序列】面板下的视频 2 轨道中，将它们的持续时间均设置为 1 秒，分别为其添加【溶解】中的过渡效果。添加完成后的效果如图 4.370 所示。

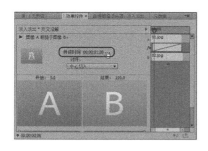

图 4.369　设置特效持续时间

图 4.370　添加其他素材及特效

4.4　思　考　题

1. 什么是过渡特效？其主要功能是什么？
2. 常用的过渡方式有哪些？

第 5 章　视频效果的应用

本章将介绍如何在影片上添加视频特效。这对剪辑人员来说是非常重要的，对视频的好与坏起着决定性的作用。巧妙地为影片添加各式各样的视频特效可以使影片具有很强的视觉感染力。

5.1　应用视频特效

为素材添加视频特效，在【效果】面板中选择要添加的特效，然后将其拖曳至【序列】面板中的素材片段上；当素材处于选择状态时，选择特效并将其拖曳至【效果控件】面板中。

5.2　使用关键帧控制效果

在动画制作的过程中，关键帧是必不可少的，在 3ds Max、Flash 中，动画都是由不同的关键帧组成的，为不同的关键帧设置不同的效果可以实现丰富多彩的动画效果。

5.2.1　关于关键帧

使用添加关键帧的方式可以创建动画并控制素材动画效果和音频效果。通过关键帧可以查看属性的数值变化，如位置、不透明度等。当为多个关键帧赋予不同的值时，Premiere 会自动计算关键帧之间的值，这个处理过程称为插补。对于大多数标准效果，都可以在素材的整个时间长度中设置关键帧。对于固定效果，比如位置和缩放，也可以设置关键帧，使素材产生动画。可以移动、复制或删除关键帧和改变插补的模式。

5.2.2　插入关键帧

为了设置动画效果属性，必须激活属性的关键帧，在【效果控件】面板或者【序列】面板中可以添加并控制关键帧。

任何支持关键帧的效果属性都包括【切换动画】按钮 🔘，单击该按钮可插入一个动画关键帧。插入关键帧(即激活关键帧)后，就可以添加和调整至素材所需的属性，如图 5.1 所示。

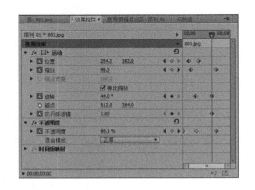

图 5.1　设置关键帧

5.3　视频特效与特效操作

本节将详细介绍 Premiere Pro CC 的视频特效，添加特效后在【效果控件】面板中选择添加的特效，然后单击特效名称左侧的三角按钮，展开特效参数设置。

5.3.1　【变换】视频特效

在【变换】文件夹中共包括 7 项变换效果的视频特技效果。

1.【垂直定格】特效

【垂直定格】特效可以使素材向上翻卷。应用【垂直定格】特效的具体操作步骤如下。

(1) 在【项目】面板的空白处双击，弹出【导入】对话框，打开随书附带光盘中的 CDROM\素材\Cha05\素材 01.jpg，单击【打开】按钮，如图 5.2 所示。

(2) 在【项目】面板中选择"素材 01.jpg"文件，将其添加至【序列】面板中的视频轨道上，如图 5.3 所示。

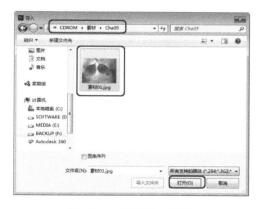

图 5.2　【导入】对话框　　　　　图 5.3　将素材添加至【序列】面板中

(3) 在轨道中选择"素材 01.jpg"素材文件并右击，在弹出的快捷菜单中选择【缩放为帧大小】命令。打开【效果】面板，选择【视频效果】|【变换】|【垂直定格】特效，将其拖曳至素材文件上，此时在【效果控件】面板中显示出添加的【垂直定格】特效，如图 5.4 所示。

(4) 在【节目】面板中，单击【播放】按钮 ▶ ，观看效果如图 5.5 所示。

2.【垂直翻转】特效

【垂直翻转】特效可以使素材上下翻转，该特效的选项组如图 5.6 所示。效果如图 5.7 所示。

3.【摄像机视图】特效

【摄像机视图】特效可以模拟相机从不同角度观看素材，产生素材的变形，通过控制相机的位置，来变形素材的形状，该特效的选项组如图 5.8 所示。效果如图 5.9 所示。

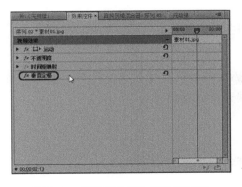

图 5.4　【垂直定格】特效选项组

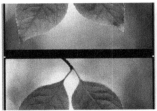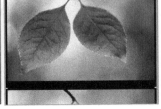

图 5.5　添加【垂直定格】特效后的效果

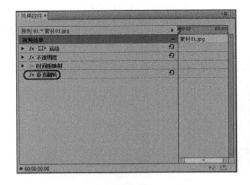

图 5.6　【垂直翻转】选项组

图 5.7　添加【垂直翻转】后的效果

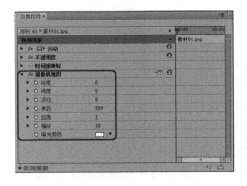

图 5.8　【摄影机视图】选项组

图 5.9　添加【摄影机视图】特效后的效果

4．【水平定格】特效

【水平定格】特效可以将图像向左或向右倾斜，该特效的选项组如图 5.10 所示。效果如图 5.11 所示。

5．【水平翻转】特效

【水平翻转】特效可以使素材水平翻转，该特效的选项组如图 5.12 所示。效果如图 5.13 所示。

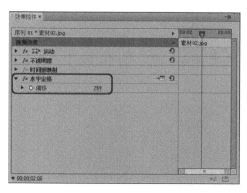

图 5.10　【水平定格】特效选项组　　　　图 5.11　添加【水平定格】特效后的效果

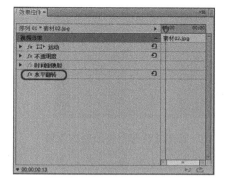

图 5.12　【水平翻转】特效选项组　　　　图 5.13　添加【水平翻转】特效后的效果

6. 【羽化边缘】特效

【羽化边缘】特效用于对素材片段的边缘进行羽化，该特效的选项组如图 5.14 所示。
效果如图 5.15 所示。

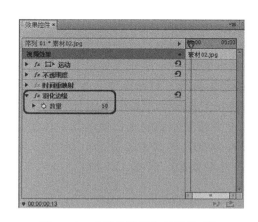

图 5.14　【羽化边缘】特效选项组　　　　图 5.15　添加【羽化边缘】特效后的效果

7. 【裁剪】特效

【裁剪】特效可以将素材边缘的像素剪掉，并可以自动将修剪过的素材尺寸变到原始尺寸，使用滑块控制可以修剪素材个别边缘，可以采用像素或图像百分比两种方式计算，该特效的选项组如图 5.16 所示。效果如图 5.17 所示。

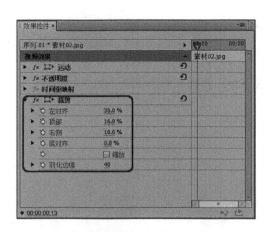

图 5.16   【裁剪】特效选项组   图 5.17   添加【裁剪】特效后的效果

5.3.2   【图像控制】视频特效

在【图像控制】文件夹中共包括 5 项图像色彩效果的视频特技效果。

1. 【灰度系数校正】特效

【灰度系数校正】特效可以使素材渐渐变亮或变暗，应用【灰度系数校正】特效的具体操作步骤如下。

(1) 在【项目】面板中双击空白处，弹出【导入】对话框，在该对话框中选择随书附带光盘中的 CDROM\素材\Cha05\素材 03.jpg，单击【打开】按钮，如图 5.18 所示。

(2) 将刚刚导入的素材图片添加至【序列】面板中的 V1 轨道中，在轨道中选择素材图片并右击，在弹出的快捷菜单中选择【缩放为帧大小】命令。打开【效果】面板，选择【效果】|【视频效果】|【图像控制】|【灰度系数校正】特效，将其拖曳至 V1 轨道中的素材图片上，在【效果控件】面板中显示【灰度系数校正】选项组，如图 5.19 所示。

(3) 将当前时间设置为 00:00:00:00，单击【灰度系数】左侧的【切换动画】按钮 。将当前时间设置为 00:00:04:00，将【灰度系数】设置为 20，如图 5.20 所示。

(4) 在【节目】面板中单击【播放】按钮 ，观看效果，如图 5.21 所示。

2. 【颜色过渡】特效

【颜色过渡】特效将素材转变成灰度，除了只保留一个指定的颜色外，使用这个效果可以突出素材的某个特殊区域，该特效的选项组如图 5.22 所示。效果如图 5.23 所示。

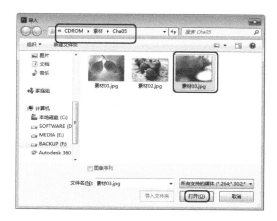

图 5.18　【导入】对话框

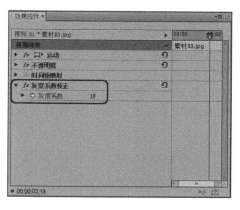

图 5.19　【灰度系数校正】选项组

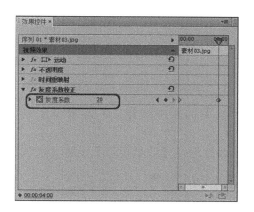

图 5.20　设置【灰度系数】参数

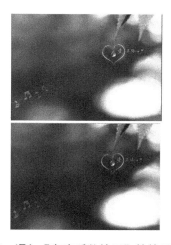

图 5.21　添加【灰度系数校正】特效后的效果

图 5.22　【颜色过渡】选项组

图 5.23　【颜色过渡】特效

3. 【颜色平衡(RGB)】特效

【颜色平衡(RGB)】特效可以按 RGB 颜色模式调节素材的颜色，达到校色的目的。该特效的选项组如图 5.24 所示。下面讲解【颜色平衡(RGB)】特效的应用方法。其具体操作步骤如下。

(1) 新建一个项目文件，在【项目】面板空白处双击，在弹出的【导入】对话框中选择随书附带光盘中的 CDROM\素材\Cha05\素材 05.jpg 文件，如图 5.25 所示。

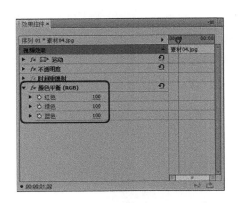

图 5.24 【颜色平衡(RGB)】选项组

图 5.25 【导入】对话框

(2) 选择完成后，单击【打开】按钮，在【项目】面板中选择导入的素材文件，如图 5.26 所示。

(3) 按住鼠标将其拖曳至 V1 轨道中，并选中该对象，在【效果控件】中将【缩放】设置为 77，如图 5.27 所示。

图 5.26 选择导入的素材文件

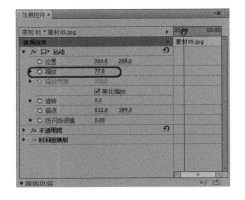

图 5.27 设置缩放

(4) 打开【效果】面板，选择【视频效果】|【图像控制】|【颜色平衡】|特效，如图 5.28 所示。

(5) 双击该特效，为选中的对象添加特效，再在【效果控件】中将【红色】、【绿色】、【蓝色】分别设置为 173、90、190，如图 5.29 所示。

(6) 设置完成后，在【节目】面板中查看其前后的效果，如图 5.30 所示。

图 5.28　选择视频效果

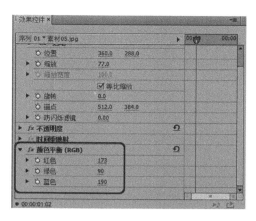

图 5.29　设置参数

图 5.30　添加特效后的效果

4.【颜色替换】特效

【颜色替换】特效可以将选择的颜色替换成一个新的颜色，且保持不变的灰度级。使用这个效果可以通过选择图像中一个物体的颜色，然后通过调整控制器产生一个不同的颜色，达到改变物体颜色的目的。该特效的选项组如图 5.31 所示。效果如图 5.32 所示。

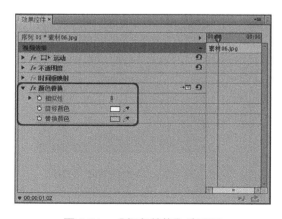

图 5.31　【颜色替换】选项组

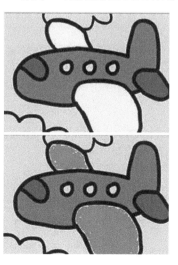

图 5.32　添加特效后的效果

5. 【黑白】特效

【黑白】特效可以将任何彩色素材变成灰度图，也就是说，颜色由灰度的明暗来表示。该特效的选项组如图 5.33 所示。效果如图 5.34 所示。

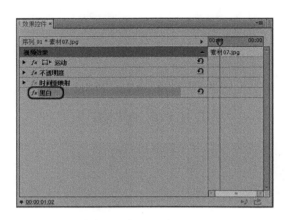

图 5.33 【黑白】选项组

图 5.34 【黑白】特效

5.3.3 【实用程序】视频特效

在【实用程序】视频特效文件夹中共包括 1 项电影转换效果的视频特技效果。

【Cineon 转换器】特效提供一个高度数的 Cineon 图像的颜色转换器。该特效的选项组如图 5.35 所示。效果如图 5.36 所示。

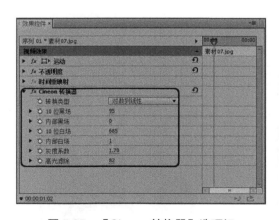

图 5.35 【Cineon 转换器】选项组

图 5.36 添加特效后的效果

【Cineon 转换器】特效选项组中各项命令介绍如下。

【转换类型】：指定 Cineon 文件如何被转换。

【10 位黑场】：为转换为 10Bit 对数的 Cineon 层指定黑点(最小密度)。

【内部黑场】：指定黑点在层中如何使用。

【10 位白场】：为转换为 10Bit 对数的 Cineon 层指定白点(最大密度)。

【内部白场】：指定白点在层中如何使用。

【灰度系数】：指定中间色调值。

【高光滤除】：指定输出值校正高亮区域的亮度。

下面将介绍如何使用【Cineon 转换】特效。其具体操作步骤如下。

(1) 导入"素材 07.jpg"，将其拖曳至 V1 轨道中，如图 5.37 所示。

(2) 在【效果控件】中调整其大小，确认该对象处于选中状态，激活【效果】面板，在【视频特效】文件夹中选择【实用程序】中的【Cineon 转换器】特效，如图 5.38 所示。

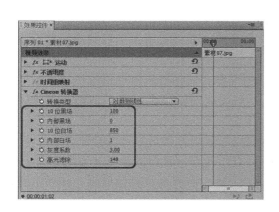

图 5.37　将素材文件拖曳至视频轨道中　　　　图 5.38　选择【Cineon 转换器】特效

(3) 双击该特效，为选中的对象添加特效，在【效果控件】中将【10 位黑场】设置为 100，将【内部黑场】设置为 0，将【10 位白场】设置为 850，将【内部白场】设置为 1，将【灰度系数】和【高光滤除】分别设置为 3、148，如图 5.39 所示。

(4) 设置完成后，用户可以在【节目】面板中查看效果，添加特效的前后效果如图 5.40 所示。

图 5.39　设置参数　　　　　　　　　　图 5.40　设置特效前后的效果

5.3.4 【扭曲】视频特效

在【扭曲】文件夹中共包括 13 项扭曲效果的视频特技效果。

1. Warp Stabilizer 特效

在添加 Warp Stabilizer 特效之后，会在后台立即开始分析剪辑。当分析开始时，【项目】面板中会显示第一个栏(共两个)，指示正在进行分析。当分析完成时，第二个栏会显示正在进行稳定的消息。该特效的选项组如图 5.41 所示。效果如图 5.42 所示。

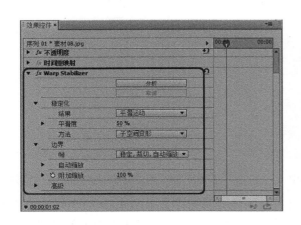

图 5.41 Warp Stabilizer 选项组

图 5.42 添加特效后的效果

- 【稳定化】：利用【稳定化】设置，可调整稳定过程。
- 【结果】：控制素材的预期效果(【平滑运动】或【不运动】)。
  - ◆ 【平滑运动(默认)】：保持原始摄像机的移动，但使其更平滑。在选中后，会启用【平滑度】来控制摄像机移动的平滑程度。
  - ◆ 【不运动】：尝试消除拍摄中的所有摄像机运动。在选中后，将在【高级】部分中禁用【更少裁切更多平滑】功能。该设置用于主要拍摄对象至少有一部分保持在正在分析的整个范围的帧中的素材。
- 【平滑度】：选择稳定摄像机原运动的程度。值越低越接近摄像机原来的运动，值越高越平滑。如果值在 100 以上，则需要对图像进行更多裁切。在【结果】设置为【平滑运动】时启用。
- 【方法】：指定变形稳定器为稳定素材而对其执行的最复杂的操作。
  - ◆ 【位置】：稳定仅基于位置数据，且这是稳定素材的最基本方式。
  - ◆ 【位置，缩放，旋转】：稳定基于位置、缩放以及旋转数据。如果没有足够的区域用于跟踪，变形稳定器将选择上一个类型(位置)。
  - ◆ 【透视】：使用将整个帧边角有效固定的稳定类型。如果没有足够的区域用于跟踪，变形稳定器将选择上个类型(位置、缩放、旋转)。
  - ◆ 【子空间变形(默认)】：尝试以不同的方式将帧的各个部分变形以稳定整个

帧。如果没有足够的区域用于跟踪，变形稳定器将选择上一个类型(透视)。在任何给定帧上使用该方法时，根据跟踪的精度，剪辑中会发生一系列相应的变化。

- 【边界】：边界设置调整为被稳定的素材处理边界(移动的边缘)的方式。
- 【帧】：控制边缘在稳定结果中如何显示。可将取景设置为以下内容之一。
    - 【仅稳定】：显示整个帧，包括运动的边缘。【仅稳定】显示为稳定图像而需要完成的工作量。使用【仅稳定化】将允许您使用其他方法裁剪素材。选择此选项后，【自动缩放】部分和【更少裁切更多平滑】属性将处于禁用状态。
    - 【稳定、裁剪】：裁剪运动的边缘而不缩放。【稳定、裁剪】等同于使用【稳定、裁剪、自动缩放】并将【最大缩放】设置为 100%。启用此选项后，【自动缩放】部分将处于禁用状态，但【更少裁切更多平滑】属性仍处于启用状态。
    - 【稳定、裁剪、自动缩放】(默认)：裁剪运动的边缘，并扩大图像以重新填充帧。自动缩放由【自动缩放】部分的各个属性控制。
    - 【稳定、人工合成边缘】：使用时间上稍早或稍晚的帧中的内容填充由运动边缘创建的空白区域(通过【高级】部分的【合成输入范围】进行控制)。选择此选项后，【自动缩放】部分和【更少裁切更多平滑】将处于禁用状态。

提示

当在帧的边缘存在与摄像机移动无关的移动时，可能会出现伪像。

- 【自动缩放】：显示当前的自动缩放量，并允许您对自动缩放量设置限制。通过将取景设为【稳定、裁剪、自动缩放】可启用自动缩放。
    - 【最大缩放】：限制为实现稳定而按比例增加剪辑的最大量。
    - 【动作安全边距】：如果为非零值，则会在您预计不可见的图像的边缘周围指定边界。因此，自动缩放不会试图填充它。
- 【附加缩放】：使用与在"变换"下使用"缩放"属性相同的结果放大剪辑，但是避免对图像进行额外的重新取样。
- 【高级】：包括【详细分析】、【果冻效应波纹】、【更少裁切更多平滑】、【合成输入范围】、【合成边缘羽化】、【合成边缘裁切】、【隐藏警告栏】选项。
    - 【详细分析】：当设置为开启时，会让下一个分析阶段执行额外的工作来查找要跟踪的元素。启用该选项时，生成的数据(作为效果的一部分存储在项目中)会更大且速度慢。
    - 【果冻效应波纹】：稳定器会自动消除与被稳定的果冻效应素材相关的波纹。【自动减小】是默认值。如果素材包含更大的波纹，请使用【增强减小】。要使用任一方法，请将【方法】设置为【子空间变形】或【透明】。
    - 【更少裁切更多平滑】：在裁切时，控制当裁切矩形在被稳定的图像上方移动时该裁切矩形的平滑度与缩放之间的折中。但是，较低值可实现平滑，并且可以查看图像的更多区域。设置为 100%时，结果与用于手动裁剪的【仅稳定】选项相同。

◆ 【合成输入范围】：由【稳定、人工合成边缘】取景使用，控制合成进程在时间上向后或向前走多远来填充任何缺少的像素。

◆ 【合成边缘羽化】：为合成的片段选择羽化量。仅在使用【稳定、人工合成边缘】取景时，才会启用该选项。使用羽化控制可平滑合成像素与原始帧连接在一起的边缘。

◆ 【合成边缘裁切】：当使用【稳定、人工合成边缘】取景选项时，在将每个帧用来与其他帧进行组合之前对其边缘进行修剪。使用裁剪控制可剪掉在模拟视频捕获或低质量光学镜头中常见的多余边缘。在默认情况下，所有边缘均设为零像素。

◆ 【隐藏警告栏】：如果即使有警告横幅指出必须对素材进行重新分析，您也不希望对其进行重新分析，则使用此选项。

> **提 示**
>
> Premiere Pro 中的变形稳定器效果要求剪辑尺寸与序列设置相匹配。如果剪辑与序列设置不匹配，您可以嵌套剪辑，然后对嵌套应用变形稳定器效果。

2. 【位移】特效

【位移】特效是将原来的图片进行偏移复制，并通过【混合】进行显示图片上的图像。该特效的选项组如图 5.43 所示。效果如图 5.44 所示。

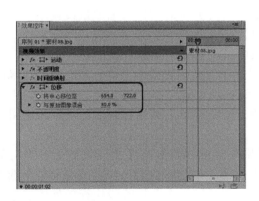

图 5.43　【位移】选项组

图 5.44　添加特效后的效果

3. 【变换】特效

【变换】特效是对素材应用二维几何转换效果。使用【变换】特效可以沿任何轴向使素材歪斜。该特效的选项组如图 5.45 所示。效果如图 5.46 所示。

4. 【弯曲】特效

【弯曲】特效可以使素材产生一个波浪沿素材水平和垂直方向移动的变形效果，可以根据不同的尺寸和速率产生多个不同的波浪形状。该特效的选项组如图 5.47 所示。效果如图 5.48 所示。

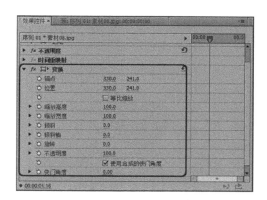

图 5.45　【变换】选项组

图 5.46　添加特效后的效果

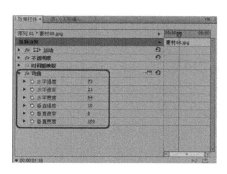

图 5.47　【弯曲】选项组

图 5.48　添加特效后的效果

5.【放大】特效

　　【放大】特效可以将图像使局部呈圆形或方形放大，可以将放大的部分进行【羽化】、【透明】等的设置。该特效的选项组如图 5.49 所示。效果如图 5.50 所示。

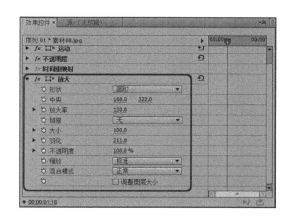

图 5.49　【放大】选项组

图 5.50　添加特效后的效果

6. 【旋转】特效

【旋转】特效可以使素材围绕它的中心旋转，形成一个旋涡。该特效的选项组如图 5.51 所示。效果如图 5.52 所示。

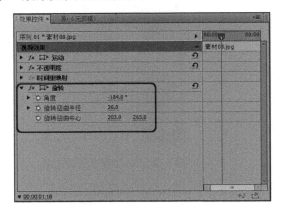

图 5.51　【旋转】选项组

图 5.52　添加特效后的效果

7. 【果冻效应修复】特效

DSLR 及其他基于 CMOS 传感器的摄像机都有一个常见问题：在视频的扫描线之间通常有一个延迟时间。由于扫描线之间的时间延迟，无法准确地同时记录图像的所有部分，导致果冻效应扭曲。如果摄像机或拍摄对象移动就会发生这些扭曲。

利用 Premiere Pro 中的【果冻效应修复】特效来去除这些扭曲伪像。

- 【果冻效应比率】：指定帧速率(扫描时间)的百分比。DSLR 在 50%～70%范围内，而 iPhone 接近 100%。调整【果冻效应比率】，直至扭曲的线变为竖直。
- 【扫描方向】：指定发生果冻效应扫描的方向。大多数摄像机从顶部到底部扫描传感器。对于智能手机，可颠倒或旋转式操作摄像机，这样可能需要不同的扫描方向。
- 【方法】：指示是否使用光流分析和像素运动重定时来生成变形的帧(像素运动)，或者是否应该使用稀疏点跟踪以及变形方法(变形)。
- 【详细分析】：在变形中执行更为详细的点分析。在使用【变形】方法时可用。
- 【像素运动细节】：指定光流矢量场计算的详细程度。在使用【像素移动】方法时可用。

8. 【波形变形】特效

【波形变形】特效可以使素材变形为波浪的形状。该特效的选项组如图 5.53 所示。效果如图 5.54 所示。

9. 【球面化】特效

【球面化】特效将素材包囊在球形上，可以赋予物体和文字三维效果。该特效的选项组如图 5.55 所示。效果如图 5.56 所示。

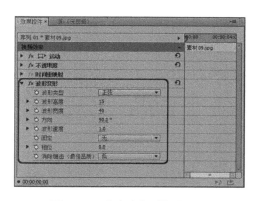

图 5.53　【波形变形】选项组

图 5.54　添加特效后的效果

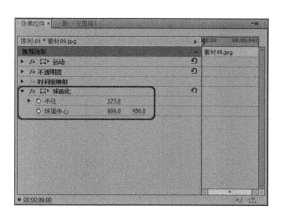

图 5.55　【球面化】选项组

图 5.56　添加特效后的效果

10. 【紊乱置换】特效

【紊乱置换】特效可以使图片中的图像变形。该特效的选项组如图 5.57 所示。添加特效后的效果如图 5.58 所示。

11. 【边角定位】特效

【边角定位】特效是通过分别改变一个图像的四个顶点而使图像产生变形，比如伸展、收缩、歪斜和扭曲，模拟透视或者模仿支点在图层一边的运动。该特效的选项组如图 5.59 所示。添加特效后的效果如图 5.60 所示。

> **提 示**
>
> 　　除了上面讲述的通过输入数值来修改图形的方法，还有一种比较直观、方便的操作方法，那就是：单击【效果控制】面板中【边角】按钮，这时在【监视器】面板图片中会出现四个控制柄，然后调整控制柄的位置就可以改变图片的形状。

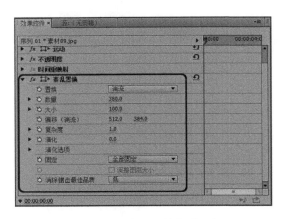

图 5.57 【紊乱置换】选项组

图 5.58 添加特效后的效果

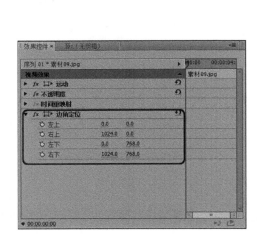

图 5.59 【边角定位】选项组

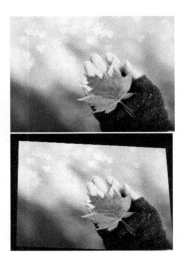

图 5.60 添加特效后的效果

12.【镜像】特效

【镜像】特效用于将图像沿一条线裂开并将其中一边反射到另一边。反射角度决定哪一边被反射到什么位置，可以随时间改变镜像轴线和角度。该特效的选项组如图 5.61 所示。

下面将介绍如何应用【镜像】特效。其具体操作步骤如下。

(1) 新建一个项目文件，在【项目】面板中空白处双击，在弹出的【导入】对话框中选择随书附带光盘中的 CDROM\素材\Cha05\素材 10.jpg 文件，如图 5.62 所示。

(2) 选择完成后，单击【打开】按钮，在【项目】面板中选择导入的素材文件，如图 5.63 所示。

(3) 按住鼠标将其拖曳至 V1 轨道中，选中该对象并右击，在弹出的快捷菜单中选择【缩放为帧大小】命令，如图 5.64 所示。

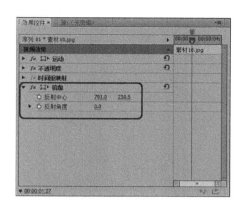

图 5.61　【镜像】选项组

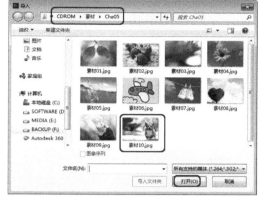

图 5.62　选择素材文件

图 5.63　选择导入的素材文件

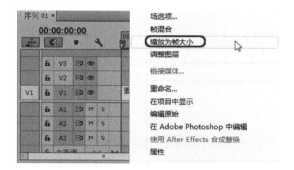

图 5.64　选择【缩放为帧大小】命令

(4) 在【效果控件】中将【位置】设置为 330、288，将【缩放】设置为 112，如图 5.65 所示。

(5) 选择 V1 轨道上的素材文件，打开【效果】面板，在【视频效果】文件夹中选择【扭曲】中的【镜像】特效，如图 5.66 所示。

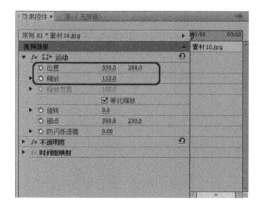

图 5.65　设置位置及缩放

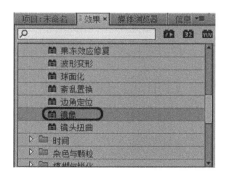

图 5.66　选择【镜像】特效

(6) 双击该特效,在【效果控件】面板中将【镜像】选项组中的【反射中心】设置为384、351.5,将【反射角度】设置为-180°,如图 5.67 所示。

(7) 设置完成后,即可对选中的对象进行镜像,效果如图 5.68 所示。

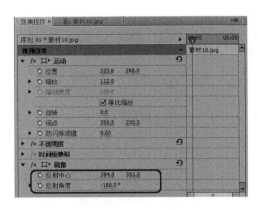

图 5.67 设置【镜像】参数

图 5.68 镜像后的效果

13.【镜头扭曲】特效

【镜头扭曲】特效是模拟一种从变形透镜观看素材的效果。该特效的选项组如图 5.69 所示。效果如图 5.70 所示。

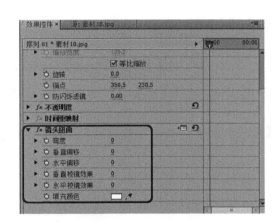

图 5.69 【镜头扭曲】选项组

图 5.70 添加特效后的效果

5.3.5 【时间】视频特效

在【时间】文件夹中共包括两项时间变形效果的视频特技效果。

1.【抽帧】特效

使用该特效后素材将被锁定到一个指定的帧率,以跳帧播放产生动画效果,能够生成抽帧的效果。

2. 【残影】特效

【残影】特效可以混合一个素材中很多不同的时间帧。它的用处很多，从一个简单的视觉回声到飞奔的动感效果的设置。在这里我们需要使用视频文件，读者可以自己找一个视频文件对其进行设置。该特效的选项组如图 5.71 所示，效果如图 5.72 所示。

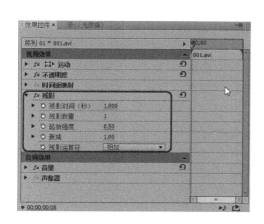

图 5.71　【残影】选项组

图 5.72　添加特效后的效果

5.3.6　【杂色与颗粒】视频特效

在【杂色与颗粒】视频特效文件夹中共包括 6 项杂色、颗粒效果的视频特技效果。

1. 【中间值】特效

【中间值】特效指使用指定半径内相邻像素的中间像素值替换像素。使用低的值，这个效果可以降低噪波；如果使用高的值，可以将素材处理成一种美术。该特效的选项组如图 5.73 所示。

【中值】特效选项组中各项介绍如下。

【半径】：指定使用中间值效果的像素数量。

【在 Alpha 通道上操作】：对素材的 Alpha通道应用应该效果。

(1) 在【项目】面板的空白处双击，弹出【导入】对话框，在弹出的对话框中选择随书附带光盘中的 CDROM\素材\Cha05\素材 10.jpg，如图 5.74 所示。

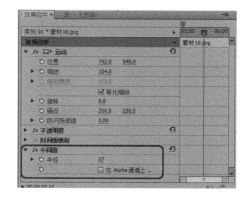

图 5.73　【中值】选项组

(2) 单击【打开】按钮材，选择刚刚导入的素材文件，将其拖曳至【序列】面板的 V1轨道中，选择轨道中的素材文件，打开【效果控件】面板，展开【运动】选项，将【缩放】设置为 127，如图 5.75 所示。

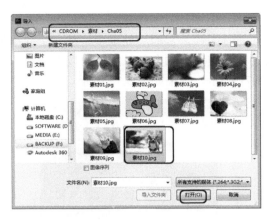

图 5.74　【导入】对话框

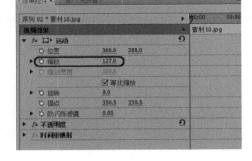

图 5.75　设置缩放

(3) 打开【效果】面板，选择【视频效果】|【杂色与颗粒】|【中间值】特效，双击该特效，在【效果控件】面板中展开【中间值】选项，将【半径】设置为 15，如图 5.76 所示。

(4) 在【节目】面板中观看效果如图 5.77 所示。

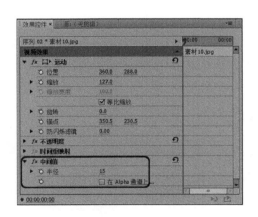

图 5.76　【中间值】选项组

图 5.77　添加特效后的效果

2. 【杂色】特效

【杂色】特效将未受影响和素材中像素中心的颜色赋予每一个分片，其余的分片将被赋予未受影响的素材中相应范围的平均颜色。该特效的选项组如图 5.78 所示。效果如图 5.79 所示。

3. 【杂色 Alpha】特效

【杂色 Alpha】特效：添加统一的或方形杂色图像到 Alpha 通道中。该特效的选项组如图 5.80 所示。效果如图 5.81 所示。

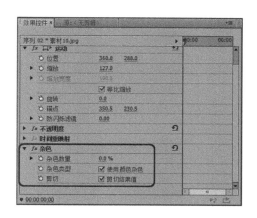

图 5.78　【杂色】选项组

图 5.79　添加特效后的效果

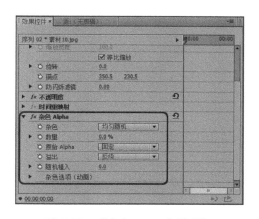

图 5.80　【杂色 Alpha】选项组

图 5.81　添加特效后的效果

【杂色 Alpha】特效选项组各项介绍如下。

- 　　【杂色】：指定效果使用的杂色的类型。
- 　　【数量】：指定添加到图像中杂色的数量。
- 　　【原始 Alpha】：指定如何应用杂色到图像的 Alpha 通道中。
- 　　【溢出】：指定效果重新绘制超出 0~255 灰度缩放范围的值。
- 　　【随机植入】：指定杂色的随机值。
- 　　【杂色选项(动画)】：指定杂色的动画效果。

4. 【杂色 HLS】特效

【杂色 HLS】特效：可以为指定的色度、亮度、饱和度添加噪波，调整杂波色的尺寸和相位。该特效的选项组如图 5.82 所示。效果如图 5.83 所示。

5. 【蒙尘与划痕】特效

【蒙尘与划痕】特效：通过改变不同的像素减少噪波。调试不同的范围组合和阈值设

置，达到锐化图像和隐藏缺点之间的平衡。该特效的选项组如图 5.84 所示。效果如图 5.85
所示。

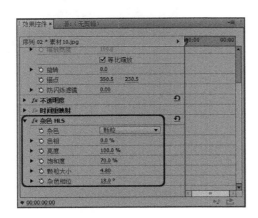

图 5.82 【杂色 HLS】选项组

图 5.83 添加特效后的效果

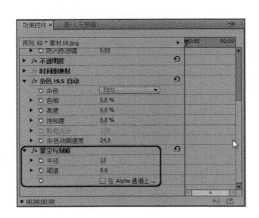

图 5.84 【蒙尘与划痕】选项组

图 5.85 添加特效后的效果

6. 【杂色 HLS 自动】特效

【杂色 HLS 自动】特效与【杂色 HLS】特效相似，效果如图 5.86 所示。

图 5.86 【杂色 HLS 自动】特效

5.3.7　【模糊和锐化】视频特效

在【模糊和锐化】文件夹中共包括 10 项模糊、锐化效果的视频特技效果。

1.【复合模糊】特效

【复合模糊】特效对图像进行复合模糊，为素材增加全面的模糊。该特效的选项组如图 5.87 所示。效果如图 5.88 所示。

图 5.87　【复合模糊】选项组

图 5.88　添加特效后的效果

2.【快速模糊】特效

【快速模糊】特效可以指定模糊图像的强度，也可以指定模糊的方向是纵向、横向或双向。它比我们后面要讲到的【高斯模糊】效果要快。该特效的选项组如图 5.89 所示。效果如图 5.90 所示。

图 5.89　【快速模糊】选项组

图 5.90　添加特效后的效果

3.【方向模糊】特效

【方向模糊】特效是对图像选择一个有方向性的模糊，为素材添加运动感觉。该特效的选项组如图 5.91 所示。效果如图 5.92 所示。

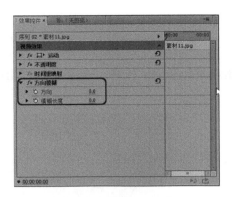

图 5.91 【方向模糊】选项组

图 5.92 添加特效后的效果

4. 【消除锯齿】特效

【消除锯齿】特效对素材做出轻微的、有些生硬的模糊效果。该特效的选项组如图 5.93 所示。效果如图 5.94 所示。

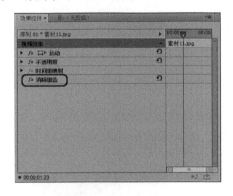

图 5.93 【消除锯齿】选项组

图 5.94 添加特效后的效果

5. 【相机模糊】特效

【相机模糊】特效用于模仿在相机焦距之外的图像模糊效果。该特效的选项组如图 5.95 所示。效果如图 5.96 所示。

6. 【通道模糊】特效

【通道模糊】特效可以对素材的红、绿、蓝和 Alpha 通道分别进行模糊，可以指定模糊的方向是水平、垂直或双向。使用这个效果可以创建辉光效果或控制一个图层的边缘附近变得不透明。该特效的选项组如图 5.97 所示。效果如图 5.98 所示。

7. 【重影】特效

【重影】特效用于将刚经过的帧叠加到当前帧的路径上，以产生多重留影的效果，它对表现运动物体的路径特别有用。读者可以自己找一段视频进行操作。该特效的选项组如

图 5.99 所示。效果如图 5.100 所示。

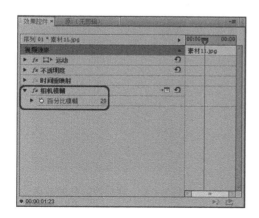

图 5.95　【相机模糊】选项组

图 5.96　添加特效后的效果

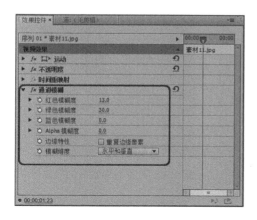

图 5.97　【通道模糊】选项组

图 5.98　添加特效后的效果

8. 【锐化】特效

【锐化】特效将未受影响的素材中像素中心的颜色赋予每一个分片，其余的分片被赋予未受影响的素材中相应范围内的平均颜色。该特效的选项组如图 5.101 所示。添加特效后的效果如图 5.102 所示。

9. 【非锐化遮罩】特效

【非锐化遮罩】特效能够将图片中模糊的地方变亮。该特效的选项组如图 5.103 所示。效果如图 5.104 所示。

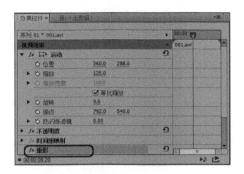

图 5.99　【重影】选项组

图 5.100　添加特效后的效果

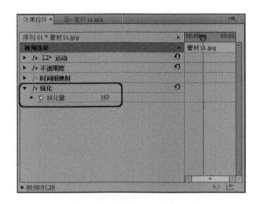

图 5.101　【锐化】选项组

图 5.102　添加特效后的效果

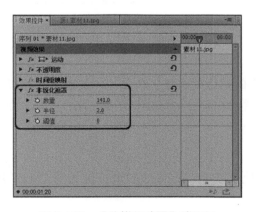

图 5.103　【非锐化遮罩】选项组

图 5.104　添加特效后的效果

10.【高斯模糊】特效

　　【高斯模糊】特效能够模糊和柔化图像并能消除噪波，还可以指定模糊的方向为水平、垂直或双向。该特效的选项组如图 5.105 所示。效果如图 5.106 所示。

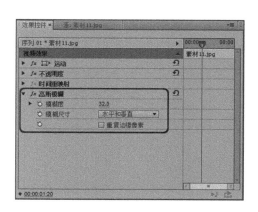

图 5.105　【高斯模糊】选项组

图 5.106　添加特效后的效果

5.3.8　【生成】视频特效

　　在【生成】文件夹中共包括 12 项生成效果的视频特技效果。

1.【书写】特效

　　【书写】特效可以在图像中产生书写的效果，通过为特效设置关键点并不断地调整笔触的位置，可以产生水彩笔书写的效果。下面介绍应用【书写】特效的具体操作步骤。

　　(1) 在【项目】面板中的空白处双击，在弹出的对话框中选择随书附带光盘中的 CDROM\素材\Cha05\素材 12.jpg 素材文件，如图 5.107 所示。

　　(2) 单击【打开】按钮，在【项目】面板中选择素材文件，将其添加至【序列】面板的视频轨道中，如图 5.108 所示。

图 5.107　【导入】对话框

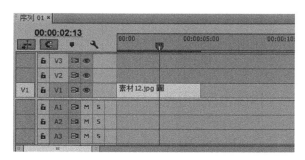

图 5.108　将素材文件导入到【序列】面板中

(3) 在【序列】面板中选择素材文件，打开【效果控件】面板，展开【运动】选项，将【缩放】设置为 104，如图 5.109 所示。

(4) 打开【效果】面板，选择【视频效果】|【生成】|【书写】特效，双击该特效，打开【效果控件】面板，将当前时间设置为 00:00:00:00，单击【画笔位置】左侧的【切换动画】按钮 ⃝，将【画笔位置】设置为 47、120，将【颜色】RGB 值设置为 255、0、0，将【画笔大小】设置为 15，将【画笔硬度】设置为 50%，其他保持默认设置，如图 5.110 所示。

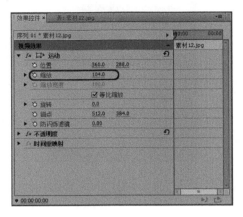

图 5.109　设置缩放

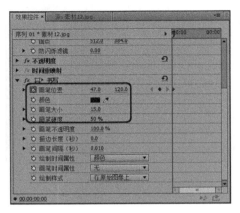

图 5.110　设置参数

(5) 将当前时间设置为 00:00:04:00，将【画笔位置】设置为 47、465，如图 5.111 所示。

(6) 设置完成后在【节目】面板中观看效果，如图 5.112 所示。

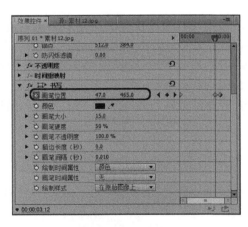

图 5.111　设置参数

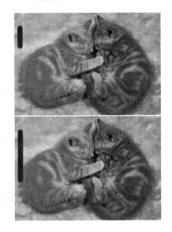

图 5.112　添加特效后的效果

2. 【单元格图案】特效

【单元格图案】特效在基于噪波的基础上可产生蜂巢的图案。使用【单元格图案】特效可产生静态或移动的背景纹理和图案。可用于做原素材的替换图片。该特效的选项组如图 5.113 所示。效果如图 5.114 所示。

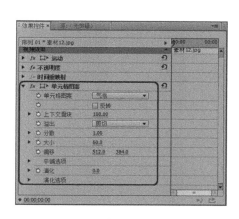

图 5.113　【单元格图案】选项组

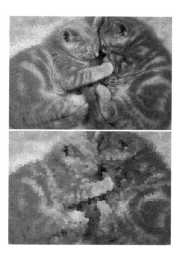

图 5.114　添加特效后的效果

3. 【吸管填充】特效

【吸管填充】特效通过调节采样点的位置，将采样点所在位置的颜色覆盖于整个图像上。这个特效有利于在最初的素材的一个点上很快地采集一种纯色或从一个素材上采集一种颜色并利用混合方式应用到第二个素材上。该特效的选项组如图 5.115 所示。效果如图 5.116 所示。

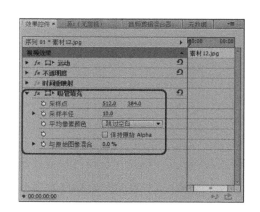

图 5.115　【吸管填充】特效

图 5.116　添加特效后的效果

4. 【四色渐变】特效

【四色渐变】特效可以使图像产生 4 种混合渐变颜色。该特效的选项组如图 5.117 所示。效果如图 5.118 所示。

5. 【圆形】特效

【圆形】特效可任意创造一个实心圆或圆环，通过设置它的混合模式来形成素材轨道之间的区域混合的效果。下面介绍应用【圆形】特效具体操作步骤。

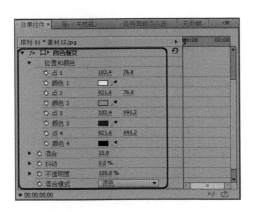

图 5.117 【四色渐变】选项组

图 5.118 添加特效后的效果

(1) 在【项目】面板中的空白处双击，在弹出的对话框中选择随书附带光盘中的 CDROM\素材\Cha05\素材 03.jpg、素材 12.jpg 文件，如图 5.119 所示。

(2) 单击【打开】按钮，在【项目】面板中选择【素材 03.jpg】素材文件，将其添加至【序列】面板中的 V1 轨道上，将【素材 12.jpg】素材文件添加至【序列】面板中的 V2 轨道上，如图 5.120 所示。

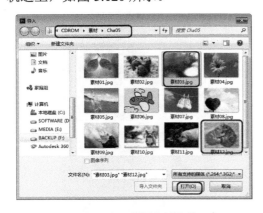

图 5.119 选择素材文件

图 5.120 将素材文件拖曳至【序列】面板中

(3) 在【序列】面板中选择【素材 12.jpg】，打开【效果】面板，选择【视频效果】|【生成】|【圆形】特效，双击该特效，打开【效果控件】面板，展开【圆形】选项，将当期时间设置为 00:00:00:00，将【中心】设置为 483、348，单击【半径】左侧的【切换动画】按钮，将【半径】设置为 50，将【混合模式】设置为【模板 Alpha】，如图 5.121 所示。

(4) 将当前时间设置为 00:00:04:00，将【半径】设置为 242，在【节目】面板中观看效果，如图 5.122 所示。

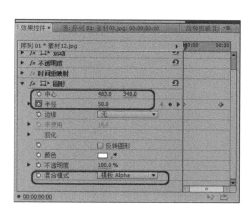

图 5.121　设置参数

图 5.122　添加特效后的效果

6.【棋盘】特效

【棋盘】特效可以创造国际跳棋棋盘式的长方形图案，它有一半的方格是透明的，通过它自身提供的参数可以对该特效进行进一步的设置。该特效的选项组如图 5.123 所示。效果如图 5.124 所示。

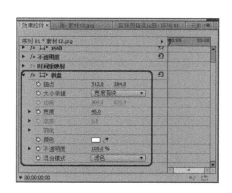

图 5.123　【棋盘】选项组

图 5.124　添加特效后的效果

7.【椭圆】特效

【椭圆】特效可以创造一个实心椭圆或椭圆环。该特效的选项组如图 5.125 所示。效果如图 5.126 所示。

8.【油漆桶】特效

【油漆桶】特效是将一种纯色填充到一个区域。它用起来很像在 Adobe Photoshop 里使用油漆桶工具。在一个图像上使用油漆桶工具可将一个区域的颜色替换为其他颜色。该特效的选项组如图 5.127 所示。效果如图 5.128 所示。

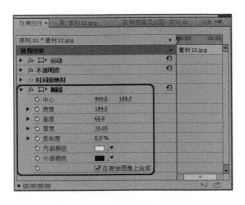

图 5.125 【椭圆】选项组

图 5.126 添加特效后的效果

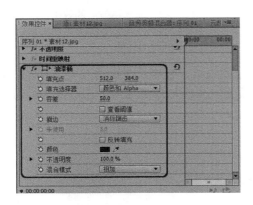

图 5.127 【油漆桶】选项组

图 5.128 添加特效后的效果

9. 【渐变】特效

【渐变】特效能够产生一个颜色渐变，并能够与源图像内容混合。可以创建线性或放射状渐变，并可以随着时间改变渐变的位置和颜色。该特效的选项组如图 5.129 所示。效果如图 5.130 所示。

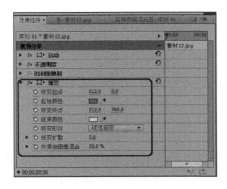

图 5.129 【渐变】选项组

图 5.130 添加特效后的效果

10. 【网格】特效

【网格】特效可创造一组可任意改变的网格。可以为网格的边缘调节大小和进行羽化。或作为一个可调节透明度的蒙版用于源素材上。此特效有利于设计图案，还有其他的实用效果。下面介绍如何应用【网格】特效。其具体操作步骤如下。

(1) 新建一个项目文件，在【项目】面板中双击鼠标，在弹出的【导入】对话框中选择随书附带光盘中的 CDROM\素材\Cha05\素材 12.jpg，如图 5.131 所示。

(2) 选择完成后，单击【打开】按钮，在【项目】面板中选择导入的素材文件，如图 5.132 所示。

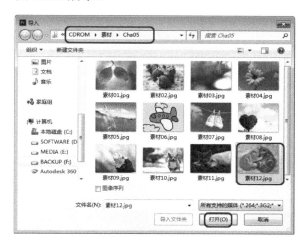

图 5.131　【导入】对话框

图 5.132　选择导入的素材文件

(3) 按住鼠标将其拖曳至 V1 轨道中，并选中该对象，在【节目】面板中查看导入的素材文件，如图 5.133 所示。

(4) 在【效果控件】中将【缩放】设置为 80，如图 5.134 所示。

图 5.133　查看导入的素材文件

图 5.134　设置缩放

(5) 打开【效果】面板，在【视频效果】文件夹中选择【生成】中的【网格】特效，如图 5.135 所示。

(6) 双击该特效, 为选中的对象添加该特效, 将当前时间设置为 00:00:00:00, 在【效果控件】中将【大小依据】设置为【边角点】, 将【边角】设置为 461、419, 单击【边框】右侧的【切换动画】按钮 , 将【边框】设置为 35, 将【混合模式】设置为【正常】, 如图 5.136 所示。

图 5.135　选择【网络】特效

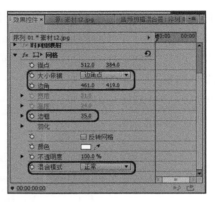

图 5.136　设置参数

(7) 再在【序列】面板中将当前时间设置为 00:00:04:20, 如图 5.137 所示。

(8) 在【效果控件】面板中将【边框】设置为 0, 如图 5.138 所示

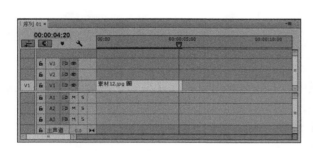

图 5.137　设置时间

图 5.138　设置边框

(9) 用户可以通过按空格键查看效果, 其效果如图 5.139 所示。

11. 【镜头光晕】特效

【镜头光晕】特效能够产生镜头光斑效果, 它是通过模拟亮光透过摄像机镜头时的折射而产生的。该特效的选项组如图 5.140 所示。

下面介绍如何应用【镜头光晕】特效。其具体操作步骤如下。

(1) 新建一个项目文件, 在【项目】面板中双击, 在弹出的【导入】对话框中选择随书附带光盘中的 CDROM\素材\Cha05 素材 13.jpg 文件, 如图 5.141 所示。

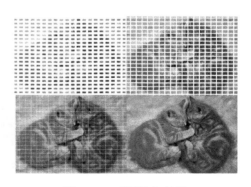

图 5.139　【网格】特效

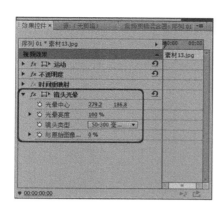

图 5.140　【镜头光晕】选项组

图 5.141　【导入】对话框

(2) 选择完成后，单击【打开】按钮，在【项目】面板中选择导入的素材文件，如图 5.142 所示。

(3) 按住鼠标将其拖曳至 V1 轨道中，如图 5.143 所示。

图 5.142　选择导入的素材文件

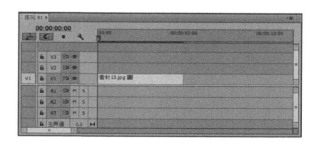

图 5.143　将素材拖曳至【序列】面板中

(4) 选中该对象，在【效果控件】中将【缩放】设置为 110，缩放后的效果如图 5.144 所示。

(5) 激活【效果】面板，在【视频效果】文件夹中选择【生成】中的【镜头光晕】特效，如图 5.145 所示。

图 5.144　缩放后的效果

图 5.145　选择【镜头光晕】特效

(6) 双击该特效，为选中的对象添加该特效，将当前时间设置为 00:00:00:00，在【效果控件】中单击【光晕中心】右侧的【切换动画】按钮，将【光晕中心】设置为 233、176，如图 5.146 所示。

(7) 在【序列】面板中将当前时间设置为 00:00:04:24，如图 5.147 所示。

图 5.146　设置光晕中心

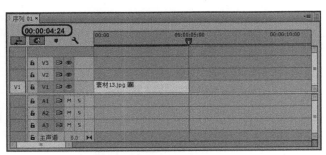

图 5.147　设置时间

(8) 再在【效果控件】面板中将【光晕中心】设置为 308、176，如图 5.148 所示。

(9) 按空格键查看效果。其效果如图 5.149 所示。

图 5.148　设置参数

图 5.149　添加特效后的效果

12.【闪电】特效

【闪电】特效用于产生闪电和其他类似放电的效果，不用关键帧就可以自动产生动画。该特效的选项组如图 5.150 所示。效果如图 5.151 所示。

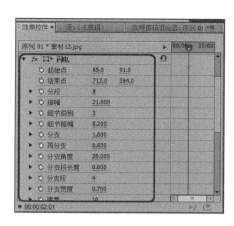

图 5.150　【闪电】选项组

图 5.151　添加特效后的效果

5.3.9　【视频】特效

在【视频】文件夹中共包括 2 项视频特技效果。

1.【剪辑名称】特效

【剪辑名称】特效可以根据效果控件中指定的位置、大小和透明度渲染节目中的剪辑名称。该特效的选项组如图 5.152 所示。添加该特效后的效果如图 5.153 所示。

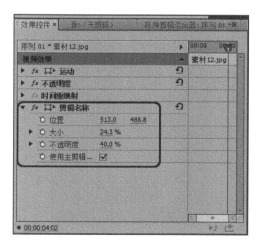

图 5.152　【剪辑名称】选项组

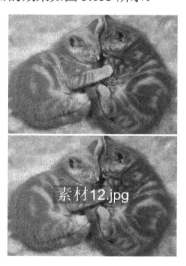

图 5.153　添加特效后的效果

2.【时间码】特效

【时间码】特效可以将素材边缘的像素剪掉，并可以自动将修剪过的素材尺寸变到原始尺寸。使用滑块控制可以修剪素材个别边缘。可以采用像素或图像百分比两种方式计算。该特效的选项组如图 5.154 所示。添加特效后的效果如图 5.155 所示。

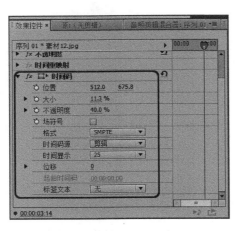

图 5.154 【时间码】选项组

图 5.155 添加特效后的效果

5.3.10 【调整】特效

在【调整】文件夹中共包括 9 项调节效果的视频特技效果。

1. ProcAmp 特效

ProcAmp 特效可以分别调整影片的亮度、对比度、色相和饱和度。该特效的选项组如图 5.156 所示。效果如图 5.157 所示。

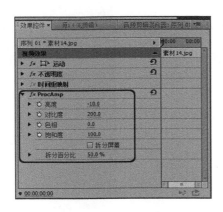

图 5.156 ProcAmp 选项组

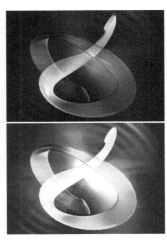

图 5.157 添加特效后的效果

ProcAmp 选项组中的参数介绍如下。

- 【亮度】：控制图像亮度。
- 【对比度】：控制图像对比度。
- 【色相】：控制图像色相。
- 【饱和度】：控制图像颜色饱和度。

- 【拆分百分比】：该参数被激活后，可以调整范围，对比调节前后的效果。

2. 【光照效果】特效

【光照效果】特效可以在一个素材上同时添加 5 个灯光特效，并可以调节它们的属性。包括：灯光类型、照明颜色、中心、主半径、次要半径、角度、强度、聚焦。还可以控制表面光泽和表面材质，也可引用其他视频片段的光泽和材质。该特效的选项组如图 5.158 所示。添加特效后的效果如图 5.159 所示。

图 5.158 【光照效果】选项组

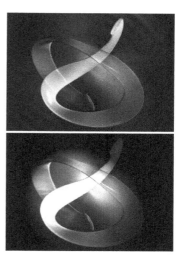

图 5.159 添加特效后的效果

3. 【卷积内核】特效

【卷积内核】特效根据数学卷积分的运算来改变素材中每个像素的值。在【效果】选项组中，我们将【视频特效】|【调整】下面的【卷积内核】拖曳到【序列】面板中的图片上。该特效的选项组如图 5.160 所示。添加特效后的对比效果如图 5.161 所示。

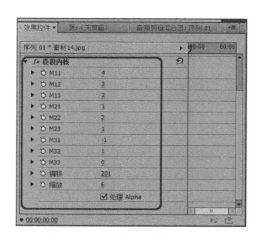

图 5.160 【卷积内核】选项组

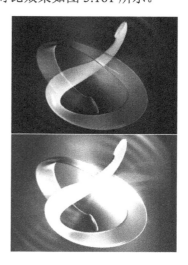

图 5.161 添加特效后的效果

4. 【提取】特效

【提取】特效可从视频片段中析取颜色，然后通过设置灰色的范围控制影像的显示。单击选项组中【提取】右侧的【设置...】按钮 ▣，弹出【提取设置】对话框，如图 5.162 所示。效果如图 5.163 所示。

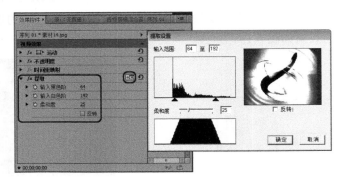

图 5.162 【提取设置】对话框

图 5.163 添加特效后的效果

【提取设置】对话框中的参数介绍如下。

- 【输入范围】：在对话框中的柱状图用于显示在当前画面中每个亮度值上的像素数目。拖曳其下的两个滑块，可以设置将被转为白色或黑色的像素范围。
- 【柔和度】：拖曳【柔和度】滑块在被转换为白色的像素中加入灰色。
- 【反转】：勾选【反转】复选框可以反转图像效果。

5. 【自动对比度】特效

【自动对比度】特效调整总的色彩的混合，没有介绍或除去偏色。该特效的选项组如图 5.164 所示。效果如图 5.165 所示。

6. 【自动色阶】特效

【自动色阶】特效自动调节高光、阴影，因为【自动色阶】调节每一处颜色，可能移动或传入颜色。特效该特效的选项组如图 5.166 所示。效果如图 5.167 所示。

7. 【自动颜色】特效

【自动颜色】调节黑色和白色像素的对比度。该特效的选项组如图 5.168 所示。效果如图 5.169 所示。

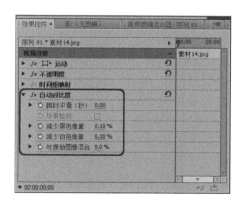

图 5.164　【自动对比度】选项组

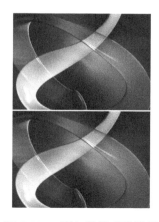

图 5.165　添加特效后的效果

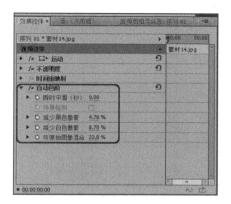

图 5.166　【自动色阶】选项组

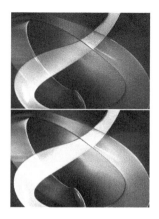

图 5.167　添加特效后的效果

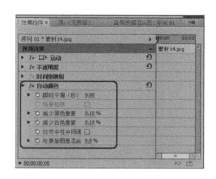

图 5.168　【自动颜色】选项组

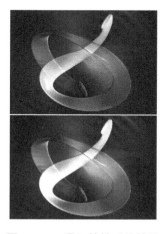

图 5.169　添加特效后的效果

8. 【色阶】特效

【色阶】特效可以控制影视素材片段的亮度和对比度。单击选项组中【色阶】右侧的

按钮 ，弹出【色阶设置】对话框，如图 5.170 所示。

其中：在通道选择下拉列表框中，可以选择调节影视素材片段的 R 通道、G 通道、B 通道及统一的 RGB 通道。

- 【输入色阶】：当前画面帧的输入灰度级显示为柱状图。柱状图的横向 X 轴代表了亮度数值，从左边的最黑(0)到右边的最亮(255)；纵向 Y 轴代表了在某一亮度数值上总的像素数目。将柱状图下的黑三角形滑块向右拖曳，使影片变暗，向左拖曳白色滑块增加亮度；拖曳灰色滑块可以控制中间色调。

- 【输出色阶】：使用【输出色阶】输出水平栏下的滑块可以减少影视素材片段的对比度。向右拖曳黑色滑块可以减少影视素材片段中的黑色数值；向左拖曳白色滑块可以减少影视素材片段中的亮度数值。

如图 5.171 所示为应用该特效后，图像效果前后的对比。

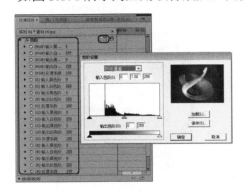

图5.170 【色阶设置】对话框

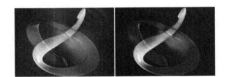

图5.171 【色阶】特效

9. 【阴影/高光】特效

【阴影/高光】特效可以使一个图像变亮并附有阴影，还原图像的高光值。这个特效不会使整个图像变暗或变亮，它基于周围的环境像素独立的调整阴影和高光的数值。也可以调整一幅图像的总的对比度，设置的默认值可解决图像的高光问题。该特效的选项组如图 5.172 所示。添加特效后的效果如图 5.173 所示。

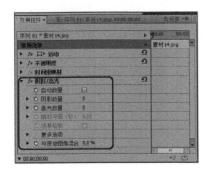

图 5.172 【阴影/高光】选项组

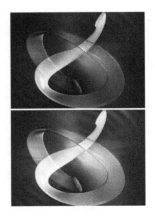

图 5.173 添加特效后的效果

5.3.11　【过渡】特效

在【过渡】文件夹中共包括 5 项过渡效果的视频特技效果。

1.【块溶解】特效

【块溶解】特效可使素材随意地一块块地消失。块宽度和块高度可以设置溶解时块的大小。该特效的选项组如图 5.174 所示。

下面介绍如何应用【块溶解】特效。其具体操作步骤如下。

(1) 新建一个项目文件，在【项目】面板中双击，在弹出的【导入】对话框中选择随书附带光盘中的 CDROM\素材\Cha05\素材 15.jpg、素材 16.jpg 文件，如图 5.175 所示。

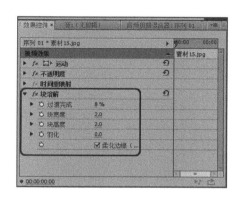

图 5.174　【块溶解】选项组

图 5.175　【导入】对话框

(2) 选择完成后，单击【打开】按钮，在【项目】面板中选择【素材 15.jpg】，如图 5.176 所示。

(3) 按住鼠标将其拖曳至 V1 轨道中，选中该对象，在【项目】面板中将【缩放】设置为 103，如图 5.177 所示。

图 5.176　选择导入的素材文件

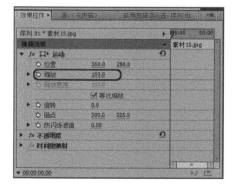

图 5.177　设置缩放

(4) 设置完成后，用户可以在【节目】面板中查看设置后的效果，如图 5.178 所示。

(5) 在【项目】面板中选择【素材 16.jpg】，将其拖曳至 V2 轨道中，如图 5.179

所示。

图 5.178　在【节目】面板中查看效果

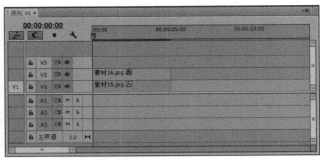

图 5.179　将素材文件添加至【序列】面板中

(6) 选中该对象，在【效果控件】面板中将【位置】设置为 301、287，将【缩放】设置为 75，如图 5.180 所示。

(7) 激活【效果】面板，在【视频效果】文件夹中选择【过渡】中的【块溶解】特效，如图 5.181 所示。

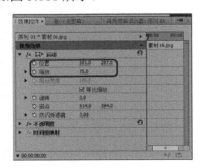

图 5.180　设置参数

图 5.181　选择【块溶解】特效

(8) 双击该特效，在【效果控件】面板中单击【过渡完成】左侧的【切换动画】按钮，将【过渡完成】设置为 0，将【块高度】设置为 15，将【块宽度】设置为 15，如图 5.182 所示。

(9) 将当前时间设置为 00:00:04:24，再在【效果控件】面板中将【过渡完成】设置为 100，如图 5.183 所示。

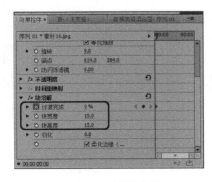

图 5.182　设置参数

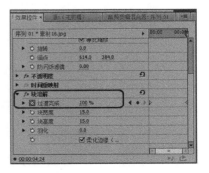

图 5.183　设置参数

(10) 设置完成后，按空格键预览效果。其效果如图 5.184 所示。

图 5.184　添加【块溶解】特效后的效果

2. 【径向擦除】特效

【径向擦除】特效是素材以指定的一个点为中心进行旋转从而显示出下面的素材。该特效的选项组如图 5.185 所示。应用【径向擦除】特效的方法如下。

(1) 在【项目】面板中双击空白处，在弹出的对话框中选择随书附带光盘中的 CDROM\素材\Cha05\素材 17.jpg、素材 18.jpg 文件，如图 5.186 所示。

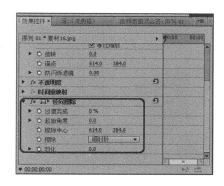

图 5.185　【径向擦除】特效

图 5.186　【导入】对话框

(2) 单击【打开】按钮，在【项目】面板中将【素材 17.jpg】拖曳至【序列】面板中的 V1 轨道中，选择素材文件并右击，在弹出的对话框中选择【缩放为帧大小】命令，在【效果控件】面板中将【缩放】设置为 103，如图 5.187 所示。

(3) 将【素材 18.jpg】拖曳至【序列】面板中的 V2 轨道中，选择素材文件并右击，在弹出的对话框中选择【缩放为帧大小】命令，在【效果控件】面板中将【缩放】设置为 103，如图 5.188 所示。

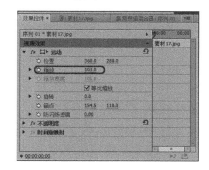

图 5.187　设置缩放

图 5.188　设置缩放

(4) 在【序列】面板中选择【素材 18.jpg】，打开【效果】面板，选择【过渡】|【径向擦除】特效，将当前时间设置为 00:00:00:00，单击【径向擦除】选项组中【过渡完成】左侧的【切换动画】按钮◎，将【过渡完成】设置为 0，如图 5.189 所示。

(5) 将当前时间设置为 00:00:04:24，将【过渡完成】设置为 100，如图 5.190 所示。

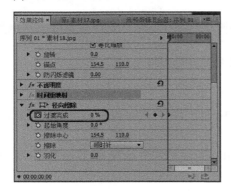

图 5.189　设置【过渡完成】

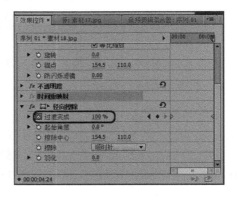

图 5.190　设置【过渡完成】

(6) 设置完成后按空格键观看效果，如图 5.191 所示。

图 5.191　添加特效后的效果

3.【渐变擦除】特效

【渐变擦除】特效中一个素材基于另一个素材相应的亮度值渐渐变为透明，这个素材叫渐变层。渐变层的黑色像素引起相应的像素变得透明。

应用【渐变擦除】特效的具体操作步骤如下。

(1) 打开随书附带光盘中的素材文件，如图 5.192 所示。

(2) 打开素材文件后，将其拖入【序列】面板中，如图 5.193 所示。

(3) 打开【效果】选项组中，选择【视频效果】|【过渡】|【渐变擦除】特效，将其拖曳到【序列】面板中【素材 20.jpg】上，将当前时间设置为 00:00:00:00，在【效果控制】选项组中单击【过渡完成】左侧的【切换动画】按钮◎，将【过渡完成】设置为 0，将【过渡柔和度】设置为 100，如图 5.194 所示。

(4) 将当前时间设置为 00:00:04:24，将【过渡完成】设置为 100，如图 5.195 所示。

图 5.192　选择素材文件

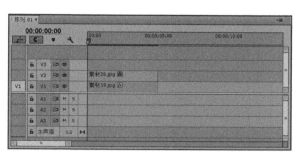

图 5.193　将素材拖曳至【序列】面板中

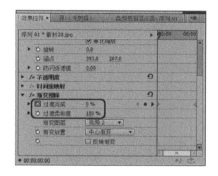

图 5.194　设置参数

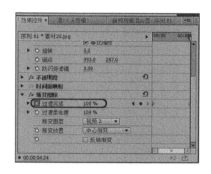

图 5.195　设置参数

(5) 在【节目】面板中观看效果，如图 5.196 所示。

图 5.196　添加特效后的效果

4. 【百叶窗】特效

　　【百叶窗】特效可以将图像分割成类似百叶窗的长条状。【百叶窗】特效选项组如图 5.197 所示。效果如图 5.198 所示。

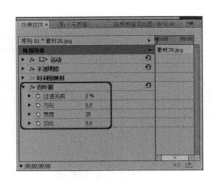

图 5.197　【百叶窗】选项组　　　　　　　图 5.198　添加特效后的效果

在【效果控制】选项组中，我们可以对【百叶窗】特效进行以下设置。

- 【过渡完成】：可以调整分割后图像之间的缝隙。
- 【方向】：通过调整方向的角度，我们可以调整百叶窗的角度。
- 【宽度】：可以调整图像被分割后的每一条的宽度。
- 【羽化】：通过调整羽化值，可以对图像的边缘进行不同程度的模糊。

5.【线性擦除】特效

【线性擦除】特效是利用黑色区域从图像的一边向另一边抹去，最后图像完全消失。
【线形擦除】选项组如图 5.199 所示。添加特效后的效果如图 5.200 所示。

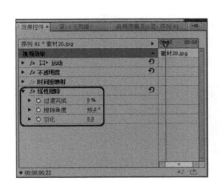

图 5.199　【线性擦除】选项组　　　　　　图 5.200　添加特效后的效果

在【效果控制】选项组中，我们可以对【线形擦除】特效进行以下设置。

- 【完成过渡】：可以调整图像中黑色区域的覆盖面积。
- 【擦除角度】：用来调整黑色区域的角度。
- 【羽化】：通过调整羽化值，可以对黑色区域与图像的交接处进行不同程度的模糊。

5.3.12　【透视】特效

在【透视】文件夹中共包括 5 项透视效果的视频特技效果。

1.　【基本 3D】特效

【基本 3D】特效可以在一个虚拟的三维空间中操纵素材，可以围绕水平和垂直旋转图像和移动或远离屏幕。使用简单 3D 效果，还可以使一个旋转的表面产生镜面反射高光，而光源位置总是在观看者的左后上方，因为光来自上方，图像就必须向后倾斜才能看见反射。其效果如图 5.201 所示。

图 5.201　【基本 3D】特效

应用【基本 3D】特效的具体操作步骤如下。

(1) 打开随书附带光盘中的素材文件，如图 5.202 所示。

(2) 打开素材文件后，将其拖入【序列】面板中，如图 5.203 所示。

图 5.202　打开素材文件

图 5.203　将其添加至【序列】面板中

(3) 切换到【效果】选项组中，将【视频特效】|【透视】下面的【基本 3D】拖曳到【序列】面板中图片上。然后打开【效果控制】面板，将当前时间设置为 00:00:00:00，单击【基本 3D】选项下的【旋转】左侧的【切换动画】按钮，将【旋转】设置为 0，如图 5.204 所示。

(4) 将当前时间设置为 00:00:04:24，将【旋转】设置为 28，如图 5.205 所示。

(5) 设置完成后在【节目】面板中观看效果，如图 5.206 所示。

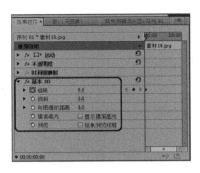

图 5.204　设置参数

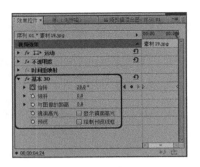

图 5.205　设置参数

图 5.206　观看效果

2.【投影】特效

【投影】特效用于给素材添加一个阴影效果。该特效的选项组如图 5.207 所示。添加特效后的效果如图 5.208 所示。

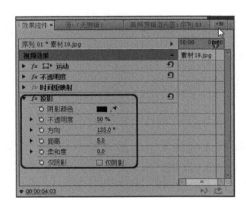

图 5.207　【投影】选项组

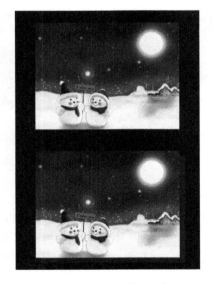

图 5.208　添加特效后的效果

3.【放射阴影】特效

【放射阴影】特效利用素材上方的电光源来造成阴影效果，而不是无限的光源投射。阴影从原素材上通过 Alpha 通道产生影响。该特效的选项组如图 5.209 所示。添加特效后的效果如图 5.210 所示。

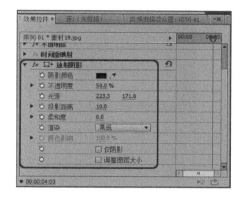

图 5.209　【放射阴影】选项组

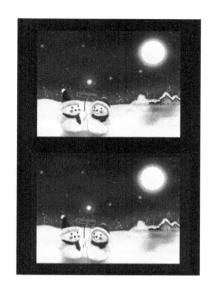

图 5.210　添加特效后的效果

4. 【斜角边】特效

【斜角边】特效能给图像边缘产生一个凿刻的高亮的三维效果。边缘的位置由源图像的 Alpha 通道来确定。与 Alpha 边框效果不同，该效果中产生的边缘总是成直角的。该特效的选项组如图 5.211 所示。添加特效后的效果如图 5.212 所示。

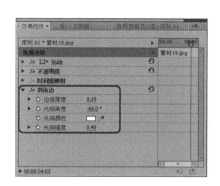

图 5.211　【斜角边】选项组

图 5.212　添加特效后的效果

5. 【斜面 Alpha】特效

【斜面 Alpha】特效能够产生一个倒角的边，而且图像的 Alpha 通道边界变亮。通常是将一个二维图像赋予三维效果。如果素材没有 Alpha 通道或它的 Alpha 通道是完全不透明的，那么这个效果就全应用到素材的缘。该特效的选项组如图 5.213 所示。添加特效后的效果如图 5.214 所示。

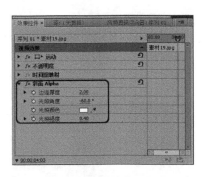

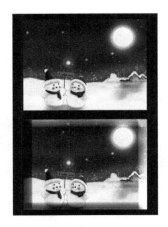

图 5.213　【斜面 Alpha】选项组　　　　　　　图 5.214　添加特效后的效果

5.3.13　【通道】视频特效

在【通道】文件夹中共包括 7 项通道效果的视频特技效果。

1.【反转】特效

【反转】特效用于将图像的颜色信息反相。该特效的选项组如图 5.215 所示。添加该特效后的效果如图 5.216 所示。

图 5.215　【反转】选项组　　　　　　　图 5.216　添加特效后的效果

2.【复合算法】特效

应用【复合算法】特效的选项组如图 5.217 所示。添加特效后的效果如图 5.218 所示。

3.【混合】特效

【混合】特效能够采用 5 种模式中的任意一种来混合两个素材。其首先打开的素材文件如图 5.219 所示，并将其分别拖入【序列】面板中的 V1 和 V2 轨道中。该特效的选项组如图 5.220 所示。

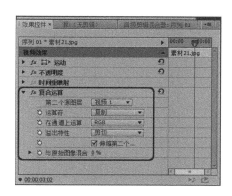

图 5.217　【复合算法】选项组

图 5.218　添加特效后的效果

图 5.219　打开素材文件

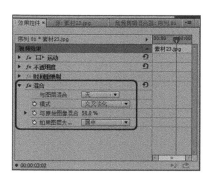

图 5.220　【混合】选项组

添加【混合】特效后的效果如图 5.221 所示。

图 5.221　添加特效后的效果

4. 【算术】特效

【算术】特效对一个图像的红、绿、蓝通道进行不同的简单数学操作。该特效的选项组如图 5.222 所示。添加特效后的效果如图 5.223 所示。

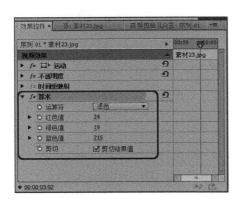

图 5.222　【算术】选项组

图 5.223　添加特效后的效果

5. 【纯色合成】特效

【纯色合成】特效将图像进行单色混合可以改变混合颜色。该特效的选项组如图 5.224 所示。添加特效后的效果如图 5.225 所示。

图 5.224　【纯色合成】选项组

图 5.225　添加特效后的效果

6. 【计算】特效

【计算】特效将一个素材的通道与另一个素材的通道结合在一起。其打开的素材如图 5.226 所示。

该特效的选项组如图 5.227 所示。添加特效后的效果如图 5.228 所示。

图 5.226　素材文件

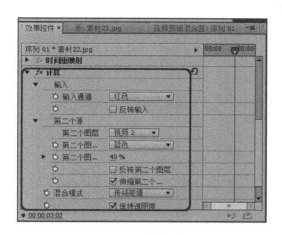

图 5.227　【计算】选项组

图 5.228　添加特效后的效果

7. 【设置遮罩】特效

【设置遮罩】特效的选项组如图 5.229 所示。添加特效后的效果如图 5.230 所示。

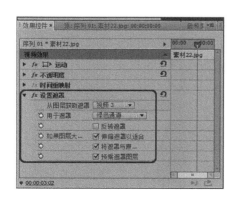

图 5.229　【设置遮罩】选项组

图 5.230　添加特效后的效果

5.3.14 【键控】视频特效

在【键控】文件夹中共包括有 15 项键控效果的视频特技效果。

1. 【16 点无用信号遮罩】特效

【16 点无用信号遮罩】特效在画面四周有 16 个控制点，通过改变这 16 个控制点的位置来遮罩图像。该特效的选项组如图 5.231 所示。添加特效后的效果如图 5.232 所示。

图 5.231 【16 点无用信号遮罩】选项组　　　图 5.232 添加特效后的效果

2. 【4 点无用信号遮罩】特效

【4 点无用信号遮罩】特效与【16 点无用信号遮罩】特效的使用方法相同，只是在画面四周仅有 4 个控制点，通过随意移动控制点的位置来遮罩画面。该特效的选项组如图 5.233 所示。添加特效后的效果如图 5.234 所示。

图 5.233 【4 点无用信号遮罩】选项组　　　图 5.234 添加特效后的效果

3. 【8 点无用信号遮罩】特效

【8 点无用信号遮罩】特效是在画面四周添加 8 个控制点，并且可以任意调整控制点位置。该特效的选项组如图 5.235 所示。添加特效后的效果如图 5.236 所示。

图 5.235　【8 点无用信号遮罩】选项组

图 5.236　添加特效后的效果

在【效果控制】面板中的参数分别与【节目】面板中的控制点对应。可以修改参数选项组中的坐标数值来改变控制点的位置，也可以直接用鼠标拖曳控制点移动，裁剪画面。

4. 【Alpha 调整】特效

当你需要改变默认的固定效果，来改变不透明度的百分比时，可以使用【Alpha 调整】特效来代替不透明度效果。

【Alpha 调整】特效位于【视频效果】中的【键控】文件夹下。应用该特效后，其参数选项组如图 5.237 所示。添加特效后的效果如图 5.238 所示。

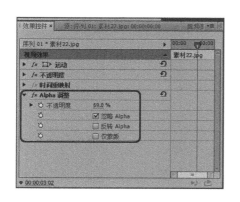

图 5.237　【Alpha 调整】选项组

图 5.238　添加特效后的效果

【Alpha 调整】特效是通过控制素材的 Alpha 通道来实现抠像效果的，勾选【忽视 Alpha】复选框后会忽略素材的 Alpha 通道，而不让其产生透明。也可以勾选【反转 Alpha】复选框，这样可以反转键出效果。

5. 【RGB 差值键】特效

【RGB 差值键】特效类似于【色度键】特效，同样是在素材中选择一种颜色或一个颜色范围，并使它们透明。二者不同之处在于，【色度键】特效可以单独地调节素材像素的颜色和灰度值，而【RGB 差值键】特效则可以同时调节这些内容。勾选【投影】复选框，可以设置投影。该特效的选项组如图 5.239 所示。

下面将介绍如何应用【RGB 差值键】特效。其具体操作步骤如下。

(1) 新建一个项目文件，在【项目】面板中双击，在弹出的【导入】对话框中选择随书附带光盘中的 CDROM\素材\Cha05\素材 24.jpg 文件，如图 5.240 所示。

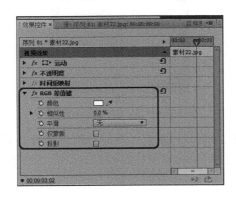

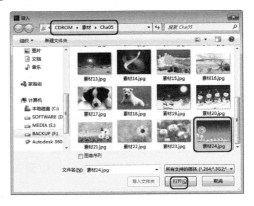

图 5.239　【RGB 差值键】选项组　　　　　图 5.240　【导入】对话框

(2) 选择完成后，单击【打开】按钮，在【项目】面板中选择导入的素材文件，如图 5.241 所示。

(3) 按住鼠标将其拖曳至 V1 轨道中，选中该对象并右击，在弹出的快捷菜单中选择【缩放为帧大小】命令，在【效果控件】面板中将【缩放】设置为 114，如图 5.242 所示。

图 5.241　选择导入的素材文件　　　　　图 5.242　设置【缩放】

(4) 选中该对象，打开【效果】面板，在【视频特效】文件夹中选择【键控】中的【RGB 差值键】特效，如图 5.243 所示。

(5) 双击该特效，在【效果控件】面板中单击【颜色】右侧的色块，在弹出的对话框中将 RGB 值设置为 0、126、255，如图 5.244 所示。

图 5.243　【RGB 差值键】特效

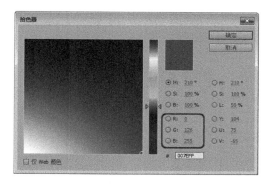

图 5.244　设置颜色

（6）设置完成后，单击【确定】按钮，再在【项目】面板中将【相似性】设置为 73%，如图 5.245 所示。

（7）添加【RGB 差值键】特效后的效果如图 5.246 所示。

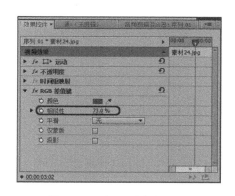

图 5.245　设置【相似】性

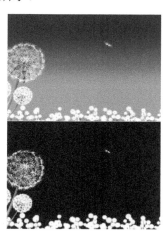

图 5.246　添加特效后的效果

6.【亮度键】特效

【亮度键】特效可以在键出图像的灰度值的同时保持它的色彩值。【亮度键】特效常用来在纹理背景上附加影片，以使附加的影片覆盖纹理背景。该特效的选项组如图 5.247 所示。

下面将介绍如何应用【亮度键】特效。其具体操作步骤如下。

（1）新建一个项目文件，在【项目】面板中双击，在弹出的【导入】对话框中选择随书附带光盘中的 CDROM\素材\Cha05\素材 24.jpg 文件，如图 5.248 所示。

（2）选择完成后，单击【打开】按钮，在【项目】面板中选择【素材 24.jpg】素材文

图 5.247　【亮度键】选项组

件，将其拖曳至 V1 轨道中，如图 5.249 所示。

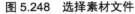

图 5.248　选择素材文件

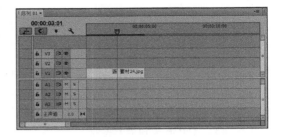

图 5.249　将素材文件拖曳至【序列】面板中

(3) 选中该对象并右击，在弹出的快捷菜单中选择【缩放为帧大小】命令，在【效果控件】面板中将【缩放】设置为 114，如图 5.250 所示。

(4) 选中该对象，切换至【效果】面板，在【视频效果】文件夹中选择【键控】中的【亮度键】特效，如图 5.251 所示。

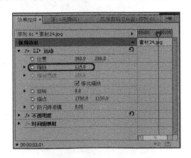

图 5.250　设置【缩放】

图 5.251　选择【亮度键】特效

(5) 双击该特效，为选中的对象添加该特效，将【阈值】和【屏蔽度】分别设置为 27%、23%，如图 5.252 所示。

(6) 设置完成后的效果如图 5.253 所示。

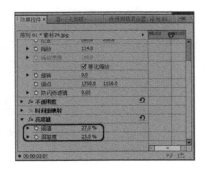

图 5.252　设置参数

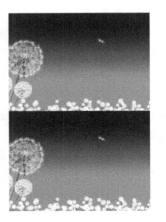

图 5.253　设置完成后的效果

在使用【亮度键】特效的时候，如果用大范围的灰度值图像进行编辑，效果会很好。因为【亮度键】特效只键出图像的灰度值，而不键出图像的彩色值。通过拖曳参数选项组中的【阈值】和【屏蔽度】滑杆，来控制要附加的灰度值，并调节这些灰度值的亮度。

7. 【图像遮罩键】特效

【图像遮罩键】特效是在图像素材的亮度值基础上去除素材图像，透明的区域可以将下方的素材显示出来，同样也可以使用【图像蒙版键】特效进行反转。该特效的选项组如图 5.254 所示。

图 5.254　【图像遮罩键】选项组

8. 【差值遮罩】特效

【差值遮罩】特效比较原素材与另一个素材之间的透明度。差别表面粗糙的效应通过把一个来源素材与另一个差别素材比较建立明确度，切断在源映像内的像素两个位置两个颜色在差别图像内。该特效的选项组如图 5.255 所示。

下面将简单介绍【差异遮罩】特效的应用方法。其具体操作步骤如下：

(1) 导入【素材 07.jpg】素材图片，将其拖曳至【视频 1】轨道中，如图 5.256 所示。

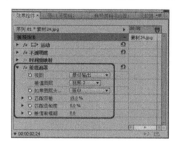

图 5.255　【差值遮罩】选项组

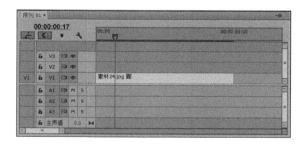

图 5.256　将素材拖曳至【序列】面板中

(2) 激活【效果】面板，在【视频特效】文件夹中选择【键控】中的【差异遮罩】特效，如图 5.257 所示。

(3) 在【效果控件】面板中将【视图】设置为【仅限遮罩】，将【差异图层】设置为【视频 2】，将【匹配容差】、【匹配柔和度】、【差值前模糊】分别设置为 42%、95%、0，如图 5.258 所示。

图 5.257　选择特效

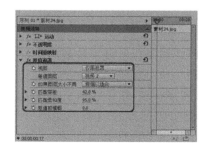

图 5.258　设置参数

(4) 设置完成后的效果如图 5.259 所示。

图 5.259　添加特效后的效果

9.【极致键】特效

【极致键】特效可以快速、准确地在具有挑战性的素材上进行抠像，可以对 HD 高清素材进行实时抠像。该特效对于照明不均匀、背景不平滑的素材以及人物的卷发都有很好的抠像效果。该特效的选项组如图 5.260 所示。添加特效后的效果如图 5.261 所示。

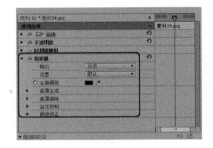

图 5.260　【极致键】选项组

图 5.261　添加特效后的效果

10.【移除遮罩】特效

【移除遮罩】特效可以移动来自素材的颜色。如果从一个透明通道导入影片或者用 After Effects 创建透明通道，需要除去来自一个图像的光晕。光晕是由图像色彩与背景或表面粗糙的色彩之间有大的差异而引起的。除去或者改变表面粗糙的颜色能除去光晕。

11.【色度键】特效

【色度键】特效允许用户在素材中选择一种颜色或一个颜色范围并使之透明。这是最常用的键出方式。

选择应用【色度键】特效后，可以在【效果控件】面板中打开该特效的参数选项组，如图 5.262 所示。选择滴管工具图标，按住鼠标并在【节目】视窗中需要抠去的颜色上单击选取颜色，吸取颜色后，调节各项参数即可。

该特效的参数选项组中的各个参数选项功能介绍如下。

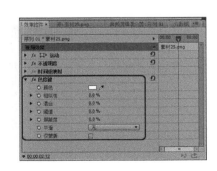

图 5.262　【色度键】选项组

- 【相似性】：控制与键出颜色的容差度。容差度越高，与指定颜色相近的颜色被透明得越多；容差度越低，则被透明的颜色越少。
- 【混合】：调节透明与非透明边界色彩混合度。
- 【界限】：调节图像阴暗部分的量。
- 【截断】：使用纯度键调节暗部细节。
- 【平滑】：可以为素材变换的部分建立柔和的边缘。在调整抠像效果的时候，一般情况下都要在【遮盖】和最终效果间不断切换，同时观察效果。这是因为，使用遮罩选项可以更好地观察抠像后产生的 Alpha 通道情况，以避免在观察最终效果时，由于背景颜色的干扰而无法观察正确结果。
- 【仅遮罩】：可以在素材的透明部分产生一个黑白或灰度的 Alpha 蒙版，这对半透明的抠像尤其重要。如果需要向 Premiere 传送一个素材并用 Premiere 的绘图工具润色，或需要从图像通道中分离出键通道，也可以选择该项。

下面将简单介绍如何应用【色度键】特效。其具体操作步骤如下。

(1) 新建一个项目文件，在【项目】面板中双击，在弹出的【导入】对话框中选择随书附带光盘中的 CDROM\素材\Cha05\素材 25.jpg、素材 26.jpg 文件，如图 5.263 所示。

(2) 选择完成后，单击【打开】按钮，在【项目】面板中选择【素材 26.jpg】，如图 5.264 所示。

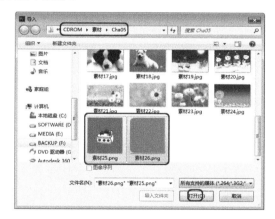

图 5.263　选择素材文件

图 5.264　选择导入的素材文件

(3) 按住鼠标将其拖曳至 V1 轨道中，选中该对象并右击，在弹出的快捷菜单中选择【缩放为帧大小】命令，在【效果控件】面板中将【缩放】设置为 90，如图 5.265 所示。

(4) 设置完成后，用户可以在【节目】面板中查看设置后的效果，如图 5.266 所示。

(5) 在【项目】面板中选择【素材 25.jpg】，将其拖曳至 V2 轨道中，如图 5.267 所示。

(6) 选中该对象并右击，在弹出的快捷菜单中选择【缩放为帧大小】命令，切换至【效果控件】面板，将【缩放】设置为 95，如图 5.268 所示。

(7) 激活【效果】面板，在【视频特效】文件夹中选择【键控】中的【色度键】特效，如图 5.269 所示。

(8) 双击该特效，在【效果控件】面板中将【位置】设置为 708、298，在【色度键】选项组中将颜色 RGB 值设置为 34、176、22，将【相似性】设置为 51，将【混合】设置

为 15，如图 5.270 所示。

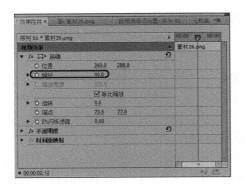

图 5.265　设置【缩放】

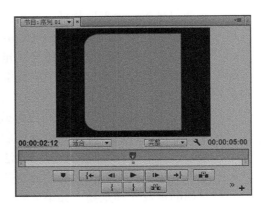

图 5.266　在【节目】面板中查看效果

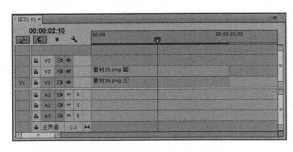

图 5.267　将素材文件拖曳至【序列】面板中

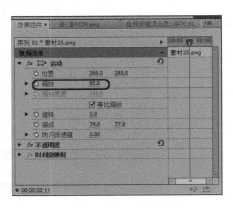

图 5.268　设置【缩放】

图 5.269　选择【色度键】特效

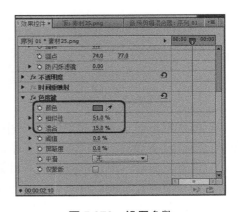

图 5.270　设置参数

(9) 激活【效果】面板，在【视频效果】文件夹中选择【模糊与锐化】中的【快速模糊】特效，如图 5.271 所示。

(10) 在【效果控件】面板中将【模糊度】设置为 5，如图 5.272 所示。

图 5.271　选择【快速模糊】特效

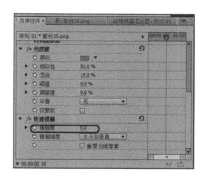

图 5.272　设置参数

(11) 设置完成后，用户可以在【节目】面板中查看效果。其效果如图 5.273 所示。

12. 【蓝屏键】特效

【蓝屏键】特效用在以纯蓝色为背景的画面上。创建透明时，屏幕上的纯蓝色变得透明。所谓纯蓝是不含任何红色与绿色，极接近 PANTONE2735 的颜色。其参数选项组如图 5.274 所示。

图5.273　设置后的效果

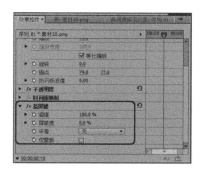

图5.274　【蓝屏键】选项组

13. 【轨道遮罩键】特效

【轨道遮罩键】特效是把序列中一个轨道上的影片作为透明用的蒙版。可以使用任何素材片段或静止图像作为轨道蒙版，可以通过像素的亮度值定义轨道蒙版层的透明度。在屏蔽中的白色区域不透明，黑色区域可以创建透明的区域，灰色区域可以生成半透明区域。为了创建叠加片段的原始颜色，可以用灰度图像作为屏蔽。该特效的选项组如图 5.275 所示。添加特效后的效果如图 5.276 所示。

【轨道遮罩键】特效与【图像遮罩键】特效的工作原理相同，都是利用指定遮罩对当前抠像对象进行透明区域定义，但是【轨道遮罩键】特效更加灵活。由于使用序列中的对象作为遮罩，所以可以使用动画遮罩或者为遮罩设置运动。

> **提示**
>
> 一般情况下，一个轨道的影片作为另一个轨道的影片的遮罩使用后，应该关闭该轨道显示。

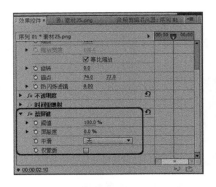

图 5.275 【轨道遮罩键】选项组 　　　　图 5.276 添加特效后的效果

14. 【非红色键】特效

【非红色键】特效用在蓝、绿色背景的画面上创建透明。类似于前面所讲到的【蓝屏键】。可以混合两素材片段或创建一些半透明的对象。它与绿背景配合工作时效果尤其好。该特效的选项组如图 5.277 所示。

下面将介绍如何应用【非红色键】特效。其具体操作步骤如下。

(1) 新建一个项目文件，在【项目】面板中双击，在弹出的【导入】对话框中选择随书附带光盘中的 CDROM\素材\Cha05\素材 27.jpg 文件，如图 5.278 所示。

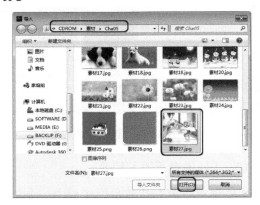

图 5.277 【非红色键】选项组 　　　　图 5.278 【导入】对话框

(2) 选择完成后，单击【打开】按钮，在【项目】面板中选择【素材 27.jpg】，按住鼠标将其拖曳至 V1 轨道中，选中该对象，在【效果控件】面板中将【缩放】设置为 40，如图 5.279 所示。

(3) 激活【效果】面板，在【视频特效】文件夹中选择【键控】中的【非红色键】特效，如图 5.280 所示。

(4) 双击该特效，在【效果控件】面板中将【屏蔽度】设置为 100%，将【去边】设置为【绿色】，如图 5.281 所示。

(5) 设置完成后，用户可以在【节目】面板中预览效果。其效果如图 5.282 所示。

图 5.279　设置【缩放】

图 5.280　选择【非红色键】特效

图 5.281　设置参数

图 5.282　添加特效后的效果

15.【颜色键】特效

　　【颜色键】特效可以去掉图像中所指定颜色的像素。这种特效只会影响素材的 Alpha 通道。该特效的选项组如图 5.283 所示。添加特效后的效果如图 5.284 所示。

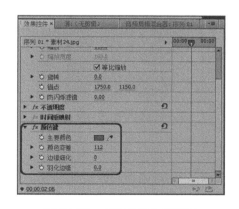

图 5.283　【颜色键】选项组

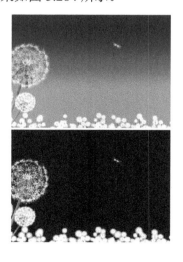

图 5.284　添加特效后的效果

5.3.15 【颜色校正】特效

在【颜色校正】文件夹中共包括 18 项色彩校正效果的视频特技效果。

1. Lumetri 特效

在 Premiere Pro 中 Lumetri 特效可以应用 SpeedGrade 颜色校正，在【效果】面板中的 Lumetri Looks 文件夹为用户提供了许多预设 Lumetri Looks 库。用户可以为【序列】面板中的素材应用 SpeedGrade 颜色校正图层和预制的查询表(LUT)，而不必退出应用程序。Lumetri Looks 文件夹还可以帮助您从来自其他系统的 SpeedGrade 或 LUT 查找并使用导出的 .look 文件。

> **提 示**
>
> 在 Premiere Pro 中，Lumetri 效果是只读的，因此应在 SpeedGrade 中编辑颜色校正图层和 LUT。也可以在 SpeedGrade 中保存并打开您的 Premiere 序列。

2. 【RGB 曲线】特效

【RGB 曲线】特效针对每个颜色通道使用曲线调整来调整剪辑的颜色。每条曲线允许在整个图像的色调范围内调整多达 16 个不同的点。通过使用【辅助颜色校正】控件，还可以指定要校正的颜色范围。该特效的选项组如图 5.285 所示。添加特效后的效果如图 5.286 所示。

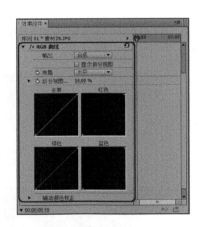

图2.285 【RGB曲线】选项组　　　　　图2.286 添加特效后的效果

3. 【RGB 颜色校正器】特效

【RGB 颜色校正器】特效将调整应用于为高光、中间调和阴影定义的色调范围，从而调整剪辑中的颜色。此效果可用于分别对每个颜色通道进行色调调整。通过使用【辅助颜色校正】控件，还可以指定要校正的颜色范围。该特效的选项组如图 5.287 所示。添加特效后的效果如图 5.288 所示。

图5.287 【RGB颜色校正器】选项组

图5.288 添加特效后的效果

4. 【三向颜色校正器】特效

【三向颜色校正器】特效可针对阴影、中间调和高光调整剪辑的色相、饱和度和亮度，从而进行精细校正。通过使用【辅助颜色校正】控件指定要校正的颜色范围，可以进一步精细调整。该特效的选项组如图 5.289 所示。添加特效后的效果如图 5.290 所示。

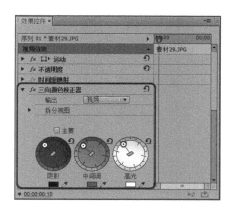

图5.289 【三向颜色校正器】选项组

图5.290 添加特效后的效果

5. 【亮度与对比度】特效

【亮度与对比度】特效可以调节画面的亮度和对比度。该效果同时调整所有像素的亮部区域、暗部区域和中间色区域，但不能对单一通道进行调节。该特效的选项组如图 5.291 所示。添加特效后的效果如图 5.292 所示。

6. 【亮度曲线】特效

【亮度曲线】特效使用曲线调整来调整剪辑的亮度和对比度。通过使用【辅助颜色校正】控件，还可以指定要校正的颜色范围。该特效的选项组如图 5.293 所示。添加特效后的效果如图 5.294 所示。

图 5.291　【亮度与对比度】选项组

图 5.292　添加特效后的效果

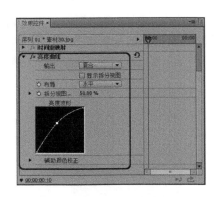

图5.293　【亮度曲线】选项组

图5.294　添加特效后的效果

7.【亮度校正器】特效

【亮度校正器】特效可用于调整剪辑高光、中间调和阴影中的亮度和对比度。通过使用【辅助颜色校正】控件，还可以指定要校正的颜色范围。该特效的选项组如图 5.295 所示。添加特效后的效果如图 5.296 所示。

8.【分色】特效

【分色】特效用于将素材中除被选中的颜色及相类似颜色以外的其他颜色分离。该特效的选项组如图 5.297 所示。添加特效后的效果如图 5.298 所示。

9.【均衡】特效

【均衡】特效可改变图像像素的值。与 Adobe Photoshop 中【色调均化】命令类似，透明度为 0(完全透明)不被考虑。该特效的选项组如图 5.299 所示。添加特效后的效果如图 5.300 所示。

图5.296　添加特效后的效果

图5.295　【亮度校正器】选项组

图 5.298　添加特效后的效果

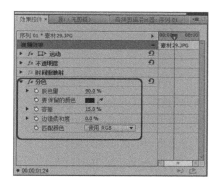

图 5.297　【分色】选项组

图 5.300　添加特效后的效果

图 5.299　【均衡】选项组

10. 【广播级颜色】特效

【广播级颜色】特效用来改变、设置像素的色值范围，保持信号的幅度，广播制式有 NTSC 和 PAL 两种。使用非安全切断或安全切断确定哪一部分图像受到影响。该特效的选项组如图 5.301 所示。添加特效后的效果如图 5.302 所示。

图 5.301　【广播级颜色】特效　　　　　　　图 5.302　添加特效后的效果

11. 【快速颜色校正器】特效

【快速颜色校正器】特效使用色相和饱和度控件来调整剪辑的颜色。此效果也有色阶控件，用于调整图像阴影、中间调和高光的强度。建议使用此效果执行在【节目】监视器中快速预览的简单颜色校正。该特效的选项组如图 5.303 所示。添加特效后的效果如图 5.304 所示。

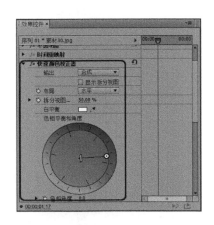

图5.303　【快速颜色校正器】选项组　　　　　图 5.304　添加特效后的效果

12. 【更改为颜色】特效

【更改为颜色】特效可以指定某种颜色，然后使用一种新的颜色替换指定的颜色。该特效的选项组如图 5.305 所示。添加特效后的效果如图 5.306 所示。

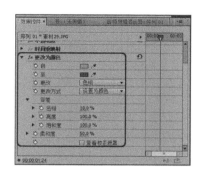

图 5.305　【更改为颜色】选项组　　　　图 5.306　添加特效后的效果

13．【更改颜色】特效

【更改颜色】特效通过在素材色彩范围内调整色相、亮度和饱和度，来改变色彩范围内的颜色。该特效的选项组如图 5.307 所示。添加特效后的效果如图 5.308 所示。

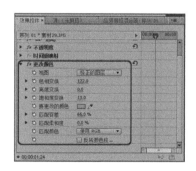

图 5.307　【更改颜色】选项组　　　　图 5.308　添加特效后的效果

14．【色调】特效

【色调】特效修改图像的颜色信息。亮度值在两种颜色间对每一个像素效果确定一种混合效果。该特效的选项组如图 5.309 所示。添加特效后的效果如图 5.310 所示。

15．【视频限幅器】特效

【视频限幅器】特效用于限制剪辑中的明亮度和颜色，使它们位于定义的参数范围。这些参数可用于在使视频信号满足广播限制的情况下尽可能保留视频。该特效的选项组如图 5.311 所示。

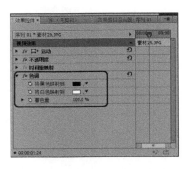

图 5.309　【色调】选项组

图 5.310　添加特效后的效果

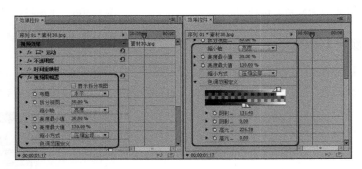

图 5.311　【视频限幅器】选项组

16.【通道混合器】特效

【通道混合器】特效可以用当前颜色通道的混合值修改一个颜色通道。通过为每个通道设置不同的颜色偏移量，来校正图像的色彩。

通过【效果控制】选项组中各通道的滑块调节，可以调整各个通道的色彩信息。对各项参数的调节，控制着选定通道到输出通道的强度。该特效的选项组如图 5.312 所示。添加特效后的效果如图 5.313 所示。

图 5.312　【通道混合器】选项组

图 5.313　添加特效后的效果

17.【颜色平衡】特效

【颜色平衡】特效设置图像在阴影、中值和高光下的红绿蓝三色的参数。该特效的选项组如图 5.314 所示。添加特效后的效果如图 5.315 所示。

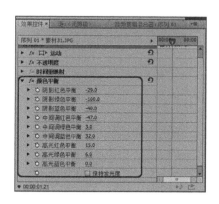

图 5.314　【颜色平衡】选项组

图 5.315　添加特效后的效果

18.【颜色平衡(HLS)】特效

【颜色平衡(HLS)】特效通过调整色调、饱和度和明亮度对颜色的平衡度进行调节。该特效的选项组如图 5.316 所示。添加特效后的效果如图 5.317 所示。

图 5.316　【颜色平衡(HLS)】选项组

图 5.317　添加特效后的效果

5.3.16　【风格化】视频特效

在【风格化】文件夹中共包括 13 项风格化效果的视频特技效果。

1.【Alpha 发光】特效

【Alpha 发光】特效可以对素材的 Alpha 通道起作用，从而产生一种辉光效果。如果素材拥有多个 Alpha 通道，那么仅对第一个 Alpha 通道起作用，其该特效的选项组如图 5.318 所示。添加特效后的效果如图 5.319 所示。

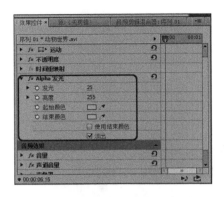

图 5.318　【Alpha 发光】选项组

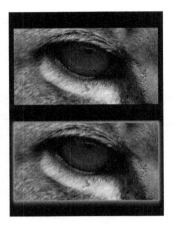

图 5.319　添加特效后的效果

2.【复制】特效

【复制】特效将分屏幕分块，并在每一块中都显示整个图像，用户可以通过拖曳滑块设置每行或每列的分块数目。该特效的选项组如图 5.320 所示。添加特效后的效果如图 5.321 所示。

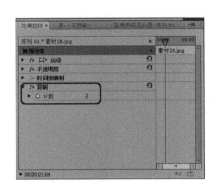

图 5.320　【复制】选项组

图 5.321　添加特效后的效果

3.【彩色浮雕】特效

【彩色浮雕】特效用于锐化图像中物体的边缘并修改图像颜色。这个效果会从一个指定的角度使边缘高光。该特效的选项组如图 5.322 所示。添加特效后的效果如图 5.323 所示。

4.【抽帧】特效

【抽帧】特效通过对色阶值进行调整可以控制影视素材片段的亮度和对比度，从而产生类似于海报的效果。该特效的选项组如图 5.324 所示。添加特效后的效果如图 5.325 所示。

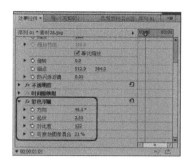

图 5.322　【彩色浮雕】选项组

图 5.323　添加特效后的效果

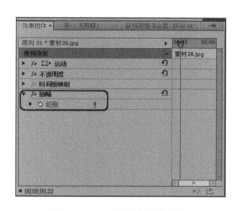

图 5.324　【抽帧】选项组

图 5.325　添加特效后的效果

5. 【曝光过度】特效

【曝光过度】特效将产生一个正片与负片之间的混合，引起晕光效果，类似于一张相片在显影时快速曝光。该特效的选项组如图 5.326 所示。添加特效后的效果如图 5.327 所示。

6. 【查找边缘】特效

【查找边缘】特效用于识别图像中有显著变化和明显边缘，边缘可以显示为白色背景上的黑线和黑色背景上的彩色线。该特效的选项组如图 5.328 所示。添加特效后的效果如图 5.329 所示。

7. 【浮雕】特效

【浮雕】特效用于锐化图像中物体的边缘并修改图像颜色。这个效果会从一个指定的角

度使边缘高光。该特效的选项组如图 5.330 所示。添加特效后的效果如图 5.331 所示。

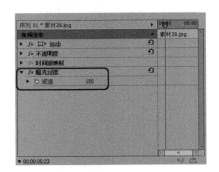

图 5.326　【曝光过度】选项组

图 5.327　添加特效后的效果

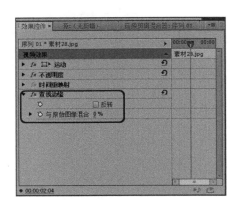

图 5.328　【查找边缘】选项组

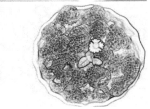

图 5.329　添加特效后的效果

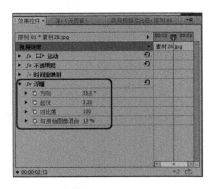

图 5.330　【浮雕】选项组

图 5.331　添加特效后的效果

8.【画笔描边】特效

　　【画笔描边】特效可以为图像添加一个粗略的着色效果，也可以通过设置该特效笔触的长短和密度制作出油画风格的图像。该特效的选项组如图 5.332 所示。添加特效后的效果如图 5.333 所示。

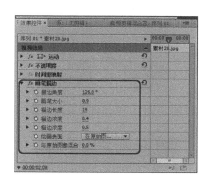

图 5.332　【画笔描边】选项组

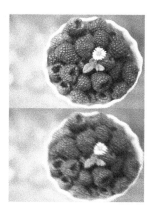

图 5.333　添加特效后的效果

9.【粗糙边缘】特效

　　【粗糙边缘】特效可以使图像的边缘产生粗糙效果，使图像边缘变得粗糙不是很硬，在边缘类型列表中可以选择图像的粗糙类型，如腐蚀、影印等。该特效的选项组如图 5.334 所示。添加特效后的效果如图 5.335 所示。

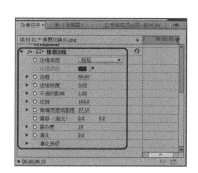

图 5.334　【粗糙边缘】选项组

图 5.335　添加特效后的效果

10.【纹理化】特效

　　【纹理化】特效将使素材看起来具有其他素材的纹理效果。该特效的选项组如图 5.336 所示。添加特效后的效果如图 5.337 所示。

11.【闪光灯】特效

　　【闪光灯】特效用于模拟频闪或闪光灯效果，它随着片段的播放按一定的控制率隐掉一些视频帧。该特效的选项组如图 5.338 所示。添加特效后的效果如图 5.339 所示。

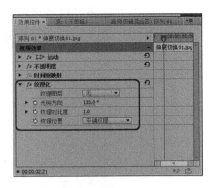

图 5.336　【纹理化】选项组

图 5.337　添加特效后的效果

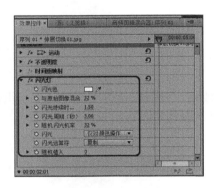

图 5.338　【闪光灯】选项组

图 5.339　添加特效后的效果

12.　【阈值】特效

　　【阈值】特效将素材转化为黑、白两种色彩，通过调整电平值来影响素材的变化，当值为 0 时素材为白色，当值为 255 时素材为黑色，一般情况下我们可以取中间值。该特效的选项组如图 5.340 所示。添加特效后的效果如图 5.341 所示。

图 5.340　【阈值】选项组

图 5.341　添加特效后的效果

13.【马赛克】特效

【马赛克】特效将使用大量的单色矩形填充一个图层。该特效的选项组如图 5.342 所示。添加特效后的效果如图 5.343 所示。

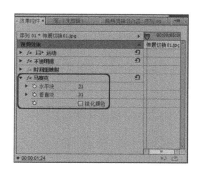

图 5.342　【马赛克】选项组

图 5.343　添加特效后的效果

5.4　上 机 练 习

本章详细介绍了视频效果的应用。下面通过几个实例来分析本章所学知识的实际应用。

5.4.1　制作底片效果

本例将介绍如何制作底片效果，如图 5.344 所示。

图 5.344　底片效果

(1) 启动 Premiere Pro CC 软件后，在打开的欢迎界面中单击【新建项目】按钮，如图 5.345 所示。

(2) 弹出【新建项目】对话框，使用默认设置，单击【确定】按钮即可新建项目，在

菜单栏中选择【文件】|【新建】|【序列】命令，如图 5.346 所示。

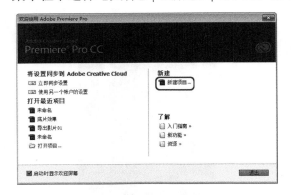

图5.345　单击【新建项目】按钮

图5.346　选择【序列】命令

(3) 打开【新建序列】对话框，在【序列预设】选项卡中选择 DV-PAL|【标准 48kHZ】选项，序列名称使用默认设置，单击【确定】按钮，如图 5.347 所示。

(4) 在【项目】面板中空白处双击，弹出【导入】对话框，在该对话框中选择【底片效果 01.jpg】、【底片效果 02.jpg】素材图片，单击【打开】按钮，如图 5.348 所示。

图5.347　【新建序列】对话框

图5.348　【导入】对话框

(5) 在【项目】面板的空白处右击，在弹出的快捷菜单中选择【新建项目】|【字幕】命令，弹出【新建字幕】对话框，将【名称】设置为【边框 01】，如图 5.349 所示。

(6) 单击【确定】按钮，弹出【字幕】对话框，选择【钢笔工具】，在字幕面板中绘制图形，如图 5.350 所示。

(7) 使用【选择工具】选择刚刚创建的图形，在【变换】选项组中将【X 位置】、【Y 位置】分别设置为 62.6、99.4，将【宽度】、【高度】分别设置为 56、70，如图 5.351 所示。

(8) 确认选择刚刚创建的图形，按 Ctrl+C 组合键将其复制，按 Ctrl+V 组合键将其粘贴，在【变换】选项组中将【X 位置】、【Y 位置】分别设置为 715.7、93.8，将【宽度】、【高度】分别设置为 70、56，将【旋转】设置为 90，如图 5.352 所示。

图5.349　【新建字幕】对话框

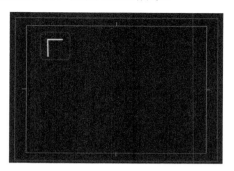

图5.350　绘制图形

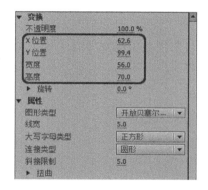

图5.351　设置参数

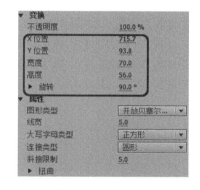

图5.352　设置参数

(9) 使用同样的方法进行复制，将其【X 位置】、【Y 位置】、【宽度】、【高度】、【旋转】分别设置为 715.7、493.7、56、70、180，如图 5.353 所示。

(10) 使用同样的方法复制图形，将其【X 位置】、【Y 位置】、【宽度】、【高度】、【旋转】分别设置为 60.8、493.7、70、56、270，如图 5.354 所示。

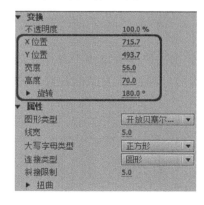

图5.353　设置参数

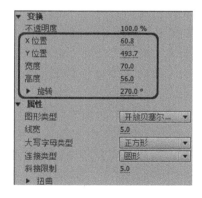

图5.354　设置参数

(11) 设置完成后的效果如图 5.355 所示。

(12) 单击【基于当前字幕新建】按钮，弹出【新建字幕】对话框，将【名称】设置为

【边框 02】，单击【确定】按钮，如图 5.356 所示。

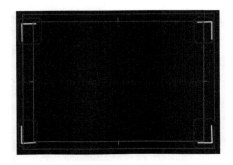

图5.355 设置完成后的效果

图5.356 【新建字幕】对话框

(13) 单击【确定】按钮，使用【选择工具】选择所有的对象，在【填充】选项组中将【颜色】设置为红色，如图 5.357 所示。

(14) 设置完成后将【字幕】对话框关闭。在【项目】面板中选择【底片效果 01.jpg】并将其拖曳至 V1 轨道中，在【序列】面板中选择素材文件并右击，在弹出的快捷菜单中选择【速度/持续时间】命令，如图 5.358 所示。

图5.357 设置颜色

图5.358 选择【速度/持续时间】命令

(15) 弹出【剪辑速度/持续时间】对话框，将【持续时间】设置为 00:00:02:00，单击【确定】按钮，如图 5.359 所示。

(16) 确定素材文件处于选择状态，单击右键，在弹出的快捷菜单中选择【缩放为帧大小】命令，激活【效果控件】面板，将【缩放】设置为 124，将【位置】设置为 360、341，如图 5.360 所示。

(17) 在【项目】面板中将【底片效果 02.jpg】拖曳至 V1 轨道中，将其与【底片效果 01.jpg】首尾相接，单击右键，在弹出的快捷菜单中选择【速度/持续时间】命令，弹出【剪辑速度/持续时间】对话框，将【持续时间】设置为 00:00:02:00，单击【确定】按钮，如图 5.361 所示。

(18) 继续在素材文件上单击右键，在弹出的快捷菜单中选择【缩放为帧大小】命令，激活【效果控件】面板，将【位置】设置为 360、364，将【缩放】设置为 127，如图 5.362 所示。

图5.359　设置持续时间

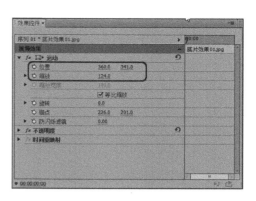

图5.360　设置【缩放】及【位置】

图5.361　设置持续时间

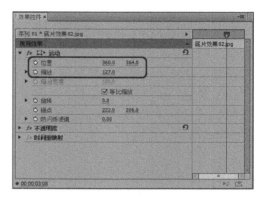

图5.362　设置【位置】及【缩放】

(19) 将当前时间设置为 00:00:01:10，将【底片效果 01.jpg】拖曳至 V2 轨道中，将其始端与时间线对齐，使用同样的方法将其持续时间设置为 00:00:00:04，如图 5.363 所示。

(20) 将当前时间设置为 00:00:03:10，将【底片效果 02.jpg】拖曳至 V2 轨道中，将其始端与时间线对齐，将其持续时间设置为 00:00:00:04，如图 5.364 所示。

图5.363　设置持续时间

图5.364　设置持续时间

(21) 使用同样的方法设置 V2 轨道中素材文件的位置及缩放大小。将当前时间设置为 00:00:01:10，选择【边框 01】将其拖曳至 V3 轨道中，将其结尾处与时间线对齐，效果如图 5.365 所示。

(22) 将【边框 02】拖曳至 V3 轨道中，将其与【边框 01】结尾处相接，选择该素材文件并右击，在弹出的快捷菜单中选择【速度/持续时间】命令，弹出【剪辑速度/持续时间】对话框，将其【持续时间】设置为 00:00:00:04，如图 5.366 所示。

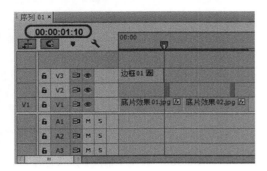

图5.365　设置完成后的效果　　　　　　　　　图5.366　设置持续时间

(23) 单击【确定】按钮，将当前时间设置为 00:00:03:10，选择【边框 01】拖曳至 V3 轨道中，将其开头与【边框 02】结尾处对齐，将其结尾处与时间线对齐，使用同样的方法进行设置，设置完成后的效果如图 5.367 所示。

(24) 选择 V2 轨道中的【底片效果 01.jpg】，在【效果】面板中选择【视频效果】|【通道】|【反转】特效，双击该特效，在【效果控件】面板中将【声道】设置为 RGB，如图 5.368 所示。

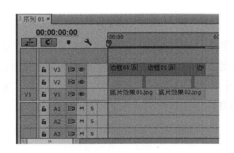

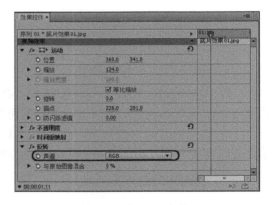

图5.367　设置完成后的效果　　　　　　　　　图5.368　设置【声道】

(25) 使用同样的方法为 V2 轨道中的【底片效果 02.jpg】素材文件添加【反转】特效，在【效果控件】面板中将【声道】设置为明亮度，如图 5.369 所示。

(26) 激活【序列】面板，在菜单栏中选择【文件】|【导出】|【媒体】命令，弹出【导出设置】对话框，在【导出设置】选项组中将【格式】设置为 AVI，将【预设】设置为 PAL DV，如图 5.370 所示。

(27) 单击【输出名称】右侧的文字，弹出【另存为】对话框，在该对话框中设置正确的存储路径并设置文件名为底片效果，如图 5.371 所示。

(28) 单击【保存】按钮，返回到【导出设置】对话框中，单击【导出】按钮，即可将影片进行导出。导出完成后将场景进行保存。

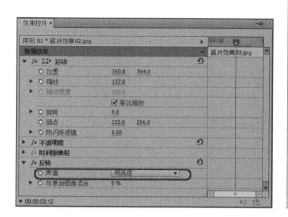

图5.369　设置【声道】

图5.370　【导出设置】对话框

图 5.371　【另存为】对话框

5.4.2　制作怀旧老照片

本例将运用【灰度系数校正】和【黑白】特效制作怀旧老照片，制作完成后的效果如图 5.372 所示。

图 5.372　怀旧老照片效果

(1) 启动软件后，在打开的欢迎界面中，单击【新建项目】按钮，弹出【新建项目】对话框，在该对话框中将【名称】设置为【怀旧老照片】，单击【位置】右侧的【浏览】按钮，如图 5.373 所示。

(2) 在弹出的对话框中设置正确的存储路径，设置完成后单击【选择文件夹】按钮，返回到【新建项目】对话框中，单击【确定】按钮，在菜单栏中选择【文件】|【新建】|【序列】命令，弹出【新建序列】对话框，在【序列预设】选项卡中选择 DV-PAL|【标准48kHZ】选项，【名称】使用默认名称，单击【确定】按钮，如图 5.374 所示。

图5.373 【新建项目】对话框

图5.374 【新建序列】对话框

(3) 在【项目】面板的空白处双击，弹出【导入】对话框，在该对话框中选择随书附带光盘中的 CDROM\素材\Cha05\怀旧老照片.jpg 素材文件，单击【打开】按钮，如图 5.375 所示。

(4) 在【项目】面板中选择刚刚导入的素材文件，将其拖曳至【序列】面板中的 V1 轨道中，选择 V1 轨道中的素材文件并右击，在弹出的快捷菜单中选择【缩放为帧大小】命令，如图 5.376 所示。

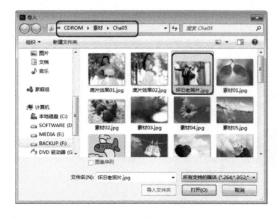

图5.375 选择素材文件

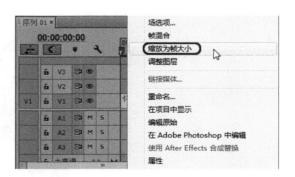

图5.376 选择【缩放为帧大小】命令

（5）激活【效果控件】面板，展开【运动】选项，将【缩放】设置为135，将【位置】设置为360、288，如图 5.377 所示。

（6）激活【效果】面板，在【视频效果】文件夹下选择【图像控制】|【灰度系数校正】特效，如图 5.378 所示。

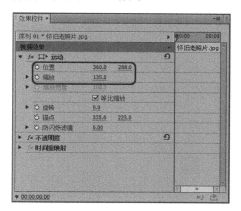

图5.377　设置参数

图5.378　设置参数

（7）确定【序列】面板中的素材文件处于选择状态，双击该特效，激活【效果控件】面板，将【灰度系数】设置为15，如图 5.379 所示。

（8）选择【图像控制】选项夹下的【黑白】特效，如图 5.380 所示。

图5.379　设置【灰度系数】参数

图5.380　选择【黑白】特效

（9）双击该特效即可为素材文件添加【黑白】特效，激活【序列】面板，在菜单栏中选择【文件】|【导出】|【媒体】命令，弹出【导出设置】对话框，将【格式】设置为JPEG，单击【输出名称】右侧的名字，弹出【另存为】对话框，选择正确的存储路径，将【文件名】设置为【怀旧老照片】，如图 5.381 所示。

（10）单击【保存】按钮，返回到【导出设置】对话框中，选择【视频】选项卡，取消勾选【导出为序列】复选框，然后单击【导出】按钮即可将图片导出。导出完成后将场景进行保存。

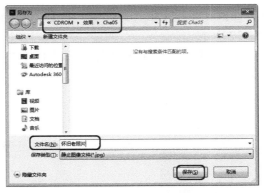

图 5.381　【另存为】对框

5.5　思　考　题

1. 什么是键控？

2. 什么是关键帧？如何利用效果控件面板设置关键帧？如何利用序列面板设置关键帧？

第6章 常用字幕的创建与实现

在各种影视节目中，字幕是不可缺少的。字幕起到解释画面、补充内容等作用。作为专业处理影视节目的 Premiere Pro CC 来说，也必然包括字幕的制作和处理。这里所讲的字幕，包括文字、图形等内容。字幕本身是静止的，但是利用 Premiere Pro CC 可以制作出各种各样的动画效果。

6.1 Premiere Pro CC 中的字幕窗口工具简介

对 Premiere Pro CC 来说，字幕是一个独立的文件，如同【项目】窗口中的其他片段一样，只有把字幕文件加入到【序列】窗口视频轨道中才能真正地称为影视节目的一部分。

字幕的制作主要是在字幕窗口中进行的。创建字幕的具体操作步骤如下。

(1) 在菜单栏中选择【文件】|【新建】|【字幕】命令，如图 6.1 所示。

(2) 执行完该操作后即可打开【新建字幕】对话框，用户可在弹出的对话框中为其字幕重新命名，也可以使用其默认名称，设置完成后单击【确定】按钮，如图 6.2 所示。

图 6.1　选择【字幕】命令

图 6.2　【新建字幕】对话框

(3) 单击【确定】按钮后即可打开字幕窗口，如图 6.3 所示，用户可在该窗口中进行操作，以便制作出更好的效果。

我们还可以在【项目】窗口中空白处右击，在弹出的快捷菜单中选择【新建分项】|【字幕】命令，如图 6.4 所示。

如图 6.5 所示为字幕工具箱，字幕设计对话框左侧工具箱中包括生成、编辑文字与物体的工具。要使用工具做单个操作，在工具箱中单击该工具然后在字幕显示区域拖出文本框就可以加入字了(要使用一个工具做多次操作，在工具箱中双击该工具)。

下面介绍字幕工具箱中各工具的功能。

- 【选择工具】：使用工具可用于选择一个物体或文字。按住 Shift 键使用选择工具可选择多个物体，直接拖曳对象控制手柄改变对象区域和大小。对 Bezier 曲线物体来说，还可以使用选择工具编辑节点。
- 【旋转工具】：使用工具可以旋转对象。
- 【文字工具】：使用工具可以建立并编辑文字，如图 6.6 所示。

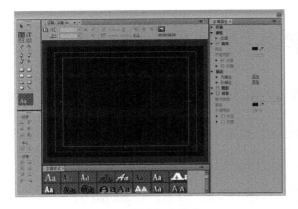

图 6.3　新建的字幕窗口

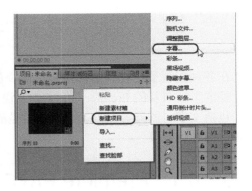

图 6.4　选择【字幕】命令

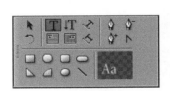

图 6.5　字幕工具箱

图 6.6　创建文字

- 【垂直文字工具】IT：该工具用于建立竖排文本。
- 【区域文字工具】：使用工具可以用于建立段落文本。段落文本工具与普通文字工具的不同在于，它建立文本的时候，首先要限定一个范围框，调整文本属性，范围框不会受到影响。
- 【垂直文字工具】：使用工具用于建立竖排段落文本。
- 【路径文字工具】：使用工具可以建立一段沿路径排列的文本。
- 【垂直路径文字工具】：使用工具的功能与路径文字工具相同。不同之处在于，工具创建垂直于路径的文本，工具创建平行于路径的文本。
- 【钢笔工具】：使用工具可以创建复杂的曲线。
- 【添加锚点工具】：使用工具可以在线段上增加控制点。
- 【删除锚点工具】：使用工具可以在线段上减少控制点。
- 【转换锚点工具】：使用工具可以产生一个尖角或用来调整曲线的圆滑程度。
- 【矩形工具】：使用工具可用来绘制矩形。
- 【切角矩形工具】：使用工具可以绘制一个矩形，并且对使用矩形的边界进行剪裁控制。

- 【圆角矩形工具】▢：使用工具可以绘制一个带有圆角的矩形。
- 【圆矩形工具】▢：使用工具可以绘制一个偏圆的矩形。
- 【三角形工具】◨：使用工具可以绘制一个三角形。
- 【圆弧工具】◪：使用工具可绘制一个圆弧。
- 【椭圆工具】▣：使用工具可用来绘制椭圆。在拖曳鼠标绘制图形的同时按住 Shift 键可绘制出一个正圆。
- 【直线工具】◺：使用工具可以绘制一条直线。

上面对 Premiere Pro CC 的字幕工具箱进行了简单的介绍。这些工具在以后的字幕制作中会经常用到，希望读者能够熟练应用这些工具。

- 外部视频输入是将摄像机、放像机及 VCD 机等的视频素材输入到计算机硬盘上。
- 软件视频素材输入是把一些由应用软件如 3ds Max、Maya 等制作的动画视频素材输入到计算机硬盘上。

6.2　建立字幕素材

在 Premiere Pro CC 中，可以通过字幕编辑器创建丰富的文字和图形字幕，字幕编辑器可以识别每一个作为对象所创建的文字和图形。

6.2.1　字幕窗口主要设置

下面对【字幕】窗口的各个功能属性参数进行讲解：

1. 字幕属性

字幕属性的设置是使用【字幕属性】参数栏对文本或者是图形对象进行相应的参数设置。使用不同的工具创建不同的对象时，【字幕属性】参数栏也略有不同。如图 6.7 所示为使用【文字工具】Ⅱ创建文字对象时的属性栏。

如图 6.8 所示为使用【举行工具】▢创建形状对象时的属性栏。两者比较，不同对象有着不一样的属性设置。

在【属性】区域中可以对字幕的属性进行设置。对于不同的对象，可调整的属性也有所不同。下面以文本为例，讲解一下字体有关设置。

- 【字体】：在该下拉列表中，显示系统中所有安装的字体，可以在其中选择需要的字体进行使用。
- 【字体样式】：Bold(粗体)、Bold Italic(粗体、倾斜)、Italic(倾斜)、Regular(常规)、Semibold(半粗体)、Semibold Italic(半粗体、倾斜)。
- 【字体大小】：设置字体的大小。
- 【纵横比】：设置字体的长宽比。
- 【行距】：设置行与行之间的行间距。
- 【字距】：设置光标位置处前后字符之间的距离，可在光标位置处形成两段有一定距离的字符。

图 6.7　文字属性栏

图 6.8　形状属性栏

- 【跟踪】：设置所有字符或者所选字符的间距，调整的是单个字符间的距离。
- 【基线位移】：设置字符所有字符基线的位置。通过改变该选项的值，可以方便地设置上标和下标。
- 【倾斜】：设置字符的倾斜。
- 【小型大写字母】：激活该选项，可以输入大写字母，或者将已有的小写字母改为大写字母，如图 6.9 所示。

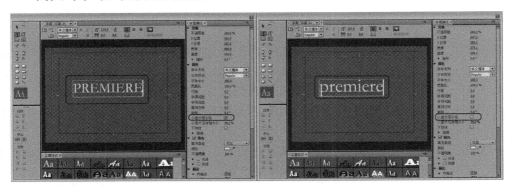

图 6.9　勾选与取消勾选【小型大写字母】选项的效果对比

- 【小型大写字母大小】：小写字母改为大写字母后，可以利用该选项来调整大小。
- 【下划线】：激活该选项，可以在文本下方添加下划线，如图 6.10 所示。
- 【扭曲】：在该参数栏中可以对文本进行扭曲设定。调节【扭曲】参数栏下的 X 和 Y 轴向扭曲度。可以产生变化多端的文本形状，如图 6.11 所示。

对图形对象来说，【属性】设置栏中又有不同的参数设置，这将在后面结合不同的图形对象进行具体的学习。

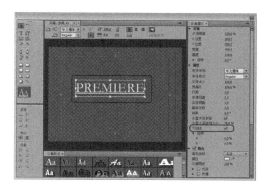

图 6.10　添加下划线

图 6.11　设置扭曲

2. 填充设置

在【填充】区域中，可以指定文本或者图形的填充状态，即使用颜色或者纹理来填充对象。

● 　【填充类型】

单击【填充类型】右侧的下拉列表，在弹出的下拉菜单中选择一种选项，可以决定使用何种方式填充对象，其下拉列表如图 6.12 所示。在默认情况下是以实底为其填充颜色，可单击【颜色】右侧的颜色缩略图，在弹出的【颜色拾取】对话框中为其执行一个颜色。

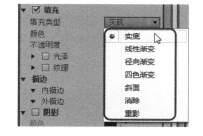

图 6.12　填充类型

下面将介绍各种填充类型的使用方法及讲解。

◆ 　【实底】：该选项为默认选项。

◆ 　【线性渐变】：当选择【线性渐变】进行

填充时，【色彩】渐变为如图 6.13 所示的渐变颜色栏。可以分别单击两个颜色滑块，在弹出的对话框中选择渐变开始和渐变结束的颜色。选择颜色滑块后，按住左键可以拖曳滑动改变位置，以决定该颜色在整个渐变色中所占的比例，效果如图 6.14 所示。

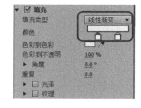

图 6.13　线性渐变

图 6.14　渐变比例

◆ 　【色彩到不透明】：设置该参数则可以控制该点颜色的不透明度，这样就可以产生一个有透明的渐变过程。通过调整【转角】数值，可以控制渐变的角度。

◆ 　【重复】：这项参数可以为渐变设置一个重复值，效果如图 6.15 所示。

◆ 　【径向渐变】：【径向渐变】同【线性渐变】相似，唯一不同的是，【线性渐变】是由一条直线发射出去，而【径向渐变】是由一个点向周围渐变，呈放射状，如图 6.16 所示。

图 6.15　设置重复值

图 6.16　径向渐变

◆　【四色渐变】：与上面两种渐变类似，但是四角上的颜色块允许重新定义，如图 6.17 所示。

◆　【斜面】：使用【斜角边】方式，可以为对象产生一个立体的浮雕效果。选择【斜角边】后，首先需要在【高亮颜色】中指定立体字的受光面颜色。然后在【阴影颜色】栏中指定立体字的背光面颜色；还可以分别在各自的【透明度】栏中指定不透明度；【平衡】参数栏调整明暗对比度，数值越高，明暗对比越强；【大小】参数可以调整浮雕的尺寸高度；激活【变亮】选项，可以在【光照角度】选项中调整数值。让浮雕对象产生光线照射效果；【亮度级别】选项可以调整灯光强度；激活【管状】选项，可在明暗交接线上勾边，产生管状效果。使用【斜角边】的效果如图 6.18 所示。

图 6.17　四色渐变效果

图 6.18　设置斜面参数后的效果

◆　【消除】：在【消除】模式下，无法看到对象。如果为对象设置了阴影或者描边，就可以清楚地看到效果。对象被阴影减去部分镂空，而其他部分的阴影则保留下来，如图 6.19 所示。需要注意的是，在【消除】模式下，阴影的尺寸必须大于对象，如果相同的话，同尺寸相减后是不会出现镂空效果的。

◆　【重影】：在【克隆】模式下，隐藏了对象，却保留了阴影。这与【消除】模式类似，但是对象和阴影没有发生相减的关系，而是完整地显现了阴影，如图 6.20 所示。

●　【光泽】和【纹理】

在【光泽】选项中，可以为对象添加光晕，产生金属光泽等一些迷人的光泽效果。【色彩】栏一般用于指定光泽的颜色；【透明度】参数控制光泽不透明度；【大小】则用来控制光泽的扩散范围；可以在【角度】参数栏中调整光泽的方向；【偏移】参数栏用于对光泽位置产生偏移，如图 6.21 所示。

除了指定不同的填充模式外，还可以为对象填充一个纹理。为对象应用纹理的前提是，此时颜色填充的类型不应是【消除】和【重影】。

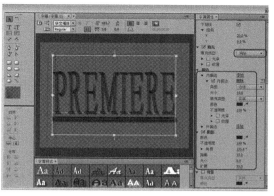

图 6.19 设置消除参数后的效果

图 6.20 设置重影参数后的效果

为对象填充纹理的具体操作步骤如下。

(1) 在字幕窗口中创建一个矩形，展开【填充】选项，在该选项下勾选【纹理】复选框，单击该选项下材质右侧的纹理缩略图，如图 6.22 所示。

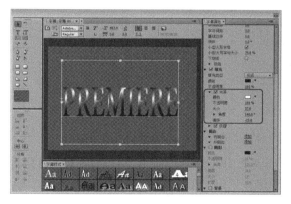

图 6.21 设置光泽参数后的效果

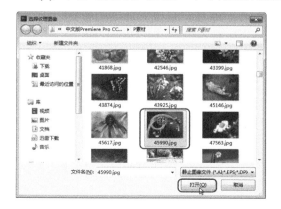

图 6.22 创建矩形

(2) 在弹出的【选择纹理图像】对话框中随意选择一幅图像，如图 6.23 所示。

(3) 单击【打开】按钮，即可将选择的图像填充到矩形框中，如图 6.24 所示。

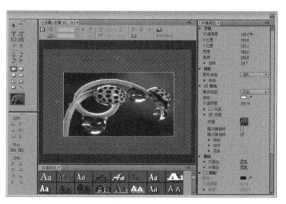

图 6.23 【选择纹理图像】对话框

图 6.24 填充后的效果

勾选【翻转物体】和【旋转物体】后，当对象移动旋转时，纹理也会跟着一起动。【缩放比例】栏中可以对纹理进行缩放，可以在【水平】和【垂直】栏中水平或垂直缩放纹理图大小。

【平铺】参数被选择的话，如果纹理小于对象，则会平铺填满对象。【校准】栏主要用于对齐纹理，调整纹理的位置。【融合】参数栏用于调整纹理和原始填充效果的混合程度。

3. 描边设置

可以在【描边】参数栏中为对象设置一个描边效果。Premiere Pro CC 提供了两种形式的描边。用户可以选择使用【内侧边】或【外侧边】，或者两者一起使用。要应用描边效果首先必须单击【添加】按钮，添加需要的描边效果。两种描边效果的参数设置基本相同，如图 6.25 所示为文字添加【内测边】并调整完参数后的效果。

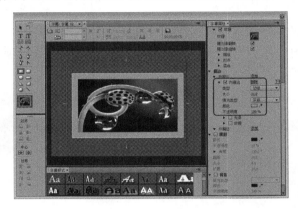

图 6.25　设置内侧边参数后的效果

应用描边效果后，可以在【描边类型】下拉列表中选择描边模式，分别为【深度】、【边缘】、【凹进】三种选项，下面我们将一一进行讲解。

- 【深度】：这是正统的描边效果。选择【深度】选项，可以在【大小】参数栏设置边缘宽度，在【色彩】栏指定边缘颜色，在【透明】参数栏控制描边不透明度，在【填充类型】中控制描边的填充方式，这些参数和前面学习的填充模式基本一样。深度模式的效果如图 6.26 所示。
- 【边缘】：在【深度】模式下，对象产生一个厚度，呈现立体字的效果。可以在【角度】设置栏调整数值，改变透视效果，如图 6.27 所示。
- 【凹进】：在【凹进】模式下，对象产生一个分离的面，类似于产生透视的投影，效果如图 6.28 所示。可以在【级别】设置栏控制强度，在【角度】中调整分离面的角度。

4. 阴影设置

勾选【阴影】参数复选框，可以为对象设置一个投影，效果如图 6.29 所示。

- 【颜色】：可以指定投影的颜色。
- 【不透明度】：控制投影的不透明度。
- 【角度】：控制投影角度。

- 【距离】：控制投影距离对象的远近。
- 【大小】：控制投影的大小。
- 【扩散】：制作投影的柔度，较高的参数产生柔和的投影。

图 6.26　设置深度参数后的效果

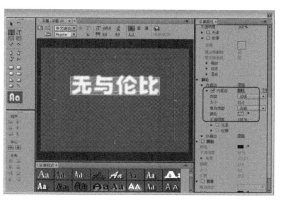

图 6.27　设置边缘参数后的效果

图 6.28　设置凹进参数后的效果

图 6.29　设置阴影后的效果

6.2.2　建立文字对象

在 Premiere Pro CC 中可以使用【字幕编辑器】对影片或图形添加文字，即创建字幕。使用【字幕编辑器】可以创建具有多种特性的文字和图形的字幕。可以使用系统中的任何矢量字体，包括 PostScript、Open Type 以及 TrueType 字体。

【字幕编辑器】能识别每一个作为对象所创建的文字和图形，可以对这些对象应用各种各样的风格和提高字幕的可欣赏性。

1. 使用文字工具创建文字对象

【字幕编辑器】中包括几个创建文字对象的工具，使用这些工具，可以创建出水平或垂直排列的文字，或沿路径行走的文字，以及水平或垂直范围文字(段落文字)。

1) 创建水平或垂直排列文字

创建水平或垂直排列文字的具体操作步骤如下。

(1) 新建一个字幕，在工具箱中选择【文字工具】T或【垂直文字工具】IT。

(2) 将鼠标放置在字幕编辑窗口并单击，激活文本框后，输入文字即可，如图 6.30 所示。

2) 创建范围文字

创建范围文字的具体操作步骤如下。

(1) 在工具箱中选择【区域文字工具】■或【垂直区域文字工具】■。

(2) 将鼠标放置在字幕编辑窗口单击并将其拖曳出文本区域，然后输入文字即可，如图 6.31 所示。

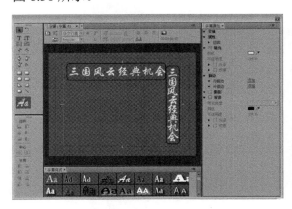

图 6.30　创建水平或垂直排列文字

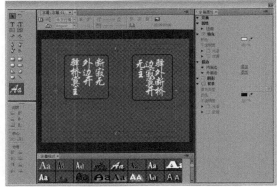

图 6.31　创建范围文字

3) 创建路径文字

创建路径文字的具体操作步骤如下。

(1) 在工具箱中选择【路径文字工具】或【垂直路径文字工具】。

(2) 将鼠标移动至字幕编辑窗口中，此时鼠标将会处于钢笔状态，在该窗口中文字的开始位置单击，然后在另一个位置处单击创建一个路径，如图 6.32 所示。

(3) 创建完路径后，输入文本内容，如图 6.33 所示。

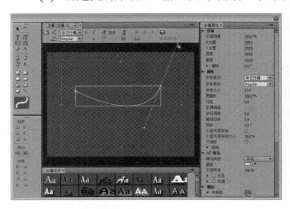

图 6.32　创建路径

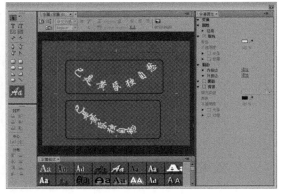

图 6.33　创建文字内容

2. 文字对象的编辑

1) 文字对象的选择与移动

文字对象的选择与移动的具体操作步骤如下。

(1) 在工具箱中选择【选择工具】 ，单击文本对象即可将其选择。

(2) 在文字对象处于被选择的状态下，单击并移动鼠标即可实现对文字对象的移动操作。也可以使用键盘上的方向键对其进行移动操作。

2) 文字对象的缩放与旋转

文字对象的缩放与旋转的具体操作步骤如下。

(1) 在工具箱中选择【选择工具】 ，在字幕窗口中单击文字对象将其选择。

(2) 被选择的文字对象周围会出现八个控制点，将鼠标放置在控制点上，当鼠标处于双向箭头的状态下，按住鼠标并拖曳鼠标即可对其实现缩放操作，如图 6.34 所示。

(3) 在文字对象处于被选择的状态下，在工具箱中选择【旋转工具】 ，将鼠标移动到编辑窗口，按住左键并拖曳，即可对其实现旋转操作，如图 6.35 所示。

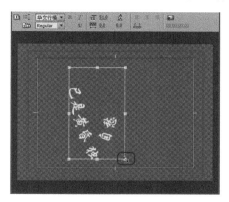

图 6.34　缩放操作

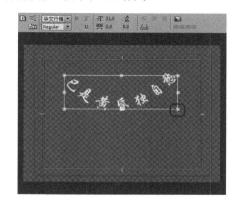

图 6.35　旋转操作

3) 改变文字对象的方向

改变文字对象的方向的具体操作步骤如下。

(1) 在工具箱中选择【选择工具】 ，在字幕编辑窗口单击文字对象即可将其选择。

(2) 在菜单栏中选择【字幕】|【方向】|【水平】/【垂直】命令，即可改变文字对象的排列方向，如图 6.36 所示。

范围文字框的缩放与旋转的具体操作步骤如下。

(1) 在工具箱中选择【选择工具】 ，在字幕编辑窗口中将其选择。

(2) 将光标移动至四周的控制点上，当光标变为双向箭头时，此时拖曳这个控制点，就可以缩放范围文本框了。

(3) 如果想要旋转范围文本框时，可以使用前面讲到的旋转工具，或者将鼠标移动到控制点上，当鼠标变为可旋转双向箭头时，就可以对其进行旋转操作。

4) 设置文字对象的字体与大小

设置文字对象的字体与大小的具体操作步骤如下。

(1) 使用【选择工具】 ，在字幕编辑窗口中将其选择。

(2) 在菜单栏中选择【字幕】|【大小】命令，在弹出的子菜单栏中选择一种字体或大小，如图 6.37 所示。

图 6.36　选择【水平】/【垂直】命令　　　图 6.37　选择【字幕】|【大小】命令

(3) 在文本对象处于被选择的状态下，在文字对象上右击，在弹出的快捷菜单中选择【字体】/【大小】命令，在其弹出的子菜单栏中选择一种选项。

同样，在【字幕属性】栏中，展开【属性】选项。其中也可以对文字对象的字体和大小进行设置。

5）设置文字的对齐方式

文字的对齐方式只针对范围文字对象。

设置文字的对齐方式的具体操作步骤如下。

(1) 使用【选择工具】，在字幕编辑窗口中将其选择。

(2) 选择【字幕】|【文字对齐】|【左对齐】/【居中】/【右对齐】命令即可，如图 6.38 所示。

(3) 或者在【字幕编辑器】窗口上方单击【左对齐】、【居中】、【右对齐】按钮，如图 6.39 所示。

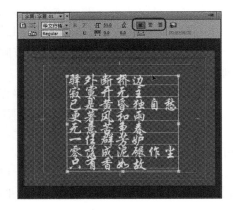

图 6.38　选择【左对齐】/【居中】/【右对齐】命令　　　图 6.39　字幕编辑窗口

6）添加制表符

在 Premiere Pro CC 中，制表符也是一种对齐方式，类似于在 Word 软件中无线表格的制作方法。

设置制表符的具体操作步骤如下。

(1) 在工具箱中选择【选择工具】，在字幕编辑窗口中选择文字。

(2) 在菜单栏中选择【字幕】|【制表位】命令，如图 6.40 所示。

(3) 执行该命令后，即可打开【制表位】对话框，如图 6.41 所示。

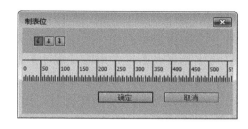

图 6.40　选择【制表位】命令　　　　　　　　　图 6.41　【制表位】对话框

(4) 在该对话框中的左上方有三个按钮，分别表示左对齐、居中对齐、右对齐。单击相应的按钮，可以将其选中，分别在第 100、200、300、400 处添加制表符，如图 6.42 所示。

(5) 设置完成后，单击【确定】按钮，将光标置入到【星期一】的后面，按 Tab 键对其进行调整，并使用同样的方法对其他文字也进行调整，效果如图 6.43 所示。

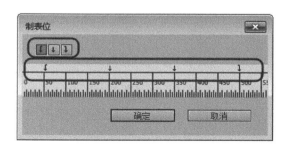

图 6.42　添加制表符　　　　　　　　　　　图 6.43　设置后的效果

6.2.3　建立图形物体

字幕窗口的工具箱中除了文本创建工具外还包括各种图形创建工具，能够建立直线、矩形、椭圆、多边形等。各种线和形体对象一开始都使用默认的线条、颜色和阴影属性，也可以随时更改这些属性。有了这些工具，在影视节目的编辑过程中就可以方便地绘制一些简单的图形。

下面通过一个具体的实例介绍这些工具中常用工具的使用方法，具体使用方法如下。

1. 使用形状工具绘制图形

(1) 在工具箱中选择任何一个绘图工具，在此我们选择的是工具箱的【矩形工具】 ▣。

(2) 将鼠标移动至字幕编辑窗口，单击鼠标并拖曳，即可在字幕窗口中创建一个矩形。

2. 改变图形的形状

在【字幕编辑器】窗口中绘制的形状图形，它们之间可以相互转换。

改变图形的形状的具体操作步骤如下。

(1) 在字幕编辑器中选择一个绘制的图形。

(2) 在【字幕属性】栏中单击【属性】左侧的三角按钮，将其展开。

(3) 单击【图形类型】右侧下拉按钮，即可弹出一个下拉菜单，如图 6.44 所示。

(4) 在该列表中选择一种绘图类型，所选择的图像即可转换为所选绘图类型的形状，如图 6.45 所示。

图 6.44 【图形类型】下拉列表

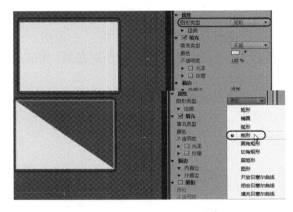

图 6.45 改变后的图像

3. 使用钢笔工具创建自由图形

钢笔工具是 Premiere Pro CC 中最为有效的图形创建工具，可以用它建立任何形状的图形。

钢笔工具通过建立"贝塞尔"曲线创建图形，通过调整曲线路径控制点可以修改路径形状。

使用钢笔工具可以产生封闭或开放的路径。其创建自由图形的具体操作步骤如下。

(1) 在工具箱中选择【钢笔工具】 ▣。

(2) 将鼠标移动至字幕编辑窗口中，在需要建立图像的第一个控制点位置处单击，创建第一个控制点。将光标移动到要建立图形的第一个控制点位置，单击创建第一个控制点。

(3) 创建完第一个控制点后，再将鼠标移动至第二个需要创建的控制点。

(4) 如果需要，可以继续在不同的位置创建其他控制点。

(5) 在使用钢笔工具建立路径时，可以直接建立曲线路径。利用曲线产生路径，可以减少路径上的控制点，并且减少后面对控制点的修改，在创建过程中亦可使图形趋于理想化。单击控制点，按住鼠标向要画的线方向拖曳，拖曳时鼠标拉出两个控制方向控制手柄之一。方向线的长度和曲线角度决定了画出曲线的形状，然后通过调节方向控制手柄修改曲线的曲率，在执行完了一系列的操作后，可得到如图 6.46 所示的线形。Premiere 还允许单独拖曳控制点方向控制手柄，按住 Ctrl 键拖曳方向控制手柄时，只会对当前控制手柄有效，而另一个控制手柄不会发生改变。这样，可以产生更加复杂的曲线。例如，可以产生一边尖锐、一边圆滑的曲线。产生控

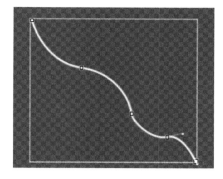

图 6.46　创建的线形

制点后，按住 Shift 键拖曳鼠标，控制点方向线会以水平、垂直或 45 度角移动。

(6) 创建完成后，在结束位置后再次单击。在曲线要结束的位置再次单击。

(7) 重复上一步，直到画完全部线段。

(8) 通过单击第一个控制点或双击最后一个控制点封闭路径。也可以让结束点与开始点分离，产生开放路径。

提示

通过路径创建图形时，路径上的控制点越多，图形形状越精细，但过多的控制点不利于后边的修改。建议使路径上的控制点在不影响效果的情况下，尽量减少。

下面利用钢笔工具来绘制一个简单的图形。

(1) 在菜单栏中单击【文件】|【新建】|【字幕】命令，打开一个新的【字幕】对话框，如图 6.47 所示。

(2) 在菜单栏中选择【钢笔工具】，在字幕编辑窗口中常见一个闭合的图形，如图 6.48 所示。

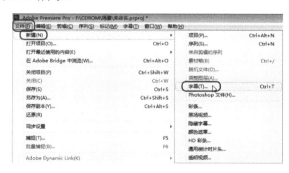

图 6.47　选择【字幕】命令

图 6.48　创建闭合的图形

(3) 绘制完成后，在菜单栏中选择【转换锚点工具】，调整曲线上的每一个控制点，使曲线变得圆滑，如图 6.49 所示。

(4) 确认曲线处于编辑状态，在【属性】选项组中将其【图形类型】设置为【填充贝塞尔曲线】选项，如图 6.50 所示。

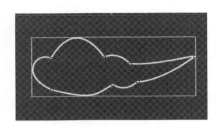

图 6.49　调整控制点后的效果

图 6.50　选择【填充贝塞尔曲线】选项

(5) 将其【填充类型】设置为【实底】，将其填充颜色设置为白色，如图 6.51 所示。

至此，创建的心形就制作完成了。用户可使用类似的方法制作其他图形。

Premiere Pro CC 可以通过移动、增加或减少遮罩路径上的控制点以及对线段的曲率进行调整来改变遮罩的形状。

图 6.51　为其填充颜色

- 【添加锚点工具】：在图形上需要增加控制点的位置单击即可增加新的控制点。
- 【删除锚点工具】：在图形上单击控制点可以删除该点。
- 【转换锚点工具】：单击控制点，可以在尖角和圆角间进行转换。也可拖曳出控制手柄对曲线进行调节。

在更多时候，可能需要创建一些规则的图形，这时，使用钢笔工具来创建非常方便。

4．改变对象排列顺序

在默认情况下，字幕编辑窗口中的多个物体是按创建的顺序分层放置的，新创建的对象总是处于上方，挡住下面的对象。为了方便编辑，也可以改变对象在窗口中的排列顺序。

改变对象排列顺序的具体操作步骤如下。

(1) 在字幕编辑窗口中选择需要改变顺序的对象。

(2) 单击右键，在弹出的快捷菜单中选择【排列】|【前移】命令，如图 6.52 所示。

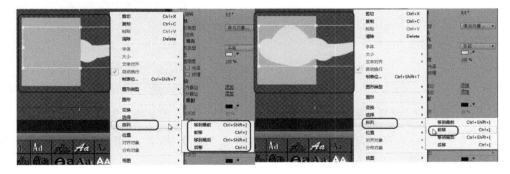

图 6.52　改变顺序后的效果

- 【移到最前】：顺序置顶。该命令将选择的对象置于所有对象的最顶层。

- 【前移】：顺序提前。该命令改变当前对象在字幕中的排列顺序，使它的排列顺序提前。
- 【移到最底】：顺序置底。该命令将选择的对象置于所有对象的最底层。
- 【后移】：顺序置后。该命令改变当前对象在字幕中的排列顺序，使它的排列顺序置后一层。

6.2.4　插入标记

在制作节目的过程中，经常需要在影片中插入标记，Premiere Pro CC 也提供了这一功能。插入标志 Logo 的具体操作步骤如下。

(1) 在字幕窗口中右击，在弹出的对话框中选择【图形】|【插入图形】命令，如图 6.53 所示。

(2) 在弹出的【导入图形】对话框中，找到要导入的图像，单击【打开】按钮即可，如图 6.54 所示。

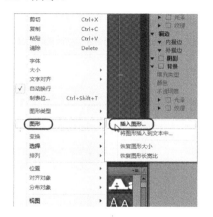

图 6.53　选择【插入图形】命令

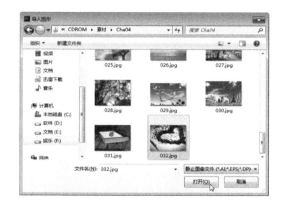

图 6.54　【导入图形】对话框

Premiere Pro CC 支持以下格式的 Logo 文件：AI File、Bitmap、EPS File、PCX、Targa、TIFF、PSD 及 Windows Metafile。

6.3　应用与创建字幕样式效果

6.3.1　应用风格化效果

如果要为一个对象应用预设的风格化效果，只需要选择该对象，然后在编辑窗口下方单击【字幕样式】栏中的样式效果即可，如图 6.55 所示。

选择一个样式效果后，单击【字幕样式】栏右侧的菜单按钮，可以弹出下拉列表菜单，如图 6.56 所示，在该菜单栏中各选项的具体介绍如下。

- 【新建样式】：新建一个风格化。
- 【应用样式】：使用当前所显示的样式。
- 【应用带字体大小的样式】：在使用样式时只应用样式的字号。

图 6.55　字幕样式效果　　　　　　　图 6.56　【字幕样式】下拉菜单

- 【仅应用样式颜色】：在使用样式时只应用样式的当前色彩。
- 【复制样式】：复制一个风格化效果。
- 【删除样式】：删除选定的风格化效果。
- 【重命名样式】：给选定的风格化另设一个名称。
- 【重置样式库】：用默认样式替换当前样式。
- 【追加样式库】：读取风格化效果库。
- 【保存样式库】：可以把定制的风格化效果存储到硬盘上，产生一个 Prsl 文件，以供随时调用。
- 【替换样式库】：替换当前风格化效果库。
- 【仅文本】：在风格化效果库中仅显示名称。
- 【小缩览图】：小图标显示风格化效果。
- 【大缩览图】：大图标显示风格化效果。

6.3.2　创建样式效果

当我们费劲心思为一个对象指定了满意的效果后，一定希望可以把这个效果保存下来，以便随时使用。为此，Premiere Pro CC 提供了定制风格化效果的功能。

定制风格化效果的方法如下：

(1) 选择完成风格化设置的对象。

(2) 单击【字幕样式】栏右侧的菜单按钮，在弹出的快捷菜单中选择【新建样式】命令，如图 6.57 所示。

(3) 执行完该命令后，即可在弹出的对话框中输入新样式效果的名称，单击【确定】按钮即可，如图 6.58 所示。至此，新建的样式就会出现在【字幕样式】选项列表中。

图 6.57　选择【新建样式】命令　　　　　图 6.58　【新建样式】对话框

6.4　运动设置与动画实现

在 Premiere Pro CC 中不仅可以创建静态字幕，也可以实现动态字幕，以表现出更好的效果。

6.4.1　Premiere Pro CC 运动选项简介

将素材拖入轨道后。单击监视器的【效果控件】选项卡，可以看到 Premiere Pro CC 的运动设置窗口，如图 6.59 所示。

- 【位置】：可以设置被设置对象在屏幕中的位置坐标。
- 【缩放】：可调节被设置对象缩放度。
- 【缩放宽度】：在不选择【等分】的情况下可以设置被设置对象的宽度。
- 【旋转】：可以设置被设置对象在屏幕中的旋转角度。
- 【锚点】：可以设置被设置对象的旋转或移动控制点。
- 【防闪烁过滤】：消除视频中闪烁的现象。

图 6.59　效果控件

6.4.2　设置动画的基本原理

Premiere Pro CC 基于关键帧的概念对目标的运动、缩放、旋转以及特效等属性进行动画设定的。所谓关键帧的概念，即在不同的时间点对对象属性进行变化，而时间点间的变化则由计算机来完成。例如：我们来设置两处关键帧，在第 00:00:00:00 时间处设置对象

273

【缩放】值为 10，单击该选项左侧的【切换动画】按钮，在第 00:00:05:00 时间处设置对象【缩放】值为 130，则在两处产生两处关键帧，如图 6.60 与图 6.61 所示。计算机通过给定的关键帧，可以计算出对象在两处之间旋转的变化过程。在一般情况下，为对象指定的关键帧越多，所产生的运动变化越复杂。

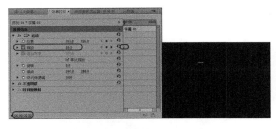

图 6.60　设置第一处关键帧

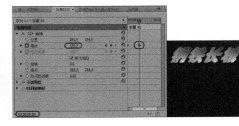

图 6.61　设置第二处关键帧

但是，关键帧越多，计算机的计算时间也就越长。

6.5　上机练习

下面通过几个实例巩固本章所学的内容。

6.5.1　制作水平滚动的字幕

本例将制作水平滚动的字幕，主要通过【滚动/游动选项】对话框来实现文字的水平滚动，设置完成后的效果如图 6.62 所示。

图 6.62　水平滚动的字幕

(1) 启动软件后，在欢迎界面中单击【新建项目】按钮，在【新建项目】对话框将【名称】设置为水平滚动的字幕，单击【位置】右侧的【浏览】按钮，在弹出的对话框中设置保存项目的文件夹，如图 6.63 所示。

(2) 单击【选择文件夹】按钮，返回到【新建项目】对话框中，其他保持默认设置，单击【确定】按钮即可新建一个项目，如图 6.64 所示。

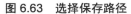

图 6.63 选择保存路径

图 6.64 【新建项目】对话框

(3) 在【项目】面板空白处右击，在弹出的快捷菜单中选择【新建项目】|【序列】命令，弹出【新建序列】对话框，在【序列预设】选项卡中选择 DV-PAL|【标准 48kHZ】选项，使用默认的序列名称，单击【确定】按钮，如图 6.65 所示。

(4) 在【项目】面板中空白处双击，在弹出的【导入】对话框中，选择随书附带光盘中的 CDROM\素材\Cha06\水平滚动.jpg 素材文件，如图 6.66 所示。

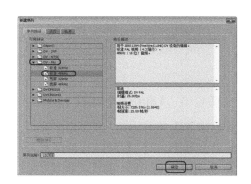

图 6.65 【新建序列】对话框

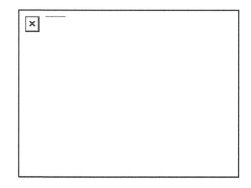

图 6.66 选择素材文件

(5) 在【项目】面板中选择刚刚导入的素材文件，将其拖曳至 V1 轨道中，确定素材文件处于选择状态并右击，在弹出的快捷菜单中选择【缩放为帧大小】命令，如图 6.67 所示。

(6) 激活【效果控件】面板，展开【运动】选项，将【缩放】设置为 103，如图 6.68 所示。

(7) 按 Ctrl+T 组合键弹出【新建字幕】对话框，使用默认设置，单击【确定】按钮，打开【字幕】对话框，在字幕设计栏中输入文字【爱情不是最初的甜蜜】，选择输入的文字，将【X 位置】、【Y 位置】分别设置为 303、110，将【字体系列】设置为【华文新魏】，将【字体大小】设置为 47，将【填充】下的颜色设置为黑色，勾选【阴影】复选框，将【颜色】RGB 值设置为 31、31、31，将【距离】设置为 5，将【扩展】设置为 35，如图 6.69 所示。

图 6.67　选择【缩放为帧大小】命令

图 6.68　设置缩放

（8）单击【滚动/游动选项】按钮，弹出【滚动/游动选项】对话框，选中【向右游动】单选按钮，勾选【定时(帧)】选项下的【开始于屏幕外】复选框和【结束于屏幕外】复选框，如图 6.70 所示。

图 6.69　设置参数

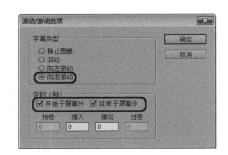

图 6.70　【滚动/游动选项】对话框

（9）单击【确定】按钮，单击【基于当前字幕新建字幕】按钮，在弹出的对话框中使用默认设置，单击【确定】按钮，使用【文字工具】输入文本【繁华退却依然不离不弃】，替换原有的文本。将【X 位置】、【Y 位置】分别设置为 325、251，将【行距】设置为 25，如图 6.71 所示。

（10）单击【滚动/游动选项】按钮，在弹出的对话框中选中【向左游动】单选按钮，勾选【开始于屏幕外】复选框和【结束于屏幕外】复选框，如图 6.72 所示。

图 6.71　设置参数

图 6.72　【滚动/游动选项】对话框

（11）选择【序列】面板中 V1 轨道中的素材文件并右击，在弹出的快捷菜单中选择【速度/持续时间】命令，弹出【剪辑速度/持续时间】对话框，将【持续时间】设置为00:00:10:00，如图 6.73 所示。

（12）单击【确定】按钮。在【项目】面板中将【字幕 01】拖曳至 V2 轨道中，将其与V1 轨道中的素材文件对齐，效果如图 6.74 所示。

图 6.73　设置持续时间

图 6.74　设置完成后的效果

（13）将当前时间设置为 00:00:00:00，在【项目】面板中将【字幕 02】拖曳至 V3 轨道中，选择该素材文件并右击，在弹出的快捷菜单中选择【速度/持续时间】命令，在弹出的对话框中将【持续时间】设置为 00:00:10:00，单击【确定】按钮，如图 6.75 所示。

（14）至此，【水平滚动的字幕】就制作完成了。在菜单栏中选择【文件】|【导出】|【媒体】命令，弹出【导出设置】对话框，将【格式】设置为 AVI，单击【输出名称】右侧的文字，弹出【另存为】对话框，设置存储路径，将【文件名】设置为【水平滚动的字幕】，单击【保存】按钮，如图 6.76 所示。

图 6.75　设置持续时间

图 6.76　设置存储路径并设置文件名

（15）返回到【导出设置】对话框中，单击【导出】按钮，导出完成后将场景进行保存。

6.5.2　制作逐字打出的字幕

下面介绍制作逐字打出的字幕效果，首先在【字幕】窗口中将文字制作出来，然后在通过【裁剪】特效制作，效果如图 6.77 所示。

（1）启动软件后，在欢迎界面中单击【新建项目】按钮，在【新建项目】对话框将

【名称】设置为逐字打出的字幕，单击【位置】右侧的【浏览】按钮，在弹出的对话框中设置保存项目的文件夹，单击【选择文件夹】按钮，返回到【新建项目】对话框中，如图 6.78 所示。

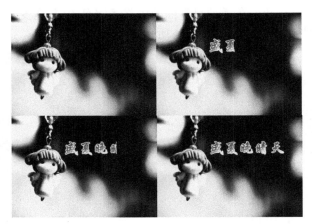

图 6.77　逐字打出的效果

(2) 单击【确定】按钮即可新建一个项目，在菜单栏中选择【新建】|【序列】命令，弹出【新建序列】对话框，选择 DV-PAL |【标准 48kHz】选项，使用默认名称，单击【确定】按钮，如图 6.79 所示。

图 6.78　【新建项目】对话框

图 6.79　【新建序列】对话框

(3) 在【项目】面板中空白处双击，在弹出的【导入】对话框中，选择随书附带光盘中的 CDROM\素材\Cha06\逐字打出的字幕.jpg 素材文件，如图 6.80 所示。

(4) 在【项目】面板中选择刚刚导入的素材文件，将其拖曳至 V1 轨道中，确定素材文件处于选择状态并右击，在弹出的快捷菜单中选择【缩放为帧大小】命令，如图 6.81 所示。

(5) 将其持续时间设置为 00:00:06:00，激活【效果控件】面板，将【缩放】设置为 105，如图 6.82 所示。

(6) 在【项目】面板的空白处右击，在弹出的快捷菜单中选择【新建项目】|【字幕】

命令，弹出【新建字幕】对话框，使用默认设置单击【确定】按钮，如图 6.83 所示。

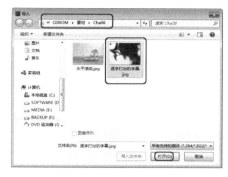

图 6.80　选择素材文件

图 6.81　选择【缩放为帧大小】命令

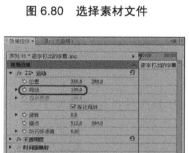

图 6.82　设置【缩放】

图 6.83　【新建字幕】对话框

(7) 使用【文字工具】在字幕面板中输入文字【盛夏晚晴天】，选择文字，将【字体系列】设置为【华文行楷】，将【字体大小】设置为 63，将在【填充】选项组中将【填充类型】设置为【线性渐变】，将左侧色块颜色 RGB 值设置为 244、113、33，将右侧色块颜色 RGB 值设置为 229、254、62，将【角度】设置为 317，勾选【外描边】复选框，将【类型】设置为【边缘】，将【大小】设置为 35，将【X 位置】、【Y 位置】分别设置为 486、170，如图 6.84 所示。

(8) 将【字幕】对话框关闭，将【字幕 01】拖曳至 V2 轨道中，将其结尾处与 V1 轨道中的素材文件结尾处对齐，效果如图 6.85 所示。

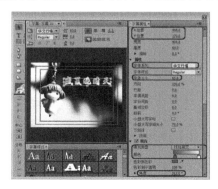

图 6.84　设置参数

图 6.85　设置完成后的效果

(9) 在【效果】面板中选择【视频效果】|【变换】|【裁剪】特效，确定【字幕 01】处于选择状态，双击该特效，如图 6.86 所示。

(10) 在【效果控件】面板中将当前时间设置为 00:00:00:00，单击【裁剪】选项组中【右侧】的【切换动画】按钮，将其值设置为 65，如图 6.87 所示。

图 6.86　选择【裁剪】特效

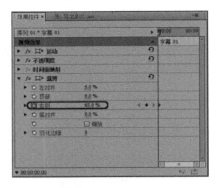

图 6.87　设置关键帧

(11) 将当前时间设置为 00:00:00:15，在【效果控件】面板中将【右侧】设置为 54，如图 6.88 所示。

(12) 将当前时间设置为 00:00:01:01，在【效果控件】面板中单击【右侧】右侧的【添加/移除关键帧】按钮，如图 6.89 所示。

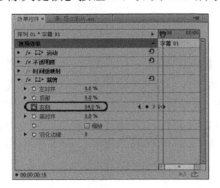

图 6.88　设置参数

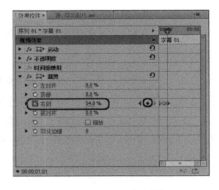

图 6.89　添加关键帧

(13) 将当前时间设置为 00:00:01:16，在【效果控件】面板中将【右侧】设置为 44，如图 6.90 所示。

(14) 将当前时间设置为 00:00:02:02，在【效果控件】面板中单击【右侧】右侧的【添加/移除关键帧】按钮，如图 6.91 所示。

(15) 将当前时间设置为 00:00:02:17，在【效果控件】面板中将【右侧】设置为 33，如图 6.92 所示。

(16) 将当前时间设置为 00:00:03:07，在【效果控件】面板中单击【右侧】右侧的【添加/移除关键帧】按钮，如图 6.93 所示。

(17) 使用同样的方法设置其他关键帧，设置完成后将视频进行导出，然后将场景进行保存。

图 6.90　设置参数

图 6.91　添加关键帧

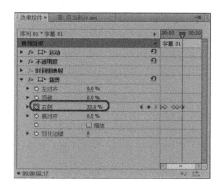

图 6.92　设置参数

图 6.93　添加关键帧

6.5.3　手写字效果

下面介绍手写字的字幕效果。首先在【字幕】对话框中设置字幕，然后通过使用【4
点无用信号遮罩】特效制作手写字效果，效果如图 6.94 所示。

图 6.94　手写字效果

(1) 启动软件后，在欢迎界面中单击【新建项目】按钮，在【新建项目】对话框将
【名称】设置为【手写字】，单击【位置】右侧的【浏览】按钮，在弹出的对话框中设置

保存项目的文件夹，单击【选择文件夹】按钮，返回到【新建项目】对话框中，如图 6.95 所示。

(2) 单击【确定】按钮，在菜单栏中选择【新建】|【序列】命令，弹出【新建序列】对话框，选择 DV-PAL|【宽屏 48kHz】选项，使用默认名称，单击【确定】按钮，如图 6.96 所示。

图 6.95　【新建项目】对话框　　　　　　　图 6.96　【新建序列】对话框

(3) 在【项目】面板的空白处右击，在弹出的快捷菜单中选择【导入】命令，弹出【导入】对话框，选择随书附带光盘中的 CDROM\素材\Cha06\手写字背景.jpg 素材文件，如图 6.97 所示。

(4) 单击【打开】按钮，即可将素材文件导入到【项目】面板中，选择刚刚导入的素材文件，将其拖曳至 V1 视频轨道中，单击右键，在弹出的快捷菜单中选择【缩放为帧大小】命令，如图 6.98 所示。

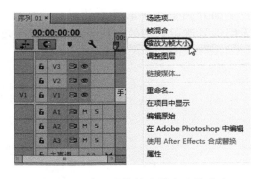

图 6.97　【导入】对话框　　　　　　　图 6.98　选择【缩放为帧大小】命令

(5) 激活【效果控件】面板，将【位置】设置为 360、250，将【缩放】设置为 104，如图 6.99 所示。

(6) 在【序列】面板中选择素材文件并右击，在弹出的快捷菜单中选择【速度/持续时间】命令，弹出【剪辑速度/持续时间】对话框，将【持续时间】设置为 00:00:10:00，如图 6.100 所示。

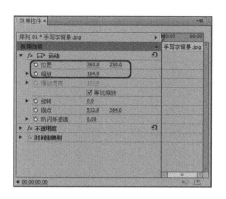

图 6.99　设置【位置】及【缩放】

图 6.100　设置持续时间

(7) 单击【确定】按钮，按 Ctrl+T 组合键弹出【新建字幕】对话框，将【名称】设置为【爱】，单击【确定】按钮，如图 6.101 所示。

(8) 打开【字幕】对话框，使用【文字工具】在字幕设计栏中输入文字【爱】，将【X位置】、【Y位置】设置为 250、154，将【字体系列】设置为【华文楷体】，将【字体大小】设置为 180，在【填充】选项组中将【颜色】RGB 值设置为 174、2、123，如图 6.102所示。

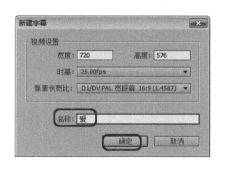

图 6.101　【新建字幕】对话框

图 6.102　设置字幕

(9) 将【字幕】对话框关闭。在【项目】面板中空白处右击，在弹出的快捷菜单中选择【新建】|【序列】命令，弹出【新建序列】对话框，选择 DV-PAL|【宽屏 48kHz】，如图 6.103 所示。

(10) 使用默认的序列名称，在菜单栏中选择【序列】|【添加轨道】命令，在打开的对话框中将视屏轨道设置为 10 条，单击【确定】按钮，如图 6.104 所示。

(11) 在【项目】面板中将【爱】拖曳至【序列 2】面板中的 V1 轨道中，将其持续时间设置为 00:00:04:20，如图 6.105 所示。

(12) 切换至【效果】面板，选择【视频效果】文件夹下的【键控】|【4 点无用信号遮罩】特效，确定【序列】面板中的素材文件处于选择状态，双击该特效，如图 6.106 所示。

(13) 将当前时间设置为 00:00:00:00，激活【效果控件】面板，单击【4 点无用信号遮罩】选项组中单击【上左】、【下左】左侧的【切换动画】按钮，将【上左】设置为

139.8、65.6，将【上右】设置为 199.3、32.8，将【下右】设置为 212.1、56.2，将【下左】设置为 138.2、84.3，如图 6.107 所示。

图 6.103　【新建序列】对话框

图 6.104　【添加轨道】对话框

图 6.105　设置持续时间

图 6.106　选择特效

(14) 将当前时间设置为 00:00:00:08，在【效果控件】面板中将【上左】的位置设置为 133.4、65.6，将【下左】设置为 135、86.6，如图 6.108 所示。

图 6.107　设置参数

图 6.108　设置参数

(15) 在【项目】面板中将【爱】字幕拖曳至 V2 轨道中，将其与时间线对齐，将其结尾处与 V1 轨道中的素材结尾处对齐，如图 6.109 所示。

(16) 在【效果】面板中，选择【视频效果】|【键控】|【4 点无用信号遮罩】特效，双击该特效将其添加至素材文件上，如图 6.110 所示。

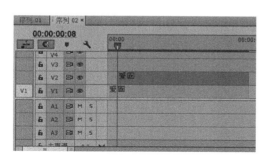

图 6.109　调整完成后的效果

图 6.110　选择特效

(17) 将当前时间设置为 00:00:00:16，在【效果控件】面板中单击【下右】、【下左】右侧的【切换动画】按钮 ，将【上左】的值设置为 141.3、78.7，将【上右】设置为 149.9、74.7，将【下右】设置为 152.2、80.7，将【下左】设置为 144.5、84，如图 6.111 所示。

(18) 将当前时间设置为 00:00:00:22，将【下右】设置为 166.4、101.3，将【下左】设置为 154.1、107.3，如图 6.112 所示。

图 6.111　设置参数

图 6.112　设置参数

(19) 在【项目】面板中将【爱】字幕拖曳至 V3 轨道中，将其开头处与时间线对齐，结尾处与 V2 轨道中的素材文件结尾处对，调整完成后的效果如图 6.113 所示。

(20) 激活【效果】面板，选择【视频效果】|【键控】|【4 点无用信号遮罩】特效，将该特效拖曳至 V3 轨道中的素材文件上，如图 6.114 所示。

(21) 将当前时间设置为 00:00:01：00，单击【下右】、【下左】右侧的【切换动画】按钮 ，将【上左】设置为 162.7、70.7，将【上右】设置为 176.5、65.3，将【下右】设置为 176.5、75.3，将【下左】设置为 166.9、80，如图 6.115 所示。

(22) 将当前时间设置为 00:00:01:04，将【下右】设置为 183.3、94，将【下左】设置为 169.6、100.7，如图 6.116 所示。

图 6.113　调整完成后的效果

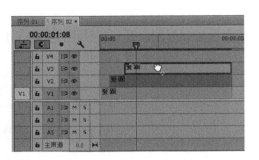

图 6.114　将特效拖曳至素材文件上

图 6.115　设置参数

图 6.116　设置参数

(23) 在【项目】面板中将【爱】字幕拖曳至 V4 视频轨道中，将其与时间线对齐，将其结尾处与 V3 视频轨道中的结尾处对齐，效果如图 6.117 所示。

(24) 将当前时间设置为 00:00:01:08，在【项目】面板中，选择【4 点无用信号遮罩】特效，确定 V4 轨道素材文件处于选择状态，双击该特效即可为素材添加特效，如图 6.118 所示。

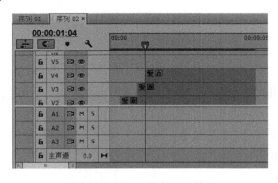

图 6.117　调整完成后的效果

图 6.118　选择特效

(25) 单击【下右】、【下左】右侧的【切换动画】按钮 ，将【上左】设置为 191.5、57.3，将【上右】设置为 215.3、66，将【下右】设置为 212.6、70.7，将【下左】设置为 191.1、64.7，如图 6.119 所示。

(26) 将当前时间设置为 00:00:01:12，将【下右】设置为 193.8、100.7，将【下左】设置为 170.5、98.7，如图 6.120 所示。

图 6.119   设置参数   图 6.120   设置关键帧

（27）按照【爱】字笔画的顺序，使用同样的方法依次设置每一笔的笔画，完成后的效果如图 6.121 所示。

（28）将当前时间设置为 00:00:04:20，在【项目】面板中将【爱】字幕拖曳至 V1 轨道中，将其与时间线对齐。选择该素材文件并右击，在弹出的快捷菜单中选择【速度/持续时间】命令，在弹出的对话框中将【持续时间】设置为 00:00:05:05，如图 6.122 所示。

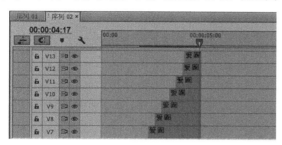

图 6.121   设置完成后的效果   图 6.122   设置持续时间

（29）单击【确定】按钮，切换至【序列 01】面板，激活【项目】面板，将【序列 02】拖曳至 V2 视频轨道中，效果如图 6.123 所示。

（30）选择刚刚添加至序列面板的素材文件并右击，在弹出的快捷菜单中选择【取消链接】命令，如图 6.124 所示。

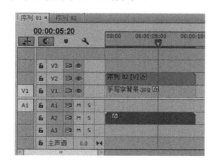

图 6.123   将素材拖曳至【序列】面板中   图 6.124   选择【取消链接】命令

(31) 选择 A2 轨道中的音频素材，按 Delete 键将其删除，选择 V2 轨道中的素材文件，激活【效果控件】面板，展开【运动】选项，将【位置】设置为 271、288，如图 6.125 所示。

(32) 按 Ctrl+T 组合键，弹出【新建字幕】对话框，使用默认名称，单击【确定】按钮，进入【字幕】对话框中，使用文字工具在字幕设计栏中输入文字【是不求回报的付出】，在【变换】选项组中将【X 位置】、【Y 位置】分别设置为 239、382，将【字体系列】设置为【华文新魏】，将【字体大小】设置为 47，在【填充】选项组中将【颜色】设置为黑色，效果如图 6.126 所示。

图 6.125　设置位置

图 6.126　设置参数

(33) 设置完成后将对话框关闭，将当前时间设置为 00:00:05:00，激活【项目】面板，将【字幕 02】拖曳至【序列 01】面板的 V3 轨道中，将其与时间线对齐。选择该素材文件并右击，在弹出的快捷菜单中选择【速度/持续时间】命令，弹出【剪辑速度/持续时间】对话框，将【持续时间】设置为 00:00:05:00，如图 6.127 所示。

(34) 激活【效果控件】面板，展开【运动】选项，将【位置】设置为 360、237，如图 6.128 所示。

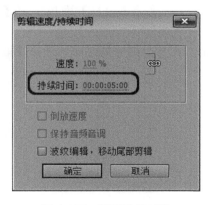

图 6.127　设置持续时间

图 6.128　设置位置

(35) 激活【效果】面板，选择【视频过渡】文件夹下的【页面剥落】|【翻页】特效，将其拖曳至 V3 轨道中素材文件的起始位置处，如图 6.129 所示。

(36) 选择该切换特效，激活【效果控件】面板，将【持续时间】设置为 00:00:04:00，如图 6.130 所示。

图 6.129　添加视频过渡特效

图 6.130　设置持续时间

(37) 至此，手写字字幕效果就制作完成了。激活【序列 01】面板，选择【文件】|【导出】|【媒体】命令，弹出【导出设置】对话框，将【格式】设置为 AVI，将【预设】设置为 PAL DV，如图 6.131 所示。

(38) 单击【输出名称】右侧的文字，弹出【另存为】对话框，将【名称】设置为【手写字】，设置正确的存储路径，然后单击【保存】按钮，如图 6.132 所示。

图 6.131　设置【格式】及【预设】

图 6.132　【另存为】对话框

(39) 返回到【导出设置】对话框中，单击【导出】按钮，即可将影片导出，导出完成后将场景进行保存。

6.6　思　考　题

1. 什么是字幕？在影片中添加字幕的目的有哪些？

2. 如何创建新字幕？

3. 如何创建文本？如何编辑和设置字幕？如何在影片剪辑中添加字幕对象？

第 7 章　音频的添加与编辑

对一部完整的影片来说，声音具有重要的作用，无论是同期的配音还是后期的效果、伴乐，都是一部影片不可缺少的。本章对如何使用 Premiere Pro CC 为影视作品添加声音效果、进行音频剪辑的基本操作和理论规律进行了详细的介绍。对一个剪辑人员来说，对于音频基本理论和音画合成的基本规律，以及 Premiere Pro CC 的中音频剪辑的基础操作的掌握是非常必要的。

7.1　关于音频效果

Premiere Pro CC 具有空前强大的音频理解能力。通过使用音轨混合器工具，可以使用专业混音器的工作方式来控制声音。其最新的 5.1 声道处理能力，可以输出带有 AC.3 环绕音效的 DVD 影片。另外，实时的录音功能以及音频素材和音频轨道的分离处理概念也使得在 Premiere Pro CC 中处理声音特效更加方便。

7.1.1　Premiere Pro CC 对音频效果的处理方式

首先了解一下 Premiere 中使用的音频素材到底有哪些效果。【序列】面板中的音频轨道，它将分成 2 个通道，即左、右声道(L 和 R 通道)。如果一个音频的声音使用单声道，则 Premiere 可以改变这一个声道的效果。如果音频素材使用双声道，Premiere 可以在 2 个声道间实现音频特有的效果，例如摇移，将一个声道的声音转移到另一个声道，在实现声音环绕效果时就特别地有用。而更多音频轨道效果的合成处理，则(支持 99 轨)使用音轨混合器来控制是最方便不过的了。

同时，Premiere Pro CC 提供了处理音频的特效。音频特效和视频特效相似，选择不同的特效可以实现不同的音频效果。项目中使用的音频素材可能在文件形式上有不同，但是一旦添加入项目中，Premiere Pro CC 将自动地把它转化成在音频设置框中设置的帧，所以可以像处理视频帧一样方便地进行处理。

7.1.2　Premiere Pro CC 处理音频的顺序

Premiere 处理音频有一定的顺序，添加音频效果时就要考虑添加的次序。Premiere 首先对任何应用的音频滤镜进行处理，紧接着是在时间线的音频轨道中添加的任何摇移或者增益调整，它们是最后处理的效果。要对素材调整增益，可以选择【剪辑】|【音频选项】|【音频增益】命令，在弹出的【音频增益】对话框中调整数值，单击【确定】按钮，如图 7.1 所示。音频素材最后的效果包含在预览的节目或输出的节目中。

图 7.1　【音频增益】对话框

7.2　使用音轨混合器调节音频

Premiere Pro CC 大大加强了其处理音频的能力，使其更加专业化。【音轨混合器】面板是 Premiere Pro CC 中新增的面板(选择【面板】|【音轨混合器】命令可打开它)。该面板可以更加有效地调节节目的音频，如图 7.2 所示。

【音轨混合器】面板可以实时混合【序列】面板中各轨道的音频对象。用户可以在【音轨混合器】面板中选择相应的音频控制器进行调节，该控制器调节它在【序列】面板对应轨道的音频对象。

7.2.1　认识【音轨混合器】面板

图 7.2　【音轨混合器】面板

【音轨混合器】由若干个轨道音频控制器、主音频控制器和播放控制器组成。每个控制器由控制按钮、调节滑块调节音频。

1. 轨道音频控制器

【音轨混合器】面板中的轨道音频控制器用于调节与其相对应轨道上的音频对象，控制器 1 对应【音频 1】，控制器 2 对应【音频 2】，以此类推。轨道音频控制器的数目由【序列】面板中的音频轨道数目决定。当在【序列】面板中添加音频轨道时，音轨混合器面板中将自动添一个轨道音频控制器与其对应，如图 7.3 所示。

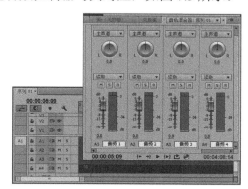

图 7.3　时间线与轨道音频相对应

轨道音频控制器由控制按钮、声道调节滑轮及音量调节滑块组成。

1) 控制按钮

轨道音频控制器的控制按钮可以控制音频调节时的调节状态，如图 7.4 所示。

- 【静音轨道】M：选中静音音轨按钮 M，该轨道音频会设置为静音状态。
- 【独奏轨道】S：选中独奏轨按钮 S，其他未选中独奏按钮的轨道音频会自动设置为静音状态。
- 【启用轨道以进行录制】R：激活录音轨按钮 R，可以利用输入设备将声音录制到目标轨道上。

2) 声道调节滑轮

如果对象为双声道音频，可以使用声道调节滑轮调节播放声道。向左拖曳滑轮，输出到左声道(L)的声音增大；向右拖曳滑轮，输出到右声道(R)的声音增大，声道调节滑轮如图 7.5 所示。

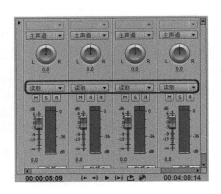

图 7.4　轨道音频控制器

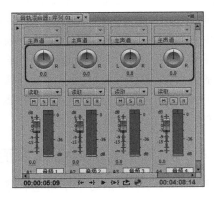

图 7.5　声道调节滑轮

3) 音量调节滑块

通过音量调节滑块可以控制当前轨道音频对象音量，Premiere Pro CC 以分贝数显示音量。向上拖曳滑块，可以增加音量；向下拖曳滑块，可以减小音量。下方数值栏中显示当前音量，用户也可直接在数值栏中输入声音分贝。播放音频时，面板右侧为音量表，显示音频播放时的音量大小；音量表顶部的小方块表示系统所能处理的音量极限，当方块显示为红色时，表示该音频音量超过极限，音量过大。音量调节滑块如图 7.6 所示。

使用主音频控制器可以调节【序列】面板中所有轨道上的音频对象。主音频控制器的使用方法与轨道音频控制器相同。

2. 播放控制器

音频播放控制器用于音频播放，使用方法与监视器面板中的播放控制栏相同，如图 7.7 所示。

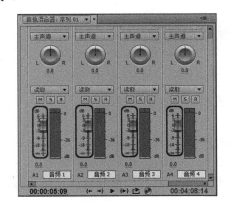

图 7.6　音量调节滑块

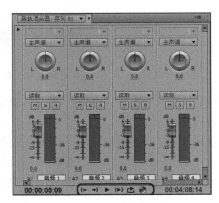

图 7.7　播放控制器

7.2.2　设置【音轨混合器】面板

单击【音轨混合器】面板右上方的 ▼≡ 按钮，可以在弹出的菜单中对面板进行相关设置，如图 7.8 所示。

- 【显示/隐藏轨道】：该命令可以对【音轨混合器】面板中的轨道进行隐藏或者显示设置。选择该命令，在弹出的如图 7.9 所示的设置对话框中，取消【音频 4】的选择，单击【确定】按钮，此时会发现音轨混合器面板中【音频 4】已隐藏。

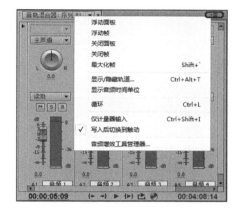

图 7.8　【音轨混合器】菜单

图 7.9　隐藏【音频 4】轨道

- 【显示音频时间单位】：该命令可以在时间标尺上以音频单位进行显示，如图 7.10 所示，此时会发现时间线和【音轨混合器】面板中都以音频单位进行显示的。
- 【循环】：在该命令被选定的情况下，系统会循环播放音乐。

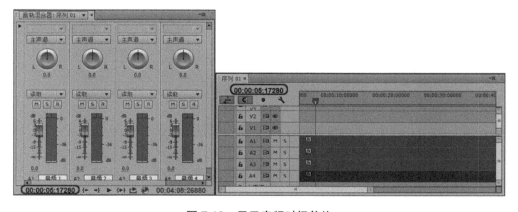

图 7.10　显示音频时间单位

在编辑音频的时候，一般情况下以波形来显示图标，这样可以更直观地观察声音变化状态。使用鼠标选择音频轨道，滚动鼠标滑轮即可在图标上显示音频波形，如图 7.11 所示。

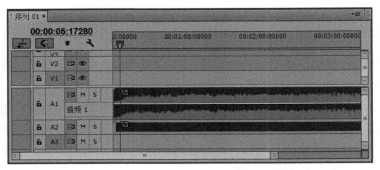

图 7.11 显示波形

7.3 调 节 音 频

【序列】面板中每个音频轨道上都有音频淡化控制，用户可通过音频淡化器调节音频素材的电平。音频淡化器初始状态为中音量，相当于录音机表中的 0 分贝。

可以调节整个音频素材的增益，同时保持为素材调制的电平稳定不变。

在 Premiere Pro CC 中，用户可以通过淡化器调节工具或者音轨混合器调制音频电平。在 Premiere Pro CC 中，对音频的调节分为【素材】调节和【轨道】调节。对素材调节时，音频的改变仅对当前的音频素材有效，删除素材后调节效果就消失了；而轨道调节仅针对当前音频轨道进行调节，所有在当前音频轨道上的音频素材都会在调节范围内受到影响。使用实时记录的时候，则只能针对音频轨道进行。

在音频轨道控制面板左侧单击【添加/移除关键帧】按钮 ◙，可以在弹出的菜单中选择音频轨道的显示内容。如果要调节音量，可以选择【轨道关键帧】，弹出【轨道：音量】轨道:音量▾ 按钮，单击该按钮，在弹出的菜单中选择【轨道】|【音量】命令，如图 7.12 所示。

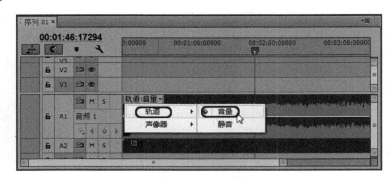

图 7.12 显示素材或轨道音量

7.3.1 使用淡化器调节音频

选择【显示素材关键帧】或【显示轨道关键帧】命令，可以分别调节素材或者轨道的音量。

使用淡化器调节音频电平的方法如下。

(1) 在默认情况下，音频轨道面板卷展栏关闭。选择音频轨，滑动鼠标将音频轨道面板展开。

(2) 在【工具】面板中选择【钢笔工具】 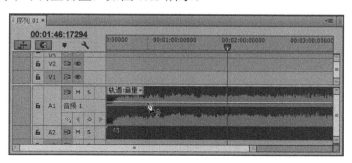，按住 Ctrl 键，使用该工具拖曳音频素材(或轨道)上的白线即可调整音量，如图 7.13 所示。

图 7.13　使用钢笔工具调整音量

(3) 在【工具】面板中选择【钢笔工具】 ，同时将光标移动到音频淡化器上，光标变为带有加号的笔头，如图 7.14 所示。单击左键产生一个句柄，用户可以根据需要产生多个句柄。按住左键上下拖曳句柄。句柄之间的直线指示音频素材是淡入或者淡出：一条递增的直线表示音频淡入，一条递减的直线表示音频淡出，如图 7.15 所示。

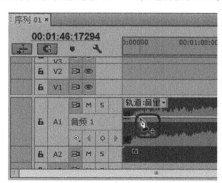

图 7.14　带有加号的笔头

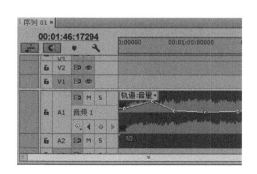

图 7.15　设置音频淡入淡出

(4) 右击音频素材，选择【音频增益】命令，弹出【音频增益】对话框，通过此对话框可以对音频增益作更详细的设置，如图 7.16 所示。

7.3.2　实时调节音频

使用 Premiere Pro CC 的【音轨混合器】面板调节音量非常方便，用户可以在播放音频时实时进行音量调节。

使用音轨混合器调节音频电平的方法如下。

(1) 在【序列】面板中音频轨道上选择【轨道关键帧】。

(2) 在【音轨混合器】面板需要进行调节的轨道上单击【读取】下拉列表，在下拉列表中进行设置，如图 7.17 所示。

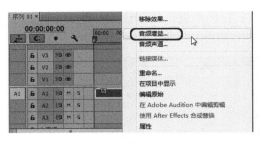

图 7.16　选择【音频增益】命令

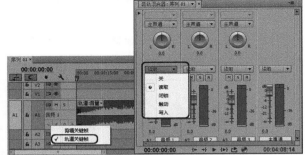

图 7.17　调节音频

选择【关闭】命令，系统会忽略当前音频轨道上的调节，仅按照默认的设置播放。

在【读取】状态下，系统会读取当前音频轨道上的调节效果，但是不能记录音频调节过程。

在【闭锁】、【触动】、【写入】3 种方式下，都可以实时记录音频调节。

- 【闭锁】选项：当使用自动书写功能实时播放记录调节数据时，每调节一次，下一次调节时调节滑块的初始位置会自动转为音频对象在进行当前编辑前的参数值。

- 【触动】选项：当使用自动书写功能实时播放记录调节数据时，每调节一次，下一次调节时调节滑块初始位置会自动转为音频对象在进行当前编辑前的参数值。

- 【写入】选项：当使用自动书写功能实时播放记录调节数据时，每调节一次，下一次调节时调节滑块停留在上一次调节后位置。在混音器中激活需要调节轨道自动记录状态，一般情况下选择【写入】即可。

(3) 单击混音器播放按钮 ▶ ，【序列】面板中的音频素材开始播放。拖曳音量控制滑块进行调节，调节完毕，系统自动记录调节结果。

7.4　录音和子轨道

由于 Premiere Pro CC 的音轨混合器提供了崭新的录音和子轨道调节功能，所以可直接在计算机上完成解说或者配乐的工作。

7.4.1　制作录音

要使用录音功能，首先必须保证计算机的音频输入装置被正确连接。可以使用 MIC 或者其他 MIDI 设备在 Premiere Pro CC 中录音，录制的声音会成为音频轨道上的一个音频素材，还可以将这个音频素材输出保存为一个兼容的音频文件格式。

制作录音的方法如下。

(1) 激活要录制音频轨道的 ⃝ 按钮，激活录音装置后，上方会出现音频输入的设备选项，选择输入音频的设备即可。

(2) 激活面板下方的 ⃝ 按钮，如图 7.18 所示。

(3) 单击面板下方的按钮，进行解说或者演奏即可；按按钮即可停止录制，当前音频轨道上会出现刚才录制的声音，如图 7.19 所示。

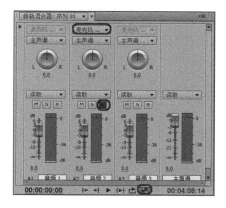

图 7.18　启用记录轨道

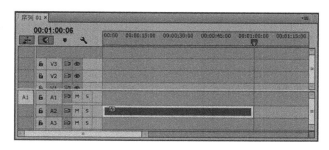

图 7.19　记录录制的声音

7.4.2　添加与设置子轨道

我们可以为每个音频轨道增添子轨道，并且分别对每个子轨道进行不同的调节或者添加不同特效来完成复杂的声音效果设置。需要注意的是，子轨道是依附于其主轨道存在的，所以在子轨道中无法添加音频素材，仅作为辅助调节使用。

添加与设置子轨道的方法如下。

(1) 单击混音器面板中左侧的▶按钮，展开特效和子轨道设置栏。下边的区域是用来添加音频子轨道。在子轨道的区域中单击小三角，会弹出子轨道下拉列表，如图 7.20 所示。

(2) 在下拉列表中选择添加的子轨道方式。可以添加一个【单声道】、【立体声】、【5.1 声道】或者【自适应】的子轨道。选择子轨道类型后，即可为当前音频轨道添加子轨道。可以分别切换到不同的子轨道进行调节控制，Premiere Pro CC 提供了最多 5 个子轨道的控制。

(3) 单击子轨道调节栏右上角图标，使其变为可以屏蔽当前子轨道效果，如图 7.21 所示。

图 7.20　创建子轨道

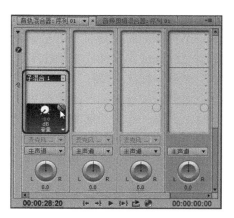

图 7.21　屏蔽当前子轨道

7.5 使用【序列】面板合成音频

　　【序列】面板不仅可以编辑视频素材还可以对音频进行编辑和合成。在【序列】面板中调整音轨的音量、平衡和平移等，对音轨的处理将直接影响所有放入音轨中的素材。

7.5.1 调整音频持续时间和速度

　　音频的持续时间就是指音频的入、出点之间的素材持续时间，因此对于音频持续时间的调整就是通过入、出点的设置来进行的。改变整段音频持续时间还有其他方法：可以在【序列】面板中用选择工具直接拖曳音频的边缘，以改变音频轨迹上音频素材的长度；还可以选中【序列】面板中的音频片段，然后右击，从弹出的快捷菜单中选择【速度/持续时间】命令，在弹出的【素材速度/持续时间】对话框中可以设置音频片断的长度，如图 7.22 所示。

图 7.22　调节音频的速度和时间

　　同样，可以对音频的速度进行调整。在刚才弹出的【素材速度/持续时间】对话框中，也可以对音频素材的播放速度进行调整。

> **提示**
>
> 　　改变音频的播放速度后会影响音频播放的效果，音调会因速度提高而升高，因速度降低而降低。同时播放速度变化了，播放的时间也会随着改变，但这种改变与单纯改变音频素材的入、出点而改变持续时间不是一回事。

7.5.2 增益音频

　　音频素材的增益指的是音频信号的声调高低。在节目中经常要处理声音的声调，特别是当同一个视频同时出现几个音频素材的时候，就要平衡几个素材的增益，否则一个素材的音频信号或低或高，将会影响浏览。可为一个音频剪辑设置整体的增益。尽管音频增益的调整在音量、摇摆/平衡、音频效果调整之后，但它并不会删除这些设置。增益设置对于平衡几个剪辑的增益级别、或者调节一个剪辑的太高或太低的音频信号是十分有用的。

　　同时，如果一个音频素材在数字化的时候，由于捕获的设置不当，也会常常造成增益过低，而用 Premiere Pro CC 提高素材的增益，有可能增大了素材的噪音甚至造成失真。要使输出效果达到最好，就应按照标准步骤进行操作，以确保每次数字化音频剪辑时有合适的增益级别。

　　在一个剪辑中调整音频增益的步骤一般如下。

　　(1) 在【序列】面板中，使用选择工具 ![icon] 选择一个音频剪辑，或者使用轨道选择工具选择多个音频剪辑。此时剪辑周围出现灰色阴影框,表示该剪辑已经被选中,如图 7.23 所示。

(2) 选择【剪辑】|【音频选项】|【音频增益】命令,弹出如图 7.24 所示的【音频增益】对话框。

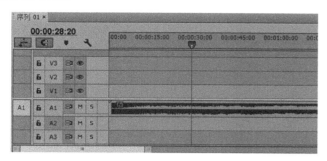

图 7.23　选择音频　　　　　　　　　图 7.24　【音频增益】对话框

(3) 根据需要选择以下一种增益设置方式。

- 【将增益设置为】选项中可以输入-96～96 之间的任意数值,表示音频增益的声音大小(分贝) 。大于 0 的值会放大剪辑的增益,小于 0 的值则削弱剪辑的增益,使其声音变小。
- 【调整增益值】选项同样可以输入-96～96 之间的任意数值,系统将依据输入的数值来自动调节音频增益。
- 【标准化最大峰值为】、【标准化所有峰值为】选项可根据对峰值的设定来计算音频增益。

(4) 设置完成后单击【确定】按钮。

7.6　分离和链接视音频

在编辑工作中,经常需要将【序列】面板中的视音频链接素材的视频和音频分离。用户可以完全打断或者暂时释放链接素材的链接关系并重新放置其各部分。

Premiere Pro CC 中音频素材和视频素材有硬链接和软链接两种链接关系。当联结的视频和音频来自同一个影片文件,它们是硬链接,项目面板只出现一个素材,硬链接是在素材输入 Premiere 之前就建立完成的,在序列中显示为相同的颜色,如图 7.25 所示。

软链接是在【序列】面板中建立的链接。用户可以在【序列】面板中为音频素材和视频素材建立软链接。软链接类似于硬链接,但链接的素材在【项目】面板中保持着各自的完整性,在序列中显示为不同的颜色,如图 7.26 所示。

如果要打断联结在一起的视音频,可在轨道上选择对象并右击,从弹出的快捷菜单中选择【取消链接】命令即可,如图 7.27 所示。被打断的视音频素材可以单独进行操作。

如果要把分离的视音频素材链接在一起作为一个整体进行操作,则只需要框选需要链接的视音频,单击右键,从弹出的快捷菜单中选择【链接】命令即可。

　　如果把一段联络在一起的视音频文件打断了，移动了位置或者分别设置入点、出点、产生了偏移，再次将其联络，系统会做出警告，表示视音频不同步，如图 7.28 所示，左侧出现红色警告，并标识错位的帧数。

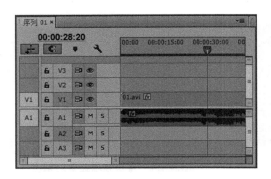

图 7.25　视音频之间的硬链接

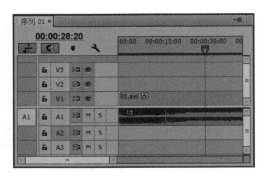

图 7.26　视音频之间的软链接

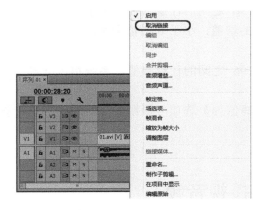

图 7.27　选择【取消链接】命令

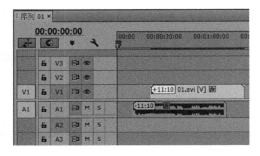

图 7.28　视音频不同步警告

7.7　添加音频特效

　　Premiere Pro CC 提供了 20 种以上的音频特效。可以通过特效产生回声、合声以及去除噪音的效果，还可以使用扩展的插件得到更多的控制。

7.7.1　为素材添加特效

　　音频素材的特效添加方法与视频素材相同，这里不再赘述。可以在【效果】面板或【面板】|【效果】命令中展开设置栏，选择音频特效进行设置即可，如图 7.29 所示。

　　在【音频过渡】下，Premiere Pro CC 还为音频素材提供了简单的切换方式，如图 7.30 所示。为音频素材添加切换的方法与视频素材相同。

图 7.29　音频效果

图 7.30　音频切换方法

7.7.2　设置轨道特效

Premiere Pro CC 除了可以对轨道上的音频素材设置特效外，还可以直接对音频轨道添加特效。

其具体操作步骤如下。

(1) 首先在混音器中展开目标轨道的特效设置栏 ，单击右侧设置栏上的小三角，可以弹出音频特效下拉列表，如图 7.31 所示，选择需要使用的音频特效即可。

(2) 可以在同一个音频轨道上添加多个特效，并分别控制，如图 7.32 所示。

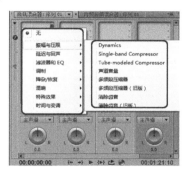

图 7.31　选择音频特效

图 7.32　添加多个音频特效

(3) 如果要调节轨道的音频特效，可以右击特效，在弹出的快捷菜单中进行设置即可，如图 7.33 所示。

(4) 在快捷菜单中单击【编辑】按钮，可以弹出特效设置对话框，进行更加详细的设置，如图 7.34 所示是 DeNoiser 的详细调整面板。

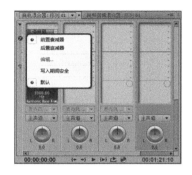

图 7.33　设置音频特效

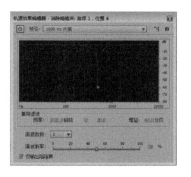

图 7.34　【轨道效果编辑器】对话框

7.7.3　音频效果简介

音频特效的作用和视频特效一样，主要用来创造特殊的音频效果。这些特效都存放在【效果】面板的【音频特效】文件夹中。音频特效不仅可以应用于音频素材，还可以应用于音频轨道。

1. 音频过渡效果

音频过渡效果类似于视频的切换效果，比如交叉渐隐。在同一轨道可以在两个音频之间添加一个音频切换效果，默认的是【恒定功率】，是将两段素材的淡化线按照抛物线方式进行交叉，即音频可以产生一种相对接近人类听觉规律的线性淡化；也可以用【恒定增益】方式的音频切换效果，将淡化线线性交叉，这可能不是合理的线性；还可以用【指数淡化】方式的音频切换效果。

(1) 首先将两个音频素材拖曳至【序列】面板中同一轨道中，并且邻近。

(2) 激活【效果】面板，选择【音频过渡】|【交叉淡化】|【恒定增益】特效，将其拖曳至【序列】面板中音频素材上，如图 7.35 所示。

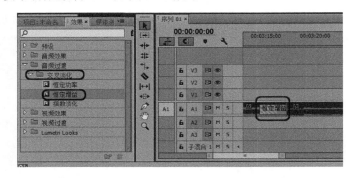

图 7.35　将【恒定增益】过渡效果拖曳至素材文件上

(3) 在【序列】面板中选中【恒定增益】切换效果，激活【效果控件】面板，设置过渡效果的【持续时间】、【对齐】，如图 7.36 所示。

同样【指数淡化】过渡效果的添加与【恒定增益】过渡效果的添加一样。【指数淡化】过渡效果在【效果控件】面板中的设置，如图 7.37 所示。

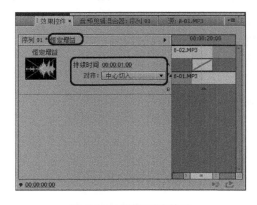

图 7.36　设置过渡效果

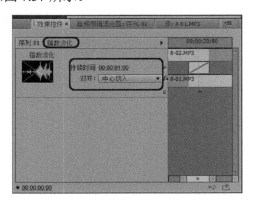

图 7.37　【指数淡化】过渡效果

2. 音频特效

在【效果】面板中，音频特效的种类如图 7.38 所示。

图 7.38　音频特效

- 【多功能延迟】：能够产生延迟，可以用在电子音乐中产生同步和重复的回声效果，其参数面板如图 7.39 所示。
  - ◆ 【延迟】：设置原始声音与回声之间的时间，最大可设置为 2 秒。
  - ◆ 【反馈】：设置有多少回声加入原始声中。
  - ◆ 【级别】：设置回声的音量。
  - ◆ 【混合】：设置原始声音和回声之间的混合比例。
- 【Reverb(反射)】：声音在传播的过程中遇到阻碍特会产生反射现象。【Reverb(反射)】特效用于模拟在一个宽敞的房间内的听觉感觉，单击【自定义设置】右侧的【编辑】按钮，弹出【剪辑效果编辑器】对话框，如图 7.40 所示。

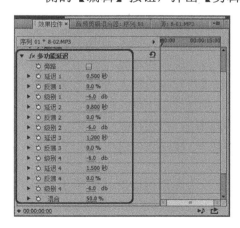

图 7.39　【多功能延迟】选项组

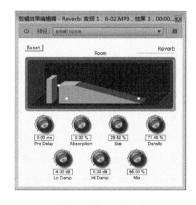

图 7.40　【剪辑效果编辑器】对话框

- ◆ Pre Delay：设置信号和反射声音之间的时间。这个参数的设置与声音传播的距离有关联。
- ◆ Absorption：设置被吸收的声音的百分比。
- ◆ Size：设置房间的大小。

◆ Density：设置反射声音的细节量。

◆ Lo Damp：设置减弱低音的数量，减弱低音可以去除回音中的杂音。

◆ Hi Damp：设置减弱高音的数量，较低的数值设置可以使反射声音起来更加柔和。

◆ Mix：设置原始声音和反射声音之间的比例。

● 【平衡】：特效用于相对调整音频片段左右声道的音量。将这个特效添加给音频轨道的音频轨道上，确认这个片段处于选中状态，在【效果控件】面板中可以看到这个特效的参数，如图 7.41 所示。

◆ 【旁路】：忽略特效参数设置。

◆ 【平衡】：调整左右声道的音量。当数值大于 0 时，右声道的音量所占的比例更大一些；当数值小于 0 时，左声道的音量所占的比例更大一些。

● 【低音】和【高音】：【低音】和【高音】可以对音频的音调进行基本的调整。在【效果控件】面板中的显示参数如图 7.42 所示。

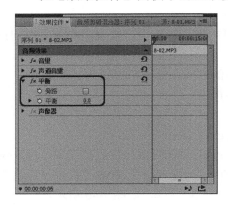

图 7.41 【平衡】选项组

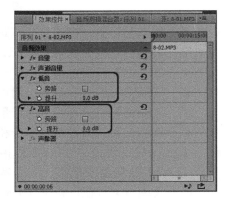

图 7.42 【低音】和【高音】选项组

● EQ：EQ 是 Equalization 的缩写，这个特效能够精确地调节音频的音调。它的工作方式和一般音频设备上的图形均衡类似。音频的调整是通过在相应的频率提升或者减小原始信号的百分比来进行的。单击【自定义设置】右侧的【编辑…】按钮，弹出【剪辑效果编辑器—EQ】对话框，如图 7.43 所示。

◆ EQ 图表：用图表的形式显示不同频段音调的调整情况。

◆ EQ 均衡化：设置了 Low(低)、Mid1(中 1)、Mid2(中 2)、Mid3(中 3)、High(高)5 个不同的频段，可以分别调整。

◆ Frequency：设置要调整频率，可以指定 5 个不同频段的具体频率。

◆ Gain：调整各个频段的音量。

◆ Q：确定所设置频率上下的范围。

◆ Output：从总体上设置输入出音频的音量。

● DeNoiser：降噪效果自动探测录音带的噪音并消除它。使用这个特效消除模拟录制的噪音。在【效果控件】面板中的参数如图 7.44 所示。

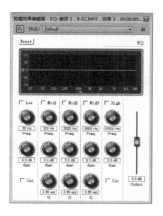

图 7.43　【剪辑效果编辑器—EQ】对话框

图 7.44　DeNoiser 选项组

- Dynamics：编辑器效果即可以使用自定义设置视图的图线控制器，如图 7.45 所示。也可以通过个别参数调整。

- 【多频带压缩器(旧版)】：多频带压缩器效果，是一个可以分波段控制的三波段压缩器。当需要柔和的声音压缩器时，使用这个效果，而不要使用 Dynamics 中的压缩器。在自定义设置视力图中的频率面板中会显示三个波段，通过调整增益和频率的手柄来控制每个波段的增益。中心波段的手柄确定波段的交

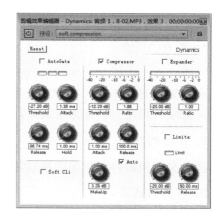

图 7.45　【剪辑效果编辑器—Dynamics】对话框

叉频率，拖曳手柄可以调整相应的频率，如图 7.46 所示。

- PitchShifter：变调效果，用来调整输入信号的定调。使用这个效果可以加强高音，反之亦然，如图 7.47 所示。

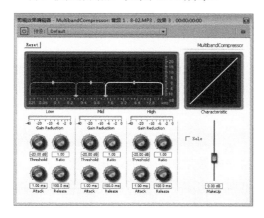

图 7.46　【剪辑效果编辑器—Multibandcompressor】对话框

图 7.47　PitchShifter 的参数

7.8 声音的组合形式及其作用

在影视节目中，一般来说，语言表达寓意，音乐表达感情，音响表达效果，这是它们各自的特有功能。它们可以先后出现，也可以同时出现。当三者同时出现的时候，绝不能各不相让，相互冲突，要注意三者的相互结合。

街的繁华是把车声、人声进行混合。但并列的声音应该有主次之分，要根据画面适度调节，把在影视教学片中，声音除了与画面教学内容紧密配合以外，运用声音本身的组合也可以显示声音在表现主题上的重要作用。

7.8.1 声音的混合、对比与遮罩

声音的混合、对比和遮罩在从字面上看也不难理解，比如混合就是使声音产生一种混合的效果。下面来看一下有关三种效果的具体介绍。

1. 声音的混合

这种声音组合即是几种声音同时出现，产生一种混合效果，用来表现某种场景。如表现大街的繁华时把车声、人声进行混合。但并列的声音应该有主次之分，要根据画面适度调节，把最有表现力的作为主旋律。

2. 声音的对比

将含义不同的声音按照需要同时安排出现，使它们在鲜明的对比中产生反衬效应。

3. 声音的遮罩

在同一场面中，并列出现多种同类的声音，有一种声音突出于其他声音之上，引起人们对某种发声体的注意。

7.8.2 接应式与转换式声音交替

接应式声音交替与转换式声音交替在一些电视剧或电影中也比较常用。下面来了解一下这两种声音的交替方式。

1. 接应式声音交替

即同一声音此起彼伏，前后相继，为同一动作或事物进行渲染。这种有规律节奏的接应式声音交替经常用来渲染某一场景的气氛。

2. 转换式声音交替

即采用两种声音在音调或节奏上的近似，从一种声音转化为另一种声音。如果转化为节奏上近似的音乐，既能在观众的印象中保持音响效果所造成的环境真实性，又能发挥音乐的感染作用，充分表达一定的内在情绪。同时，由于节奏上的近似，在转换过程中给人以一气呵成的感觉，这种转化效果有一种韵律感，容易记忆。

7.8.3　声音与静默的交替

静默是一种具有积极意义的表现手法，在影视片中通常作为恐惧、不安、孤独、寂静以及人物内心空白等气氛和心情的烘托。

静默可以与有声在情绪上和节奏上形成明显的对比，具有强烈的艺术感染力。例如，暴风雨后的寂静无声，会使人感到时间的停顿、生命的静止，给人以强烈的情感冲击。但这种无声的场景在影片中不能太多，否则会降低节奏，失去感染力，让观众产生烦躁的情绪。

7.9　上　机　练　习

在上面的小节中已经详细介绍了 Premiere Pro CC 的音频效果的添加和应用，接下来通过几个具有代表性的实例来具体地介绍 Premiere Pro CC 中音频特效的实际技术应用。

7.9.1　交响乐效果

本实例将运用音频特效中的【多频段压缩器(旧版)】特效在指定的普通音频素材上实现交响乐效果。其具体操作步骤如下。

(1) 启动 Premiere Pro CC 程序，并新建项目【交响乐效果】并创建【序列】，在本实例中我们要实现交响乐效果。在【项目】窗口的空白处双击，打开随书附带光盘中的 CDROM\素材\Cha07\添加交响乐效果.wma 音频文件，如图 7.48 所示。

(2) 在【项目】窗口中将【交响乐效果.wma】拖曳至【序列】面板下的 A1 轨道中，如图 7.49 所示。

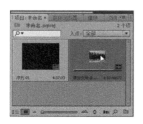

图 7.48　导入音频素材

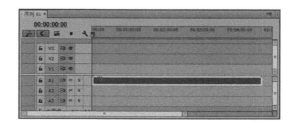

图 7.49　导入音频素材至时间线

(3) 切换至【效果】窗口，选择【音频效果】|【多频段压缩器(旧版)】特效，将其拖曳至【序列】面板中的 A1 轨道【交响乐效果.mp3】上，如图 7.50 所示。

(4) 然后切换至【效果控件】窗口，单击 MuktibandCompressor 选项左侧的展开按钮便可以显示出此选项的相关参数。

(5) 单击【自定义设置】选项右侧的【编辑…】按钮，即可弹出【剪辑效果编辑器】面

图 7.50　选择【多频段压缩器(旧版)】选项

板，如图 7.51 所示。

（6）在【序列】面板中将当前时间设置为 00:00:00:00，单击【各个参数】选项左侧的展开按钮，保持各参数的系统默认值。分别单击每项参数左侧的【切换动画按钮】按钮，即可添加第一处关键帧，如图 7.52 所示。

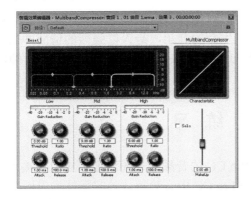

图 7.51　【剪辑效果编辑器】面板 　　　　　　图 7.52　添加第一处关键帧

（7）然后设置第二处关键帧，将当前时间设置为 00:00:13:00，在【各个参数】选项中，将 CrossoverFreq1、LowMakeUp、MidMakeUp、HighMakeUp 的值分别设置为 321、5.03、4.00、−0.67，如图 7.53 所示。

（8）下面设置第三处关键帧，将编辑标识线移到 00:00:18:00 处，将 BandSelect、CrossoverFreq1、CrossoverFreq2、LowMakeUp、MidMakeUp、HighMakeUp 的值分别设置为 MidBand、501、3160、16.31、0.79、7.53，如图 7.54 所示。

设置完成后，用户可以在【节目】面板中听到普通音乐中高低起伏的交响乐效果。

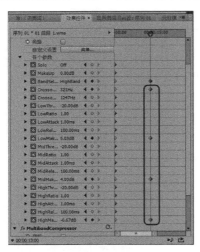

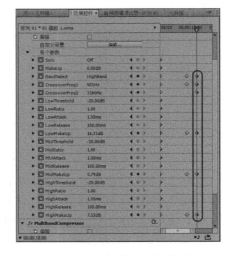

图 7.53　添加第二处关键帧 　　　　　　　图 7.54　添加第三处关键帧

7.9.2　高低音的转换

本实例将运用音频特效中的 Dynamics(动态) 特效在指定的音频素材上实现高低音的

转换效果。其具体操作步骤如下。

(1) 启动 Premiere Pro CC 程序，并新建项目【高低音的转换】，在本实例中我们要实现对音频高低音的转换效果。在【项目】窗口的空白处双击，打开【导入】对话框，选择随书附带光盘中的 CDROM\素材\Cha07\高低音的转换.mp3 音频文件，然后单击【打开】按钮，即可将音频文件导入到【项目】面板中，如图 7.55 所示。

(2) 在【项目】窗口中将【高低音的转换.mp3】拖曳至【序列】面板下的 A1 轨道上，如图 7.56 所示。

图 7.55　导入音频素材

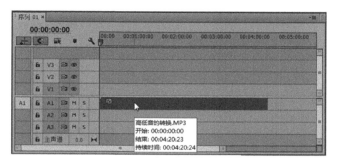

图 7.56　导入音频素材至时间线

(3) 切换至【效果】窗口，选择【音频特效】| Dynamics 特效，将其拖曳至【序列】面板中的 A1 轨道【高低音的转换.mp3】上，如图 7.57 所示。

(4) 选中【高低音的转换.mp3】，切换至【效果控件】窗口，这时已经显示添加的 Dynamics 特效。单击 Dynamics 选项左侧的展开按钮即可显示出此选项的相关参数。

(5) 在【序列】面板中将当前时间设置为 00:00:00:00。单击 Dynamics 选项右侧的【预设】按钮，在弹出的下拉菜单中选择 hard compression 选项，如图 7.58 所示。

图 7.57　Dynamics 选项

图 7.58　选择 hard compression 选项

(6) 单击【各个参数】选项左侧的展开按钮，分别单击每项参数左侧的【切换动画】按钮，这样即可添加第一处关键帧，如图 7.59 所示。

(7) 接下来设置第二处关键帧，在【序列】面板中将当前时间设置为 00:00:21:15。单击 Dynamics 选项右侧的按钮，在弹出的下拉菜单中选择 soft compression(软压缩效果)，如图 7.60 所示。

图 7.59　添加第一处关键帧

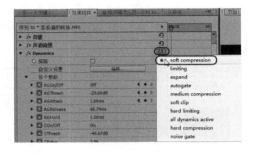

图 7.60　选择 soft compression 选项

(8) 再次回到【各个参数】选项，会发现系统已经自动设置了第二处关键帧，如图 7.61 所示。

图 7.61　添加第二处关键帧

设置完成后，用户可以在【节目】面板中进行播放，可听到高低音转换的音效。

7.9.3　制作奇异音调的效果

本实例将运用音频特效中的 PitchShifter(变调)特效在指定的音频素材上实现奇异音调效果。其具体操作步骤如下。

(1) 启动 Premiere Pro CC 程序，并新建项目【制作奇异音调的效果】，在本实例中我们要实现异音调效果。在【项目】窗口的空白处双击，打开随书附带光盘中的 CDROM\素材\Cha07\奇异音调音频.mp3 音频文件，如图 7.62 所示。

(2) 在【项目】窗口中将【奇异音调音频.mp3】拖曳至【序列】面板下的 A1 轨道上，如图 7.63 所示。

图 7.62 导入音频素材

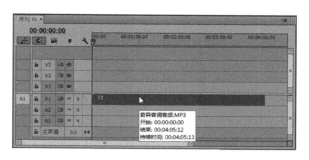

图 7.63 导入音频素材至时间线

(3) 切换至【效果】窗口,选择【音频特效】|PitchShifter 特效,将其拖曳至【序列】面板 A1 轨道【奇异音调音频.mp3】上,如图 7.64 所示。

(4) 选中【奇异音调音频.mp3】,在【效果控件】窗口中,单击 PitchShifter 选项左侧的展开按钮便可以显示出此选项的相关参数。

(5) 在【序列】面板中将当前时间设置为 00:00:00:00。单击 PitchShifter 选项右侧的【预设】按钮,在弹出的下拉菜单中选择 A quint down,如图 7.65 所示。

图 7.64 PitchShifter 选项

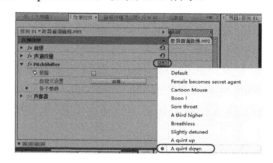

图 7.65 选择 A quint down 选项

(6) 单击【各个参数】选项左侧的展开按钮,分别单击每项参数左侧的按钮,这样我们就添加了第一处关键帧,如图 7.66 所示。

(7) 接下来设置第二处关键帧,在【序列】面板中将当前时间设置为 00:00:22:00。单击 PitchShifter 选项右侧的【预设】按钮,在弹出的下拉菜单中选择 A quint up,如图 7.67 所示。

图 7.66 添加第一处关键帧

图 7.67 选择 A quint up 选项

(8) 再次回到【各个参数】选项，会发现系统已经自动设置了第二处关键帧，如图 7.68 所示。

图 7.68　添加第二处关键帧

用户也可以自己在【自定义设置】中调整 Pitch、FineTune 的参数设置效果。设置完成后，用户可以在【节目】面板中进行播放，可听到奇异音调的音效。

7.9.4　左右声道的渐变转化

本实例将运用音频特效中的【平衡】特效在指定的音频素材上实现自定义的山谷回声效果，以及对音频左右声道的渐变转化。其具体操作步骤如下。

(1) 启动 Premiere Pro CC 程序，在欢迎界面中新建项目【左右声道的渐变转化】，在【项目】窗口的空白处双击，打开随书附带光盘中的 CDROM\素材\Cha07\左右声道的渐变转化.mp3 音频文件，如图 7.69 所示。

(2) 在【项目】窗口中将【左右声道的渐变转化.mp3】拖曳至【序列】面板下的 A1 轨道上，如图 7.70 所示。

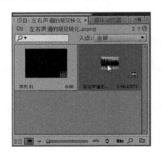

图 7.69　导入音频素材

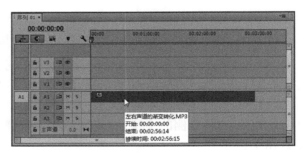

图 7.70　导入音频素材至时间线

(3) 切换至【效果】窗口，选择【音频特效】|【平衡】特效，将其拖曳至【序列】面板下的 A1 轨道【左右声道的渐变转化.mp3】上，如图 7.71 所示。

(4) 选中【左右声道的渐变转化.mp3】，在【效果控件】窗口中已经显示了添加的【平衡】特效。单击【平衡】选项左侧的展开按钮便可以显示出此选项的相关参数，如图 7.72 所示。

(5) 在【序列】面板中，将当前时间设置 00:00:00:00。将【平衡】参数设置为-100.0，即在左声道播放。单击 按钮，

图 7.71　【平衡】特效

添加第一个关键帧。然后将当前时间设置为 00:01:00:00，将【平衡】参数设置为 100.0，即在右声道播放，添加第二个关键帧，如图 7.73 所示。

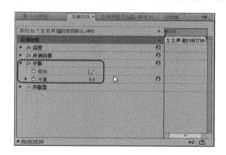

图 7.72　【平衡】特效参数

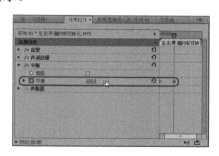

图 7.73　设置关键帧

（6）设置完成后，用户可以在【节目】面板中进行播放，可听到左右声道的渐变转化的音效。

7.9.5　山谷回声效果

本实例将运用音频特效中的【延迟】特效在指定的音频素材上实现自定义的山谷回声效果。其具体操作步骤如下。

（1）启动 Premiere Pro CC 程序，在欢迎界面中新建项目【山谷回声】，在【项目】窗口的空白处双击，打开【导入】对话框，选择随书附带光盘中的 CDROM\素材\Cha07\山谷回声.mp3 音频文件，如图 7.74 所示。

（2）在【项目】窗口中将【山谷回声.mp3】拖曳至【序列】面板下的 A1 轨道上，如图 7.75 所示。

图 7.74　导入音频素材

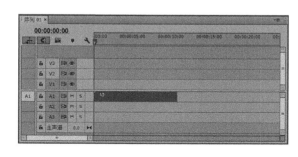

图 7.75　导入音频素材至时间线

（3）切换至【效果】窗口，选择【音频特效】|【延迟】特效，如图 7.76 所示，将其拖曳至【序列】面板中 A1 轨道【山谷回声.mp3】上。

（4）选中【山谷回声.mp3】，在【效果控件】窗口中可以看到已经添加的【延迟】特效，如图 7.77 所示。

（5）将【延迟】的值设置为 0.300 秒，将【反馈】的值设置为 3.0%，将【混合】的值设置为 40.0%，如图 7.78 所示。

图 7.76　选择【延迟】特效

(6) 设置完成后,用户可以在【节目】面板中进行播放,可听到音频具有了山谷回声的音效。

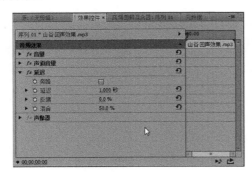

图 7.77 添加【延迟】特效

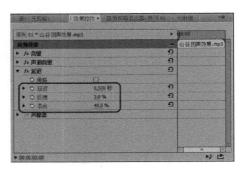

图 7.78 设置参数

7.10 思 考 题

1. 【序列】面板中的音频轨道,有几个通道?分别是什么通道?
2. 在编辑音频的时候,一般情况下以什么形状显示?为什么以这种方式显示?
3. 音频的持续时间指的是什么?

第8章　文件的设置与输出

影片制作完成后，就需要对其进行输出，在 Premiere Pro CC 程序中可以将影片输出为多种格式。本章首先为大家介绍对输出选项的设置，然后详细介绍将影片输出为不同格式的方法。

8.1　输　出　设　置

编辑制作完成一个影片后，最后的环节就是输出文件，就像支持多种格式文件的导入一样，Premiere Pro CC 可以将【时间线】窗口中的内容以多种格式文件的形式渲染输出，以满足多方面的需要。但在输出文件之前，需要先对输出选项进行设置。

8.1.1　影片输出类型

在 Adobe Premiere CC 中可以将影片输出为不同的类型。

在菜单栏中选择【文件】|【导出】命令，在弹出的子菜单中包含了 Premiere Pro CC 软件中支持的输出类型，如图 8.1 所示。

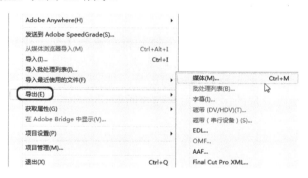

图 8.1　输出类型

各输出类型的功能介绍如下。

- 【媒体】：选择该命令后，可以打开【导出设置】对话框，在该对话框中可以进行各种格式的媒体输出。
- 将脱机剪辑导出为批处理列表时，Premiere Pro CC 按如下顺序排列字段：磁带名称、入点、出点、剪辑名称、记录注释、描述、场景和拍摄/获取。导出的字段数据是从【项目】面板【列表】视图中的相应列导出的。
- 【字幕】：单独输出在 Premiere Pro CC 软件中创建的字幕文件。
- 【磁带(DV/HDV)(T)】：可以将计算机的编辑的序列录制到 DV/HDV 设备的磁带上。
- 【磁带(串行设备)(S)】：通过专业录像设备将编辑完成的影片直接输入到磁

带上。

- **EDL**：输出一个描述剪辑过程的数据文件，可以导入到其他的编辑软件进行编辑。
- **OMF**：将整个序列中所有激活的音频轨道输出为 OMF 格式，可以导入到 DigiDesign Pro Tools 等软件中继续编辑润色。
- **AAF**：AAF 格式可以支持多平台多系统的编辑软件，可以导入到其他编辑软件中继续编辑，如 Avid Media Composer。
- **Final Cut Pro XML**：将剪辑数据转移到苹果平台的 Final Cut Pro 剪辑软件上继续进行编辑。

8.1.2 设置输出基本选项

完成后的影片的质量取决于诸多因素。比如，编辑所使用的图形压缩类型，输出的帧速率以及播放影片的计算机系统的速度等。在合成影片前，需要在输出设置中对影片的质量进行相关的设置。输出设置中大部分与项目的设置选项相同。

> **提 示**
>
> 项目设置是针对序列进行的；而输出设置是针对最终输出的影片进行的。

选择不同的编辑格式，可供输出的影片格式和压缩设置等也有所不同。设置输出基本选项的方法如下。

(1) 选择需要输出的序列，在菜单栏中选择【文件】|【导出】|【媒体】命令，弹出【导出设置】对话框，如图 8.2 所示。

(2) 在该对话框左下角的【源范围】下拉列表中选择【整个序列】选项，会导出序列中的所有影片；选择【序列切入/序列切出】选项，会导出切入点与切出点之间的影片；选择【工作区域】选项，会导出工作区域内的影片；选择【自定义】选项，用户可以根据需要，自定义设置需要导出影片的区域，如图 8.3 所示。

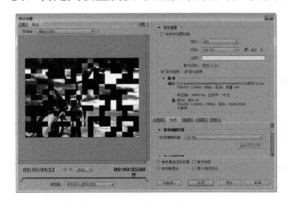

图 8.2　【导出设置】对话框

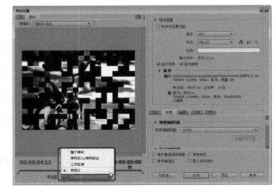

图 8.3　【源范围】列表

(3) 在【导出设置】区域中，单击【格式】右侧的下三角按钮，可以在弹出的下拉菜单中选择输出使用的媒体格式，如图 8.4 所示。

常用的输出格式和相对应的使用路径介绍如下。

- **AVI(未压缩**：输出为不经过任何压缩的 Windows 操作平台数字电影。

- F4V、FLV：输出为 Flash 流媒体格式视频，适合网络播放。
- GIF：将影片输出为动态图片文件，适用于网页播放。
- H.264、H.264 蓝光：输出为高性能视频编码文件，适合输出高清视频和录制蓝光光盘。
- AVI：输出基于 Windows 操作平台的数字电影。
- MPEG4：输出为压缩比较高的视频文件，适合移动设备播放。
- PNG、Targa、TIFF：输出单张静态图片或者图片序列，适合于多平台数据交换。
- 波形音频：只输出影片声音，输出为 WAV 格式音频，适合于多平台数据交换。
- Windows Media：输出为微软专有流媒体格式，适合于网络播放和移动媒体播放。

(4) 如果勾选【导出视频】复选框，则合成影片时输出影像文件；如果取消勾选该复选框，则不能输出影像文件。如果勾选【导出音频】复选框，则合成影片时输出声音文件；如果取消勾选该复选框，则不能输出声音文件，如图 8.5 所示。

(5) 参数设置完成后，单击【导出】按钮进行导出。

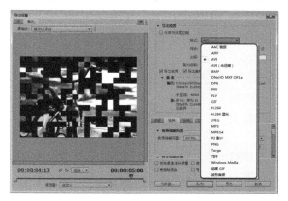

图 8.4　选择输出格式

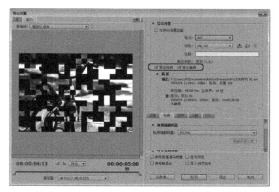

图 8.5　选择复选框

8.1.3　输出视频和音频设置

下面来介绍一下在输出视频和音频前的一些选项设置。其具体操作步骤如下。

(1) 在【导出设置】对话框中勾选【导出视频】和【导出音频】复选框后，然后在该对话框中单击选择【视频】选项卡，进入【视频】选项卡设置面板中，如图 8.6 所示。

(2) 在【视频编解码器】选项组中，单击【视频编解码器】右侧的下三角按钮，在弹出的下拉列表中选择用于影片压缩的编码解码器，选用的输出格式不同，对应的编码解码器也不同，如图 8.7 所示。

(3) 在【基本视频设置】选项组中，可以设置【质量】、【帧速率】和【场序】等选项。

- 【质量】：用于设置输出节目的质量。
- 【宽度】和【高度】：用于设置输出影片的视频大小。
- 【帧速率】：用于指定输出影片的帧速率。
- 【场序】：在该下拉列表中提供了【逐行】、【上场优先】和【下场优先】选项。
- 【长宽比】：在该下拉列表中可以设置输出影片的像素宽高比。

- 【以最大深度渲染】复选框：取消勾选该复选框时，是以 8 位深度进行渲染；勾选该复选框后，是以 24 位深度进行渲染。

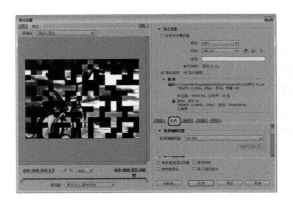

图 8.6　选择【视频】选项卡　　　　　　　图 8.7　选择编码解码器

(4) 在【高级设置】选项组中，可以对【关键帧】和【优化静止图像】复选框进行设置。

- 【关键帧】复选框：勾选该复选框后，会显示出【关键帧间隔】选项，关键帧间隔用于压缩格式，以输入的帧数创建关键帧。
- 【优化静止图像】复选框：勾选该复选框后，会优化长度超过一帧的静止图像。

(5) 单击选择【音频】选项卡，在该选项卡中可以设置输出音频的【采样率】、【声道】和【样本大小】等选项，如图 8.8 所示。

- 【采样率】：在该下拉列表中选择输出节目时所使用的采样速率。采样速率越高，播放质量越好，但需要较大的磁盘空间，并占用较多的处理时间。

图 8.8　【音频】选项卡

- 【声道】：选择采用单声道或者立体声。
- 【样本大小】：在该下拉列表中选择输出节目时所使用的声音量化位数。要获得较好的音频质量就要使用较高的量化位数。
- 【音频交错】：指定音频数据如何插入视频帧中间。增加该值会使程序存储更长的声音片段，同时需要更大的内存容量。

(6) 设置完成后，单击【导出】按钮，开始对影片进行渲染输出。

8.2　输　出　文　件

在 Premiere Pro CC 中，可以选择把文件输出成能在电视上直接播放的电视节目，也可以输出为专门在计算机上播放的 AVI 格式文件、静止图片序列或是动画文件。在设置文件的输出操作时，首先必须知道自己制作这个影视作品的目的，以及这个影视作品面向的对象，然后根据节目的应用场合和质量要求选择合适的输出格式。

8.2.1　输出影片

下面来介绍一下将文件输出为影片的方法。其具体操作步骤如下。

(1) 运行 Premiere Pro CC 软件，在欢迎界面中单击【打开项目】按钮，如图 8.9 所示。

(2) 弹出【打开项目】对话框，在该对话框中选择随书附带光盘中的 CDROM\素材\Cha08\导出影片 01.prproj 文件，单击【打开】按钮，如图 8.10 所示。

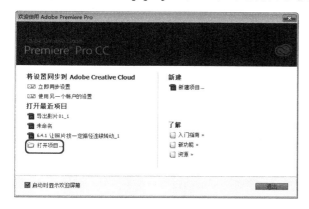

图 8.9　单击【打开项目】按钮

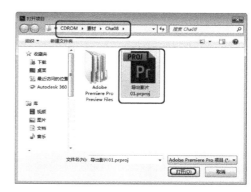

图 8.10　选择素材文件

(3) 打开素材文件后，在【节目】监视器中单击【播放-停止切换】按钮 ▶ 预览影片，如图 8.11 所示。

(4) 预览完成后，在菜单栏中选择【文件】|【导出】|【媒体】命令，如图 8.12 所示。

图 8.11　预览影片

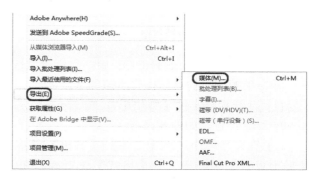

图 8.12　选择【媒体】命令

(5) 弹出【导出设置】对话框，在【导出设置】区域中，设置【格式】为 AVI，设置【预设】为 PAL DV，单击【输出名称】右侧的文字，弹出【另存为】对话框，在该对话框中设置影片名称为【导出影片】，并设置导出路径，如图 8.13 所示。

(6) 设置完成后单击【保存】按钮，返回到【导出设置】对话框中，在该对话框中单击【导出】按钮，如图 8.14 所示。

(7) 影片导出完成后，在其他播放器中进行查看，效果如图 8.15 所示。

图 8.13　设置名称及存储路径

图 8.14　将影片导出

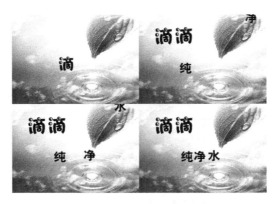

图 8.15　影片效果

8.2.2　输出单帧图像

在 Adobe Premiere Pro CC 中，我们可以选择影片中的一帧，将其输出为一个静态图片。输出单帧图像的具体操作步骤如下。

(1) 打开素材文件【导出影片 01.prproj】，在【节目】监视器中，将时间指针移动到 00:00:08:17 位置，如图 8.16 所示。

(2) 在菜单栏中选择【文件】|【导出】|【媒体】命令，弹出【导出设置】对话框，在【导出设置】区域中，将【格式】设置为 JPEG，单击【输出名称】右侧的文字，弹出【另存为】对话框，在该对话框中设置影片名称和导出路径，如图 8.17 所示。

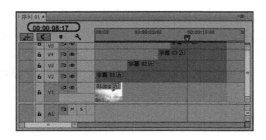

图 8.16　设置时间

图 8.17　设置名称及存储路径

（3）设置完成后单击【保存】按钮，返回到【导出设置】对话框中，在【视频】选项卡中，取消勾选【导出为序列】复选框，如图 8.18 所示。

（4）设置完成后，单击【导出】按钮，单帧图像输出完成后，可以在其他看图软件中进行查看，效果如图 8.19 所示。

图 8.18　取消勾选【导出为序列】复选框　　　　　图 8.19　导出图片后的效果

8.2.3　输出序列文件

Premiere Pro CC 可以将编辑完成的文件输出为一组带有序列号的序列图片。输出序列文件的具体操作步骤如下。

（1）打开素材文件【导出影片 01.prproj】，选择需要输出的序列，然后在菜单栏中选择【文件】|【导出】|【媒体】命令，弹出【导出设置】对话框，在【导出设置】区域中，将【格式】设置为 JPEG，也可以设置为 PNG、TIFF 等类型，单击【输出名称】右侧的文字，弹出【另存为】对话框，在该对话框中单击【新建文件夹】按钮，如图 8.20 所示。

（2）即可新建一个文件夹，然后将新文件夹重命名为"输出序列文件"，如图 8.21 所示。

图 8.20　单击【新建文件夹】按钮　　　　　图 8.21　为文件夹重命名

（3）双击打开【输出序列文件】文件夹，将文件名设置为 001，然后单击【保存】按钮，如图 8.22 所示。

（4）设置完成后单击【保存】按钮，返回到【导出设置】对话框中，在【视频】选项卡中，确认已勾选【导出为序列】复选框，如图 8.23 所示。

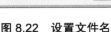

图 8.22　设置文件名　　　　　　　　图 8.23　勾选【导出为序列】复选框框

(5) 设置完成后，单击【导出】按钮，当序列文件输出完成后，在本地计算机上打开【输出序列文件】文件夹，即可看到输出的序列文件，如图 8.24 所示。

8.2.4　输出 EDL 文件

EDL(编辑决策列表)文件包含了项目中的各种编辑信息，包括项目所使用的素材所在的磁带名称以及编号、素材文件的长度、项目中所用的特效及转场等。EDL 编辑方式是剪辑中通用的办法，通过它可以在支持 EDL 文件的不同剪辑系统中交换剪辑内容，不需要重新剪辑。

电视节目(如电视连续剧)等的编辑工作经常会采用 EDL 编辑方式。在编辑过程中，可以先将素材采集成画质较差的文件，对这个文件进行剪辑，能够降低计算机的负荷并提高工作效率；剪辑工作完成后，将剪辑过程输出成 EDL 文件，并将素材重新采集成画质较高的文件，导入 EDL 文件并进行最终成片的输出。

> **提　示**
>
> EDL 文件虽然能记录特效信息，但由于不同的剪辑系统对特效的支持并不相同，其他剪辑系统有可能无法识别在 Adobe Premiere Pro CC 中添加的特效信息。使用 EDL 文件时需要注意，不同的剪辑系统之间的时间线初始化设置应该相同。

在菜单栏中选择【文件】|【导出】|EDL 命令，弹出【EDL 导出设置】对话框，如图 8.25 所示。

该对话框各选项的功能介绍如下。

- 【EDL 字幕】：设置 EDL 文件第一行内的标题。
- 【开始时间码】：设置序列中第一个编辑的开始时间码。
- 【包含视频电平】：在 EDL 中包含视频等级注释。
- 【包含音频电平】：在 EDL 中包含音频等级注释。
- 【使用源文件名称】：使用源文件名称。
- 【音频处理】：设置音频的处理方式，包括【音频跟随视频】、【分离的音频】和【结尾音频】三个选项。
- 【要导出的轨道】：指定输出的轨道。

图 8.24　输出的序列文件

图 8.25　【EDL 导出设置】对话框

设置完成后，单击【确定】按钮，即可将当前序列中的被选择轨道的剪辑数据输出为 EDL 文件。

8.3　思　考　题

1. 基本导出参数有哪些？

2. 在【视频】选项卡中的【以最大深度渲染】复选框，勾选前后有什么区别？

3. 如何输出格式为 TIFF 的图像？

第9章 项目指导——制作节目预告

在电视媒体中，经常可以看到节目预告类短片为电视用户预告将要播放的电视节目。本章将介绍节目预告的制作方法。制作完成后的效果如图 9.1 所示。

图 9.1　完成后的效果

9.1　制作节目序列

首先介绍节目序列的制作方法。

(1) 启动 Premiere CC，在弹出的欢迎界面中单击【新建项目】按钮，如图 9.2 所示。

(2) 在弹出的【新建项目】对话框中，将【名称】设置为【节目预告】，然选择文件存放的位置，如图 9.3 所示。

图 9.2　单击【新建项目】按钮

图 9.3　【新建项目】对话框

(3) 在【项目】面板中右击，在弹出的快捷菜单中选择【导入】命令，如图 9.4 所示。

(4) 在弹出的【导入】对话框中，选择随书附带光盘中的 CDROM\素材\Cha09\音乐.mp3，如图 9.5 所示。单击【打开】按钮将音乐素材导入【项目】面板中。

图 9.4 选择【导入】命令

图 9.5 选择素材文件

(5) 在【项目】面板中右击，在弹出的快捷菜单中选择【新建项目】|【序列】命令，如图 9.6 所示。

(6) 在弹出的新建序列对话框中，将序列预设设置为默认，将【序列名称】设置为【节目预告】，如图 9.7 所示。

图 9.6 选择【序列】命令

图 9.7 设置序列

(7) 单击【确定】按钮，在【项目】面板中右击，在弹出的快捷菜单中选择【新建项目】|【颜色遮罩】命令，如图 9.8 所示。

(8) 在弹出的【新建颜色遮罩】对话框中，保持默认的参数设置，单击【确定】按钮，如图 9.9 所示。

图 9.8 选择【颜色遮罩】命令

图 9.9 单击【确定】按钮

(9) 在弹出的【拾色器】对话框中，将 RGB 值设置为 255、255、255，如图 9.10 所示。

(10) 单击【确定】按钮，在弹出的【选择名称】对话框中，将遮罩名称设置为【白色遮罩】，如图 9.11 所示。

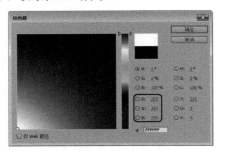

图 9.10　设置 RGB 值

图 9.11　【选择名称】对话框

(11) 在【序列】面板中，将【白色遮罩】拖入 V1 轨道中，如图 9.12 所示。

(12) 在【项目】面板中右击，在弹出的快捷菜单中选择【新建项目】|【字幕】命令，如图 9.13 所示。

图 9.12　拖入【白色遮罩】

图 9.13　选择【字幕】命令

(13) 在弹出的【新建字幕】对话框中，将【名称】设置为【矩形】，如图 9.14 所示。

(14) 单击【确定】按钮，在弹出的字幕编辑器中，选取工具栏中的【矩形工具】按钮，在工作区中绘制一个矩形，将工作区覆盖，如图 9.15 所示。

图 9.14　【新建字幕】对话框

图 9.15　绘制矩形

(15) 在【字幕属性】面板中，单击【填充】中【颜色】右侧的色块，在弹出的【拾色器】对话框中，将 RGB 值设置为 112、174、232，如图 9.16 所示。

(16) 单击【确定】按钮，将字幕编辑器关闭，在【序列】面板中，将时间设置为
00:00:01:00，将【矩形】字幕拖入 V2 轨道中与时间线对齐，如图 9.17 所示。

图 9.16 设置 RGB 值

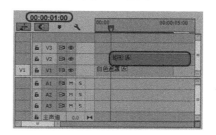

图 9.17 拖入【矩形】字幕

(17) 在【序列】面板中选择【矩形】字幕，在【效果控件】面板中，当时间为
00:00:01:00 时，单击【运动】|【位置】左侧的【切换动画】按钮 ，将【位置】设置为
1060、288，如图 9.18 所示。

(18) 将时间设置为 00:00:01:05，将【位置】设置为 360、288，如图 9.19 所示。

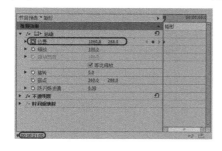

图 9.18 设置【位置】

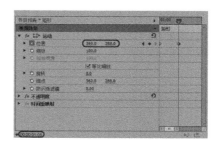

图 9.19 设置【位置】

(19) 在【项目】面板中右击，在弹出的快捷菜单中选择【新建项目】|【字幕】命令，
在弹出的【新建字幕】对话框中，将【名称】设置为【标题】，如图 9.20 所示。

(20) 单击【确定】按钮，在弹出的字幕编辑器中，选取工具栏中的【文字工具】，
在工作区中输入标题文字，在【字幕属性】面板中，将【X 位置】设置为 400，将【Y 位
置】设置为 122，将【字体系列】设置为【华文行楷】，将【字体大小】设置为 100，将
【填充】中的【颜色】设置为白色，如图 9.21 所示。

图 9.20 【新建字幕】对话框

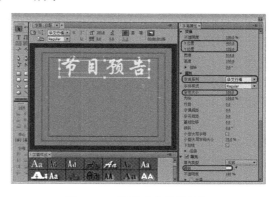

图 9.21 设置【字幕属性】

(21) 将字幕编辑器关闭，在【序列】面板中，将时间设置为 00:00:02:00，将【标题】字幕拖入 V3 轨道中与时间线对齐，如图 9.22 所示。

(22) 在【项目】面板中右击，在弹出的快捷菜单中选择【新建项目】|【字幕】命令，在弹出的【新建字幕】对话框中，将【名称】设置为【横线】，如图 9.23 所示。

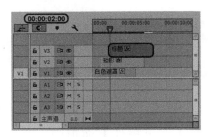

图 9.22　拖入【标题】字幕

图 9.23　【新建字幕】对话框

(23) 单击【确定】按钮，在弹出的字幕编辑器中，选取工具栏中的【直线工具】，在工作区中绘制一条直线，在【字幕属性】面板中，将【X 位置】设置为 395.3，将【Y 位置】设置为 173.7，将【宽度】设置为 800，将【高度】设置为 5，将【填充】中的【颜色】设置为白色，如图 9.24 所示。

(24) 将字幕编辑器关闭，在【序列】面板中的空白区域内右击，在弹出的快捷菜单中选择【添加轨道】命令，如图 9.25 所示。

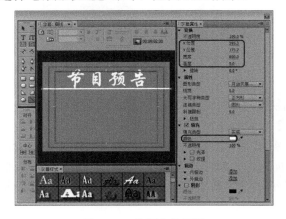

图 9.24　设置直线属性

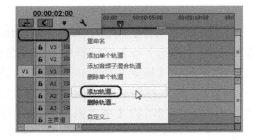

图 9.25　选择【添加轨道】命令

(25) 在弹出的【添加轨道】对话框中，设置添加 4 条视频轨道和 0 条音频轨道，如图 9.26 所示。

(26) 在【序列】面板中，将时间设置为 00:00:05:06，将【横线】字幕拖入 V4 轨道与时间线对齐，如图 9.27 所示。

(27) 在【序列】面板中选择【横线】字幕，在【效果控件】面板中，当时间为 00:00:05:06 时，单击【运动】|【位置】左侧的【切换动画】按钮，将【位置】设置为 1079、288，如图 9.28 所示。

(28) 将时间设置为 00:00:05:20，将【位置】设置为 360、288，如图 9.29 所示。

图 9.26   【添加轨道】对话框

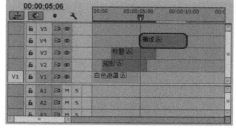

图 9.27   拖入【横线】字幕

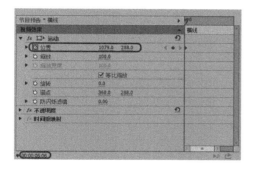

图 9.28   设置【位置】

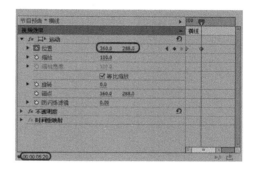

图 9.29   设置【位置】

(29) 在【项目】面板中右击，在弹出的快捷菜单中选择【新建项目】|【字幕】命令，在弹出的【新建字幕】对话框中，将【名称】设置为【背影矩形】，如图 9.30 所示。

(30) 单击【确定】按钮，在弹出的字幕编辑器中，选取工具栏中的【矩形工具】 ，在工作区中绘制一个矩形，使其顶部与横线对齐，在【字幕属性】面板中，将【宽度】设置为 800，将【高度】设置为 400，将【填充】中【颜色】的 RGB 值设置为 229、229、229，如图 9.31 所示。

(31) 设置完成后将字幕编辑器关闭。

图 9.30   【新建字幕】对话框

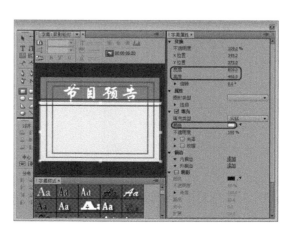

图 9.31   绘制矩形

9.2　制作文字序列

下面将介绍制作文字序列的具体操作步骤。

(1) 在【项目】面板中右击，在弹出的快捷菜单中选择【新建项目】|【序列】命令，在弹出的新建序列对话框中，将序列预设设置为默认，将【序列名称】设置为【文字】，如图 9.32 所示。

(2) 单击【确定】按钮。将【背影矩形】字幕拖入新建的【文字】序列中的 V1 轨道中，如图 9.33 所示。

图 9.32　设置序列

图 9.33　拖入【背影矩形】字幕

(3) 选择【背影矩形】字幕并按 Ctrl+R 组合键，打开【剪辑速度/持续时间】对话框，将【持续时间】设置为 00:00:12:24，如图 9.34 所示。

(4) 单击【确定】按钮。在【效果控件】面板中，将【不透明度】设置为 20%，如图 9.35 所示。

图 9.34　设置【持续时间】

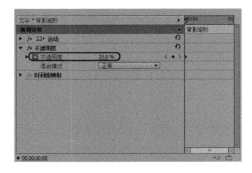

图 9.35　设置【不透明度】

(5) 在【项目】面板中右击，在弹出的快捷菜单中选择【新建项目】|【字幕】命令，在弹出的【新建字幕】对话框中，将【名称】设置为【文字】，如图 9.36 所示。

(6) 单击【确定】按钮，在弹出的字幕编辑器中，选取工具栏中的【文字工具】 T ，在工作区中输入文本，在【字幕属性】面板中，将【X 位置】设置为 384.8，将【Y 位置】设置为 344.5，将【字体系列】设置为【方正粗圆简体】，将【字体大小】设置为 40，将【行距】设置为 10，将【填充】中的【颜色】设置为白色，如图 9.37 所示。

图 9.36　【新建字幕】对话框

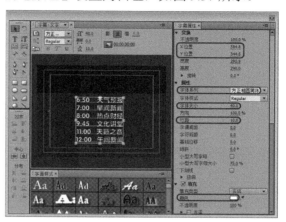

图 9.37　设置文字

(7) 将字幕编辑器关闭，在【序列】面板中将时间设置为 00:00:00:00，将【文字】字幕拖入 V2 轨道中与时间线对齐，参照前面的方法，将持续时间更改为 00:00:12:24，如图 9.38 所示。

(8) 选择【文字】字幕，在【效果控件】面板中，将时间设置为 00:00:03:03，单击【运动】|【位置】左侧的【切换动画】按钮 ，将【位置】设置为 360、322，如图 9.39 所示。

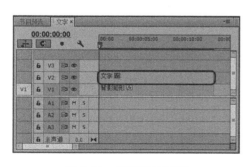

图 9.38　设置持续时间

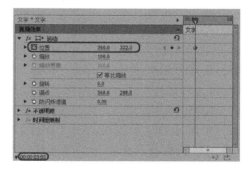

图 9.39　设置【位置】

(9) 将时间设置为 00:00:05:00，将【位置】设置为 240、322，如图 9.40 所示。

(10) 选择【文字】字幕，在【效果】面板中双击【视频效果】|【透视】|【基本 3D】，为其添加【基本 3D】视频效果，如图 9.41 所示。

(11) 选择【文字】字幕，在【效果控件】面板中将时间设置为 00:00:00:00，单击【基本 3D】|【旋转】左侧的【切换动画】按钮 ，设置【旋转】为 0，如图 9.42 所示。

(12) 将时间设置为 00:00:00:23 时，将【旋转】设置为 30；将时间设置为 00:00:02:03 时，将【旋转】设置为-30；将时间设置为 00:00:03:01 时，将【旋转】设置为 0；将时间设置为 00:00:04:02 时，将【旋转】设置为-20，如图 9.43 所示。

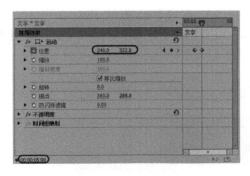

图 9.40　设置【位置】

图 9.41　添加【基本 3D】特效

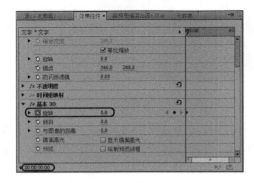

图 9.42　设置【旋转】

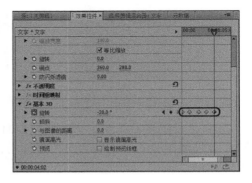

图 9.43　设置【旋转】

9.3　制作图形序列

下面将介绍制作图形序列的具体操作步骤。

(1) 在【项目】面板中右击，在弹出的快捷菜单中选择【新建项目】|【序列】命令。在弹出的【新建序列】对话框中，将序列预设设置为默认，将【序列名称】设置为【图形】，如图 9.44 所示。

(2) 单击【确定】按钮，在【项目】面板中右击，在弹出的快捷菜单中选择【新建项目】|【字幕】命令，在弹出的【新建字幕】对话框中，将【名称】设置为【图形】，如图 9.45 所示。

(3) 单击【确定】按钮，在弹出的字幕编辑器中，选取工具栏中的【文字工具】 T ，在工作区中输入文本，在【字幕属性】面板中，将【X 位置】设置为 532.1，【Y 位置】设置为 376.9，【宽度】设置为 121.4，【高度】设置为 188.7，【圆角大小】设置为 10%；在【填充】属性中，将【颜色】RGB 值设置为 229、229、229，【不透明度】设置为 50%；在【描边】属性中，单击【内描边】右侧的【添加】按钮，在【内描边】中，将【大小】设置为 3，【颜色】设置为白色，如图 9.46 所示。

(4) 将字幕编辑器关闭，在【图形】序列面板中将时间设置为 00:00:00:00，将【图形】字幕拖入 V1 轨道中与时间线对齐，参照前面的方法，将持续时间更改为 00:00:06:15，如图 9.47 所示。

图 9.44　【新建序列】对话框

图 9.45　【新建字幕】对话框

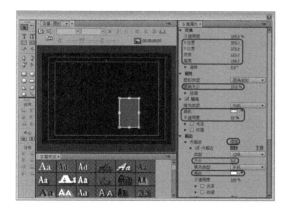

图 9.46　设置属性

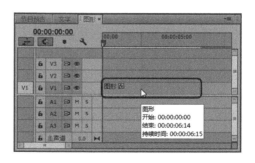

图 9.47　设置持续时间

(5) 再次将【图形】字幕分别拖入 V2、V3 轨道中与时间线对齐，参照前面的方法，将其持续时间更改为 00:00:06:15，如图 9.48 所示。

(6) 选择 V2 轨道中的【图形】字幕，在【效果控件】面板中，将时间设置为 00:00:00:00 时，单击【运动】|【位置】左侧的【切换动画】按钮，将【位置】设置为 360、288，如图 9.49 所示。

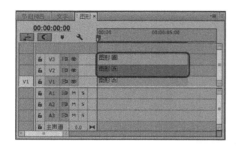

图 9.48　拖入【图形】字幕

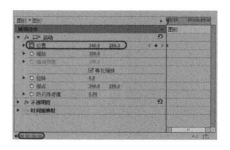

图 9.49　设置【位置】

(7) 将时间设置为 00:00:00:10 时，将【位置】设置为 393、288，如图 9.50 所示。

(8) 选择 V3 轨道中的【图形】字幕，在【效果控件】面板中，将时间设置为 00:00:00:00 时，单击【运动】|【位置】左侧的【切换动画】按钮 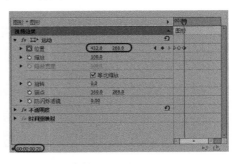，将【位置】设置为 360、288；将时间设置为 00:00:00:10 时，将【位置】设置为 393、288；将时间设置为 00:00:00:20 时，将【位置】设置为 432、288，如图 9.51 所示。

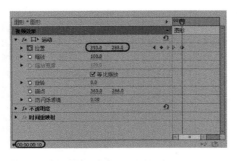

图 9.50　设置【位置】

图 9.51　设置【位置】

9.4　添　加　效　果

下面讲解为视频添加效果。

(1) 切换至【节目预告】序列面板，将时间设置为 00:00:06:01，在【项目】面板中将【文字】序列拖入 V5 轨道中与时间线对齐，如图 9.52 所示。

(2) 将时间设置为 00:00:11:24，在【项目】面板中将【图形】序列拖入 V6 轨道中与时间线对齐，如图 9.53 所示。

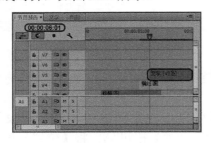

图 9.52　拖入【文字】序列

图 9.53　拖入【图形】序列

(3) 在【项目】面板中右击，在弹出的快捷菜单中选择【新建项目】|【调整图层】命令，如图 9.54 所示。

(4) 在弹出的【调整图层】对话框中，保持默认设置，单击【确定】按钮，如图 9.55 所示。

(5) 将时间设置为 00:00:18:14，将【项目】面板中的【调整图层】拖入 V7 轨道中，使其尾部与时间线对齐，如图 9.56 所示。

(6) 将 V2 至 V4 轨道中的图层的尾部拖曳至时间线处。选取【剃刀工具】 ，将 V5 轨道中多余的部分剪切并将其删除，如图 9.57 所示。

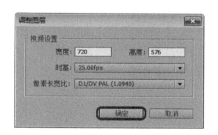

图 9.54　选择【调整图层】命令　　　　　　图 9.55　单击【确定】按钮

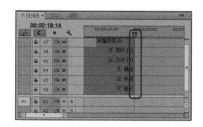

图 9.56　拖入【调整图层】　　　　　　　　图 9.57　调整轨道图层

(7) 在【效果】面板中，选择【视频过渡】|【擦出】|【百叶窗】，将其拖入 V1 轨道中【白色遮罩】的顶部，如图 9.58 所示。

(8) 在 V2 轨道中，选择【矩形】字幕。在【效果】面板中，双击【视频效果】|【变换】|【裁剪】特效，如图 9.59 所示。

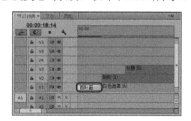

图 9.58　添加【百叶窗】效果　　　　　　　图 9.59　添加【裁剪】特效

(9) 在【效果控件】面板中，将时间设置为 00:00:01:05，单击【裁剪】|【底对齐】左侧的【切换动画】按钮，将其值设置为 97%，如图 9.60 所示。

(10) 将时间设置为 00:00:01:23，将【底对齐】设置为 0，如图 9.61 所示。

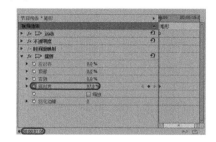

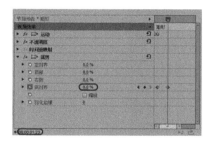

图 9.60　设置【底对齐】　　　　　　　　　图 9.61　设置【底对齐】

(11) 在【效果】面板中，双击【视频效果】|【生成】|【镜头光晕】特效，如图 9.62 所示。

(12) 在【效果控件】面板中，将时间设置为 00:00:01:13，单击【镜头光晕】|【光晕中心】左侧的【切换动画】按钮，将其值设置为 658，50；将时间设置为 00:00:04:02，将【光晕中心】设置为 60，50，如图 9.63 所示。

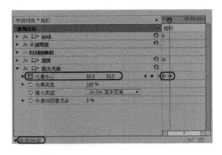

图 9.62　添加【镜头光晕】特效　　　　　图 9.63　设置【光晕中心】

(13) 在 V3 轨道中，选择【标题】字幕。在【效果】面板中，双击【视频效果】|【透视】|【投影】特效。在【效果控件】面板中，将时间设置为 00:00:02:06，单击【投影】|【距离】左侧的【切换动画】按钮，将其值设置为 5；将时间设置为 00:00:05:03 时，将【距离】设置为 12，如图 9.64 所示。

(14) 在【效果】面板中，选择【视频过渡】|【3D 运动】|【门】特效，将其拖入 V3 轨道中【标题】字幕的顶部，如图 9.65 所示。

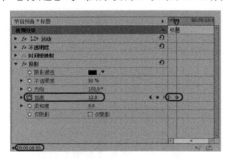
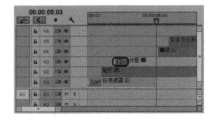

图 9.64　设置【距离】　　　　　　　　图 9.65　添加【门】特效

(15) 选择 V4 轨道中的【横线】字幕，在【效果】面板中，双击【视频效果】|【变换】|【羽化边缘】特效。在【效果控件】面板中，将【羽化边缘】的【数量】设置为 20，如图 9.66 所示。

(16) 在【效果】面板中，选择【视频过渡】|【滑动】|【滑动带】特效，将其拖入 V5 轨道中【文字】字幕的顶部，如图 9.67 所示。

(17) 选择添加的【滑动带】特效，在【效果控件】面板中，将【持续时间】设置为 00:00:02:00，如图 9.68 所示。

(18) 在【效果】面板中，选择【视频过渡】|【页面剥落】|【翻页】特效，将其拖入 V7 轨道中【调整图层】的尾部，如图 9.69 所示。

图 9.66　设置【数量】

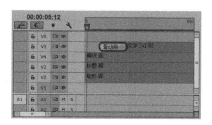

图 9.67　添加【滑动带】特效

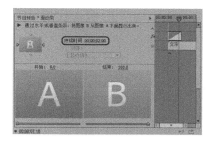

图 9.68　设置【持续时间】

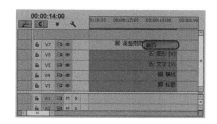

图 9.69　添加【翻页】特效

(19) 选择添加的【翻页】，在【效果控件】面板中，将【持续时间】设置为 00:00:02:00，如图 9.70 所示。

(20) 将【项目】面板中的【音乐.mp3】拖入 A1 轨道中，将其持续时间设置为 00:00:18:14，如图 9.71 所示。

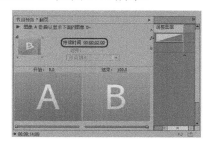

图 9.70　设置【持续时间】

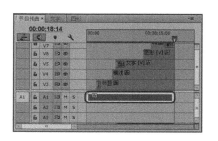

图 9.71　添加音乐

(21) 制作完成后，将项目文件保存并导出视频。

第 10 章　项目指导——制作商品广告片头

随着社会的不断发展，为了迎合消费者的喜好，手表也在不断地推出新的产品，因而广告、宣传片等宣传动画也在不断地更新。下面将介绍怎样制作一个商品广告的片头，其效果如图 10.1 所示。

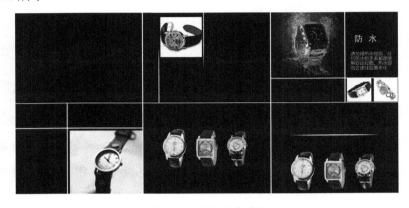

图 10.1　商品广告片头

10.1　导入图像素材

在制作视频之前，首先要收集制作视频过程中需要用到的图像文件，然后将其素材导入到【项目】窗口中。其具体操作步骤如下。

(1) 启动 Premiere Pro CC 软件，在弹出的欢迎界面中单击【新建项目】按钮，弹出【新建项目】对话框，在该对话框中将名称设置为【商品广告片头】，在【位置】选项中为其指定一个正确的存储位置，其他均为默认，如图 10.2 所示。

(2) 设置完成后单击【确定】按钮，按 Ctrl+I 组合键，在弹出的对话框中选择随书附带光盘中的 CDROM\素材\Cha10\表文件夹，如图 10.3 所示。

(3) 单击【导入文件夹】按钮，即可将素材导入到【项目】面板中，如图 10.4 所示。

图 10.2　【新建项目】对话框

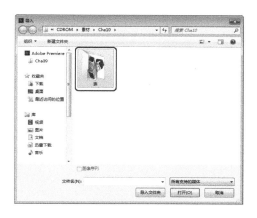

图 10.3　【导入】对话框

图 10.4　导入素材

10.2　新　建　字　幕

下面将简单地介绍一下怎样在【字幕】窗口中制作动画中需要的文字、形状。其具体操作步骤如下。

(1) 按 Ctrl+T 组合键，打开【新建字幕】对话框，在该对话框中将【名称】设置为"名表欣赏"，如图 10.5 所示。

(2) 设置完成后单击【确定】按钮，打开字幕编辑器，在编辑窗口中单击，并输入文本信息，然后选择输入的文本，在【字幕属性】面板中将【属性】下的【字体系列】设置为【方正综艺简体】，将【字符间距】设置为 5，将【颜色】的 RGB 值设置为 113、0、0，然后在【变换】选项下将【旋转】设置为 341，如图 10.6 所示。

图 10.5　【新建字幕】对话框

(3) 设置完成后在选项栏中单击【基于当前字幕新建字幕】按钮，在弹出的对话框中将【名称】设置为【名表欣赏 1】，在编辑器窗口中选择字幕，在【字幕属性】选项组中将【旋转】设置为 0，并将其调整至合适的位置，如图 10.7 所示。

(4) 新建【英文】字幕，将编辑器窗口中的字幕删除，在工具箱中选择【文字工具】，在编辑器中输入文字，选择输入的文字，将【字体大小】设置为 50，其他参数均与【名表欣赏】字幕属性相同，并将其调整至合适的位置，如图 10.8 所示。

(5) 新建【英文 1】字幕，选择编辑器中的字幕，在【字幕属性】选项组中将【旋转】设置为 0，在【属性】选项中将【字体系列】设置为【华文隶书】，将【字体大小】设置为 70，将【字符间距】设置为 5，如图 10.9 所示。

(6) 使用同样的方法，新建【防】字幕，在编辑器窗口中输入文字，并在【字幕属性】选项组中将【属性】选项下的【字体系列】设置为 AcadEref，将【字体大小】设置为 65，将【颜色】设置为白色，如图 10.10 所示。

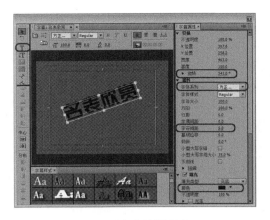

图 10.6 字幕编辑器窗口

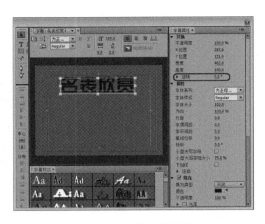

图 10.7 设置字幕属性

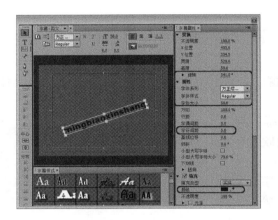

图 10.8 设置文字属性

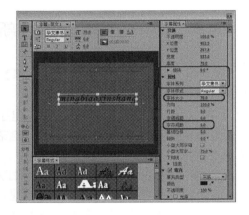

图 10.9 设置文字属性

(7) 使用同样的方法，制作【水】字幕，并设置相同的属性，然后再次创建一个名称为【讲解】的字幕，在编辑器窗口中输入文本信息，然后选择输入的文本，在【字幕属性】选项组中将【属性】选项下的【属性】设置为【微软雅黑】，将【字体大小】设置为30，将【颜色】设置为白色，如图 10.11 所示。

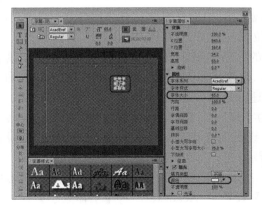

图 10.10 输入文字并设置属性

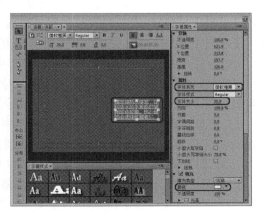

图 10.11 输入文字并设置属性

（8）新建【文字 01】字幕，将编辑器中的字幕删除，在工具箱中选择【垂直文字工具】 ，在编辑器中单击并输入文字，然后选择输入的文字，在【字幕属性】选项组中将【属性】选项下的【字体系列】设置为【隶书】，将【字体大小】设置为 51，将【颜色】的 RGB 值设置为 113、0、0，并将其调整至合适的位置，如图 10.12 所示。

（9）新建【文字 02】字幕，在工具箱中选择【垂直文字工具】，更改编辑器中的字幕内容，保持属性不变，更改完成后将其调整至合适的位置，如图 10.13 所示。

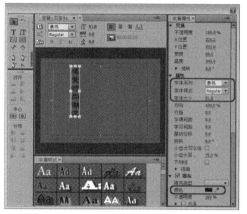

图 10.12　输入文字并设置属性

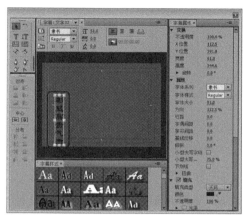

图 10.13　更改文字

（10）新建【文字 03】字幕，在工具箱中选择【文本工具】 ，在编辑器中单击并输入文本信息，并设置与【文字 02】字幕相同的属性，如图 10.14 所示。

（11）新建【矩形 1】字幕，在工具箱中选择【矩形工具】 ，在编辑器中单击创建矩形，选择创建的矩形，在【字幕属性】选项组中将【变换】选项下的【宽度】、【高度】分别设置为 800、6，将【颜色】设置为白色，如图 10.15 所示。

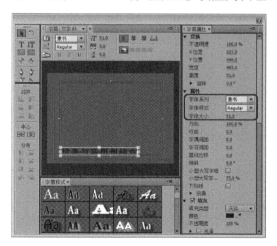

图 10.14　输入文本并设置属性

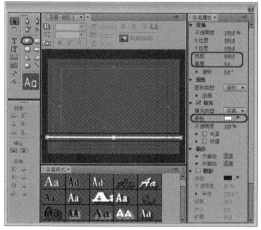

图 10.15　创建矩形并设置属性

（12）新建【矩形 2】字幕，选择编辑器中的矩形，在【字幕属性】选项组中将【宽度】、【高度】分别设置为 6、600，如图 10.16 所示。

(13) 新建【矩形 3】字幕，在工具箱中选择【椭圆工具】 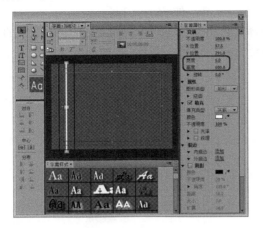，在编辑器中单击创建椭圆，选择创建的椭圆，在【字幕属性】选项组中将【变换】选项下的【宽度】、【高度】分别设置为557、7，将其【颜色】设置为白色，并将其调整至合适的位置，如图10.17所示。

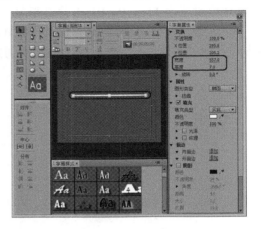

图 10.16　创建矩形并设置属性　　　　图 10.17　创建椭圆并设置属性

(14) 新建【纵线】字幕，在编辑器中选择椭圆，在【字幕属性】选项组中将【宽度】、【高度】分别设置为5、586.8，并将其调整至合适的位置，如图10.18所示。

(15) 新建【竖线】字幕，在编辑器中选择椭圆，在【字幕属性】选项组中将【宽度】、【高度】分别设置为649、6，并将其调整至合适的位置，如图10.19所示。

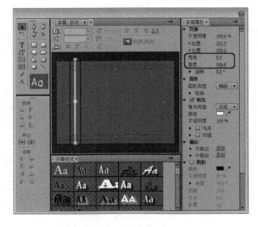

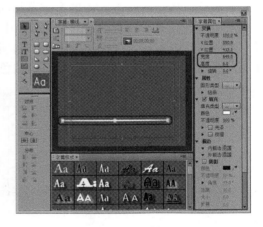

图 10.18　设置椭圆属性　　　　　　　图 10.19　设置椭圆属性

10.3　创建【图像切换 01】序列

创建完成字幕后，下面将介绍怎样让创建的形状、文字和图像组合成一个简单的切换动画。其具体操作步骤如下。

(1) 按 Ctrl+N 组合键，打开【新建序列】对话框，在【序列预设】选项卡中选择 DV-PAL|【标准 48kHz】选项，然后将【序列名称】设置为【图像切换 01】，如图 10.20

所示。

(2) 设置完成后单击【确定】按钮，即可创建一个空白序列，将当前时间设置为 00:00:00:00，在视频轨道 1 中添加 005.jpg 素材文件，并将其开始位置与时间线对齐，如图 10.21 所示。

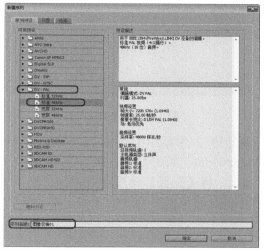

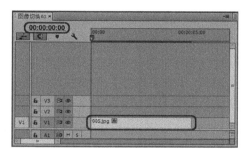

图 10.20　【新建序列】对话框　　　　　　图 10.21　添加素材文件

(3) 在【序列】面板中选择添加的素材文件并右击，在弹出的快捷菜单中选择【速度/持续时间】命令，如图 10.22 所示。

(4) 打开【剪辑速度/持续时间】对话框，在该对话框中将【持续时间】设置为 00:00:02:05，如图 10.23 所示。

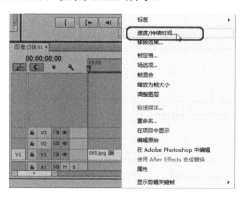

图 10.22　选择【速度/持续时间】命令　　图 10.23　【剪辑速度/持续时间】对话框

(5) 设置完成后单击【确定】按钮，打开【效果控件】面板，展开【运动】选项，将【位置】设置为 915、759，单击【位置】左侧的【切换动画】按钮，然后将当前时间设置为 00:00:00:10，将【位置】设置为 207、202，如图 10.24 所示。

(6) 将当前时间设置为 00:00:02:00，展开【不透明度】选项，单击【不透明度】右侧的【添加/移除关键帧】按钮，添加一处关键帧，然后将当前时间设置为 00:00:02:05，将【不透明度】设置为 0，如图 10.25 所示。

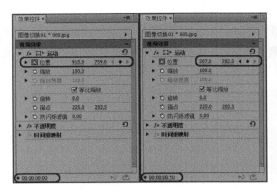

图 10.24　设置关键帧

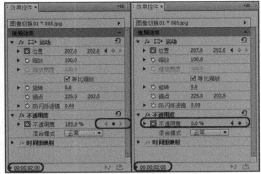

图 10.25　设置关键帧

(7) 将当前时间设置为 00:00:00:00，在视频轨道 2 中添加【矩形 1】字幕，并将其开始位置与时间线对齐，将其持续时间设置为00:00:07:00，如图 10.26 所示。

(8) 在【效果控件】面板中展开【运动】选项，将【位置】设置为360、-195，并单击【位置】左侧的【切换动画】按钮，然后将当前时间设置为 00:00:00:10，将【位置】设置为360、234，如图 10.27 所示。

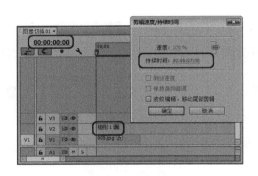

图 10.26　设置素材持续时间

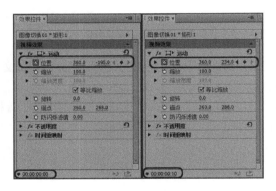

图 10.27　设置关键帧

(9) 然后将当前时间设置为 00:00:02:10，单击【位置】右侧的【添加/移除关键帧】按钮按钮，添加一处关键帧，然后将当前时间设置为 00:00:02:20，将【位置】设置为360、-31，如图 10.28 所示。

(10) 将当前时间设置为 00:00:04:20，单击【位置】右侧的【添加/移除关键帧】按钮，添加一处关键帧，然后将当前时间设置为 00:00:05:05，将【位置】设置为 360、256，如图 10.29 所示。

(11) 将当前时间设置为 00:00:06:20，单击【位置】右侧的【添加/移除关键帧】按钮，添加一处关键帧，然后将当前时间设置为00:00:07:00，将【位置】设置为360、-200，如图 10.30 所示。

(12) 使用同样的方法在视频轨道 3 中添加【矩形 2】字幕，并设置其持续时间、动画效果，将当前时间设置为00:00:00:15，在视频轨道 3 中添加【防】字幕，将其开始位置与时间线对齐，结束位置与视频轨道 1 中的 005.jpg 素材的结尾对齐，如图 10.31 所示。

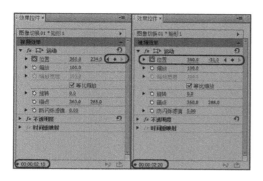
图 10.28　添加关键帧

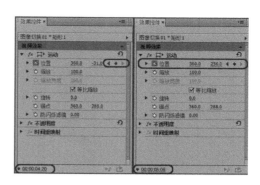
图 10.29　添加关键帧

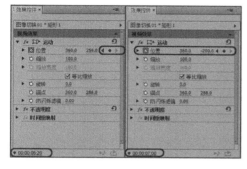
图 10.30　设置关键帧

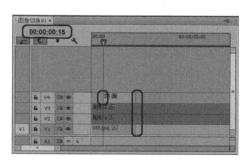
图 10.31　添加素材

（13）将当前时间设置为 00:00:00:20，使用同样的方法，在视频轨道 4 中添加【水】字幕，如图 10.32 所示。

（14）确认当前时间设置为 00:00:00:20，使用同样的方法，在视频轨道 5 中添加【讲解】字幕，并为其添加【抖动溶解】效果，如图 10.33 所示。

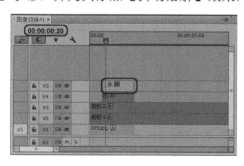
图 10.32　添加字幕

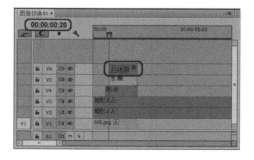
图 10.33　添加字幕

（15）将当前时间设置为 00:00:00:00，使用同样的方法在视频轨道 7 中添加 006.jpg 素材文件，并在【效果控件】面板中将【缩放】设置为 50，将【位置】设置为-70、500，并单击【位置】左侧的【切换动画】按钮，然后将当前时间设置为 00:00:00:15，将【位置】设置为 650、500，如图 10.34 所示。

（16）将当前时间设置为 00:00:02:00，单击【位置】右侧的【添加/移除关键帧】按钮，添加一处关键帧，然后将当前时间设置为 00:00:02:05，将【位置】设置为 760、

500，如图 10.35 示。

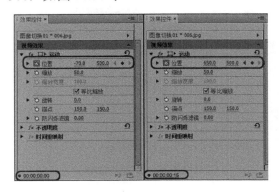

图 10.34　设置关键帧

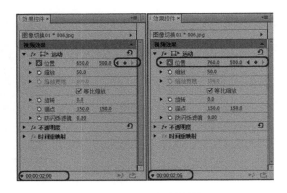

图 10.35　设置关键帧

（17）使用同样的方法，在视频轨道 8 中添加 007.jpg 素材文件，并设置该素材的动画效果，如图 10.36 所示。

（18）将当前时间设置为 00:00:02:10，在视频轨道 1 中添加 008.jpg 素材文件，并将其开始位置与时间线对齐，将其持续时间设置为 00:00:02:05，如图 10.37 所示。

图 10.36　设置动画效果

图 10.37　添加素材并设置持续时间

（19）在【效果控件】面板中将【缩放】设置为-208、-200，并单击【位置】左侧的【切换动画】按钮，然后将当前时间设置为 00:00:02:20，将【位置】设置为 514、375，如图 10.38 所示。

（20）将当前时间设置为 00:00:04:10，展开【不透明度】选项，单击【不透明度】右侧的【添加/移除关键帧】按钮，添加一处关键帧，然后将当前时间设置为 00:00:04:15，将【不透明度】设置为 0，如图 10.39 所示。

（21）将当前时间设置为 00:00:02:20，在视频轨道 4 中添加【文字 01】字幕，将其开始位置与时间线对齐，并将其持续时间设置为 00:00:01:20，在【效果控件】面板中将【位置】设置为 360、800，并单击【位置】左侧的【切换动画】按钮，然后将当前时间设置为 00:00:03:05，将【位置】设置为 360、274，如图 10.40 所示。

（22）将当前时间设置为 00:00:04:10，单击【位置】右侧的【添加/移除关键帧】按钮，添加一处关键帧，然后将当前时间设置为 00:00:04:15，将【位置】设置为 360、-122，如图 10.41 所示。

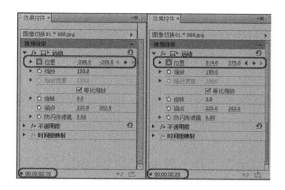

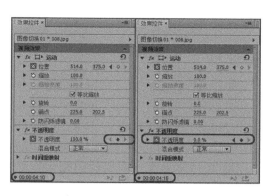

图 10.38 设置关键帧

图 10.39 设置关键帧

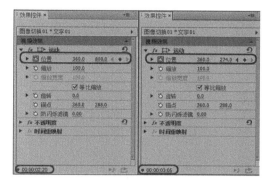

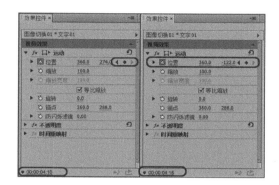

图 10.40 设置关键帧

图 10.41 设置关键帧

(23) 使用同样的方法，在视频轨道 5、6、7 中添加对象并设置动画，效果如图 10.42 所示。

(24) 使用同样的方法，制作后面的动画效果，如图 10.43 所示。

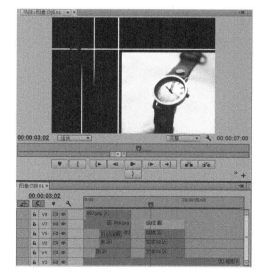

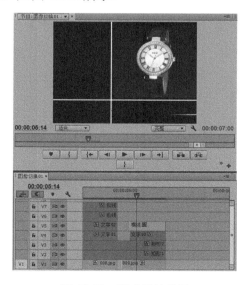

图 10.42 完成后的效果

图 10.43 完成后的效果

10.4 制作嵌套序列

对时间线进行嵌套，然后再在【序列】面板中进行设置。其具体操作步骤如下。

(1) 使用同样的方法，创建一个名称为【嵌套序列】的序列文件，将当前时间设置为00:00:00:00，在视频轨道 1 中添加【名表欣赏】字幕，将其开始位置与时间线对齐，并将其持续时间设置为00:00:02:05，如图 10.44 所示。

(2) 在【效果控件】面板中将【缩放】设置为 600，并单击【缩放】左侧的【切换动画】按钮，然后将当前时间设置为 00:00:00:05，将【缩放】设置为 100，如图 10.45 所示。

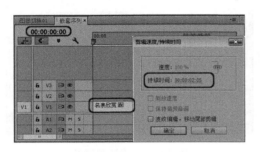

图 10.44　添加素材并设置持续时间

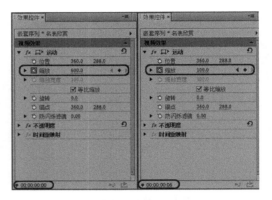

图 10.45　设置关键帧

(3) 将当前时间设置为 00:00:00:07，单击【位置】左侧的【切换动画】按钮，将当前时间设置为 00:00:02:00，将【位置】设置为 252、331，单击【不透明度】右侧的【添加/删除关键帧】按钮，如图 10.46 所示。

(4) 将当前时间设置为 00:00:02:05，将【不透明度】设置为 0%，如图 10.47 所示。

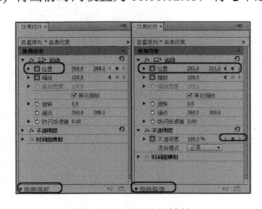

图 10.46　设置关键帧

图 10.47　设置关键帧

(5) 使用同样的方法，在视频轨道 2 中添加【英文】字幕，并设置相同的动画，如图 10.48 所示。

(6) 将当前时间设置为 00:00:02:05，在视频轨道 1 中添加【纵线】字幕，并将其开始位置与时间线对齐，可将其持续时间设置为 00:00:00:20，在【效果控件】面板中将【位置】设置为 338、859，单击【位置】左侧的【切换动画】按钮，然后将当前时间设置为 00:00:03:00，将【位置】设置为 338、-265，如图 10.49 所示。

图 10.48　完成后的效果

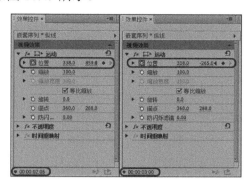

图 10.49　设置关键帧

(7) 使用同样的方法，在视频轨道 2 中添加相同的字幕，并设置相同的属性及关键帧动画，如图 10.50 所示。

(8) 将当前时间设置为 00:00:02:05，在视频轨道 3 中添加 001.jpg 素材文件，将其开始位置与时间线对齐，结尾处与【纵线】字幕的结尾对齐，如图 10.51 所示。

图 10.50　设置关键帧

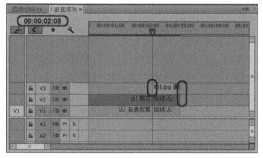

图 10.51　添加字幕

(9) 在【效果控件】面板中将【缩放】设置为 35，将【位置】设置为 216、155，将【不透明度】设置为 0，然后将当前时间设置为 00:00:02:08，将【不透明度】设置为 100，如图 10.52 所示。

(10) 将当前时间设置为 00:00:02:20，单击【不透明度】右侧的【添加/删除关键帧】按钮，然后将当前时间设置为 00:00:03:00，将【不透明度】设置为 0，如图 10.53 所示。

(11) 将当前时间设置为 00:00:02:20，在视频轨道 4 中添加【横线】字幕，并将其持续时间设置为 00:00:00:20，在【效果控件】面板中将【位置】设置为 1043、157，单击【位置】左侧的【切换动画】按钮，然后将当前时间设置为 00:00:03:15，将【位置】设置为 -275、157，如图 10.54 所示。

(12) 使用同样的方法，在视频轨道 5 中添加【横线】字幕，并设置关键帧，如

图 10.55 所示。

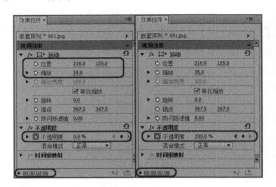

图 10.52　设置关键帧

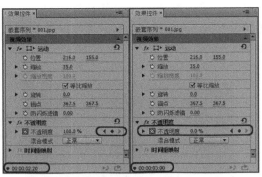

图 10.53　设置关键帧

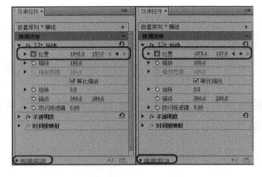

图 10.54　设置关键帧

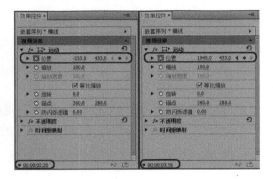

图 10.55　设置关键帧

（13）将当前时间设置为 00:00:02:20，在视频轨道 6 中添加 002.jpg 素材文件，将其开始位置与时间线对齐，结尾与【横线】字幕的结尾对齐，如图 10.56 所示。

（14）在【效果控件】面板中将【缩放】设置为 35，将【位置】设置为 511、420，将【不透明度】设置为 0，然后将当前时间设置为 00:00:03:00，将【不透明度】设置为 100，如图 10.57 所示。

图 10.56　添加素材

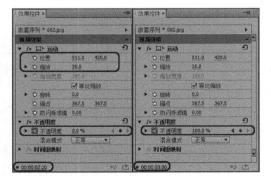

图 10.57　设置关键帧

（15）将当前时间设置为 00:00:03:10，单击【不透明度】右侧的【添加/删除关键帧】按钮，然后将当前时间设置为 00:00:03:15，将【不透明度】设置为 0，如图 10.58 所示。

（16）使用同样的方法，制作后面的动画效果，如图 10.59 所示。

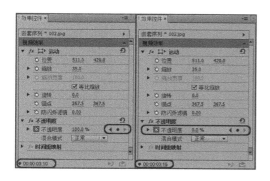

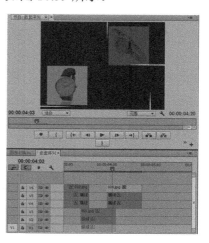

图 10.58　设置关键帧 　　　　　　图 10.59　制作完成后的效果

（17）将当前时间设置为 00:00:04:20，在视频轨道 1 中添加【图像切换 01】序列文件，将其开始位置与时间线对齐，如图 10.60 所示。

（18）将当前时间设置为 00:00:11:20，在视频轨道 3 中添加 010.png 素材文件，将其开始位置与时间线对齐，设置持续时间为 00:00:07:00，如图 10.61 所示。

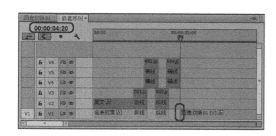

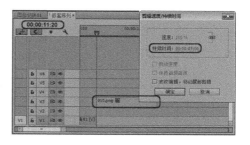

图 10.60　添加序列文件 　　　　　　图 10.61　添加素材并设置持续时间

（19）在【效果控件】面板中将【缩放】设置为 600，单击【缩放】左侧的【切换动画】按钮，然后将当前时间设置为 00:00:12:00，将【缩放】设置为 40，如图 10.62 所示。

（20）将当前时间设置为 00:00:12:21，单击【位置】左侧的【切换动画】按钮，然后将当前时间设置为 00:00:14:21，将【位置】设置为 360、435，如图 10.63 所示。

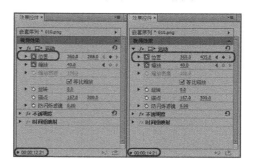

图 10.62　设置关键帧 　　　　　　图 10.63　设置关键帧

(21) 将当前时间设置为 00:00:12:20，在视频轨道 2 中添加 010.png 素材文件，将其开始位置与时间线对齐，结尾与 010.png 素材结尾对齐，在【效果控件】面板中单击【位置】左侧的【切换动画】按钮，并将【缩放】设置为 15，如图 10.64 所示。

(22) 将当前时间设置为 00:00:12:20，将【位置】设置为 180、288，然后将当前时间设置为 00:00:12:21，单击【位置】右侧的【添加/移除关键帧】按钮，如图 10.65 所示。

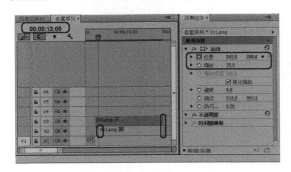

图 10.64　添加素材并设置参数

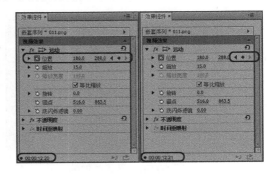

图 10.65　设置关键帧

(23) 将当前时间设置为 00:00:14:20，将【位置】设置为 180、435，如图 10.66 所示。

(24) 使用同样的方法，添加其他的素材并为其设置关键帧动画，完成后的效果如图 10.67 所示。

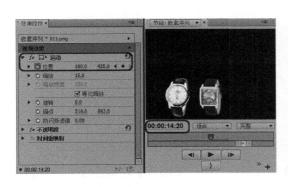

图 10.66　设置关键帧

图 10.67　完成后的效果

(25) 将当前时间设置为 00:00:14:21，在视频轨道 4 中添加【矩形 3】字幕，将其开始位置与时间线对齐，结尾与 010.png 素材结尾对齐，如图 10.68 所示。

(26) 在【效果控件】面板中将【位置】设置为 979、288，单击【位置】左侧的【切换动画】按钮，然后将当前时间设置为 00:00:15:00，将【位置】设置为 360、288，如图 10.69 所示。

(27) 确认当前时间为 00:00:15:00，在视频轨道 5 中添加【名表欣赏 1】字幕，将其开始位置与时间线对齐，结尾与 010.png 素材结尾对齐，如图 10.70 所示。

(28) 打开【效果】面板，在该面板中选择【视频效果】|【变换】|【裁剪】效果，如图 10.71 所示。

(29) 将选择的【裁剪】效果添加至【名表欣赏 1】字幕上，将当前时间设置为

00:00:15:10，将【裁剪】选项下的【顶部】设置为 32，然后将当前时间设置为 00:00:16:15，将【顶部】设置为 0，如图 10.72 所示。

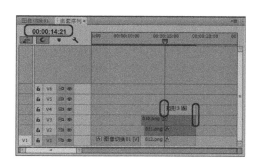

图 10.68　添加字幕

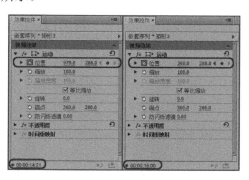

图 10.69　设置关键帧

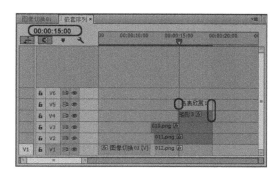

图 10.70　添加字幕

图 10.71　选择效果

(30) 使用同样的方法，添加其他字幕并设置关键帧动画，完成后的效果如图 10.73 所示。

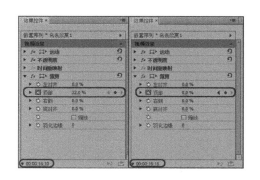

图 10.72　设置素材的持续时间

图 10.73　完成后的效果

10.5　添加音频并输出视频

最后为制作的商品广告片头添加音频文件，然后将其输出。

10.5.1 添加音频文件

在音频轨道中添加音频文件的具体操作步骤如下。

(1) 在视频轨道 1 中选择【图像切换 01】序列文件并右击，在弹出的快捷菜单中选择【取消链接】命令，如图 10.74 所示。

(2) 将取消链接后的音频文件删除，然后将当前时间设置为 00:00:00:02，在音频轨道中添加【背景音乐.mp3】，并将其开始位置与时间线对齐，如图 10.75 所示。

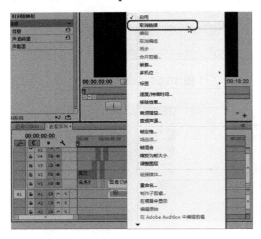

图 10.74　选择【取消链接】命令

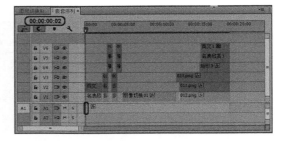

图 10.75　插入音频文件

(3) 展开音频轨道 1，在工具箱中选择【钢笔工具】，确认当前时间为 00:00:00:02，在音频文件上单击添加关键帧，并将其拖曳至下方，如图 10.76 所示。

(4) 将当前时间设置为 00:00:00:22，在当前时间再次添加关键帧并将其拖曳至上方，如图 10.77 所示。

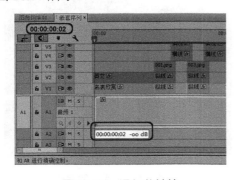

图 10.76　添加关键帧

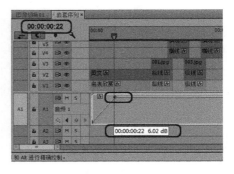

图 10.77　添加关键帧

(5) 将右侧多余的音频文件删除，然后将当前时间设置为 00:00:18:00，在关键线上单击添加关键帧，如图 10.78 所示。

(6) 将当前时间设置为 00:00:18:20，在关键帧上单击并将其拖曳至下方，如图 10.79 所示。

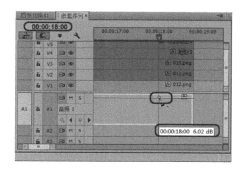

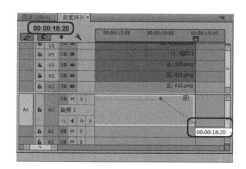

图 10.78　添加关键帧　　　　　　　　　　　图 10.79　添加关键帧

10.5.2　输出文件

至此，视频部分就制作完成了。下面将简单地介绍一下输出文件的具体操作步骤。

(1) 按 Ctrl+M 组合键，打开【导出设置】对话框，在该对话框中将【格式】设置为 AVI，单击【输出名称】右侧的蓝色按钮，在弹出的对话框中为其指定一个正确的存储路径，并为其重命名，如图 10.80 所示。

(2) 设置完成后单击【确定】按钮，回到【导出设置】对话框，单击【导出】按钮即可将该视频导出，如图 10.81 所示。

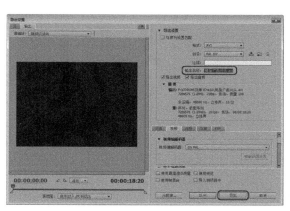

图 10.80　【另存为】对话框　　　　　　　　图 10.81　单击【导出】按钮

第 11 章　项目指导——制作儿童相册

童年生活像一个五彩斑斓的梦，使人留恋，使人向往。如今，为了更好地记录宝贝们的成长，不少人将宝贝的照片制作成电子相册，从而方便观看并储存。本章将根据前面所介绍的知识制作儿童电子相册，效果如图 11.1 所示。

图 11.1　效果图

11.1　导入图像素材

在制作视频之前，首先要收集制作视频过程中需要用到的图像文件，然后将其素材导入到【项目】窗口中。导入素材的具体操作步骤如下。

(1) 启动 Premiere Pro CC 软件，在弹出的欢迎界面中单击【新建项目】按钮，弹出【新建项目】对话框，在该对话框中将名称设置为【儿童电子相册】，在【位置】选项中为其指定一个正确的存储位置，其他均为默认，如图 11.2 所示。

(2) 设置完成后单击【确定】按钮，按 Ctrl+I 组合键，在弹出的对话框中选择随书附带光盘中的 CDROM\素材\Cha11 素材文件夹，如图 11.3 所示。

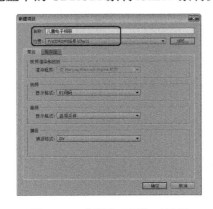

图 11.2　【新建项目】对话框

图 11.3　【导入】对话框

(3) 单击【导入】文件夹按钮，由于导入的文件中包含 psd 文件，所以在导入的过程中会弹出【导入分层文件：背景】对话框，在该对话框中将【导入为】设置为"各个图层"，如图 11.4 所示。

(4) 设置完成后单击【确定】按钮，即可将选择的文件夹导入到【项目】面板中，如图 11.5 所示。

图 11.4　【导入分层文件：背景】对话框　　　图 11.5　导入的素材

11.2　创 建 字 幕

下面将介绍怎样创建字幕条序列。通过创建字幕，在序列中添加素材，并为其设置关键帧动画来实现。其具体操作步骤如下。

(1) 在菜单栏中选择【文件】|【新建】|【字幕】命令，如图 11.6 所示。

(2) 打开【新建字幕】对话框，在该对话框中将名称设置为【纯真年代】，其他参数均为默认设置，如图 11.7 所示。

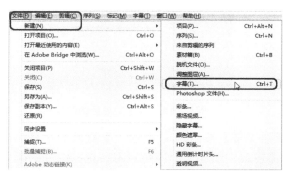

图 11.6　选择【字幕】命令　　　　　图 11.7　【新建字幕】对话框

(3) 设置完成后单击【确定】按钮，即可打开字幕编辑器窗口，在工具箱中选择【文字工具】，在编辑器编辑窗口中单击并输入文字，选择输入的文字，将其调整至合适的位置，在【字幕属性】选项组中将【属性】选项下的【字体系列】设置为【长城特圆体】，将【字体大小】设置为 50，将【字符间距】设置为 5，将【颜色】设置为白色，如

图 11.8 所示。

(4) 展开【阴影】复选框，将【颜色】设置为黑色，将【不透明度】设置为 65，将【角度】设置为-172，将【距离】设置为 8，将【扩展】设置为 4，如图 11.9 所示。

图 11.8　输入文字并设置字幕属性　　　　图 11.9　添加字幕阴影效果

(5) 设置完成后单击【基于当前字幕新建字幕】按钮，再次打开【新建字幕】对话框，在该对话框中将名称设置为【英文】，其他参数均为默认设置，如图 11.10 所示。

(6) 设置完成后单击【确定】按钮，在字幕编辑器中将现有的文字删除，然后使用同样的方法，输入文本信息并设置字幕属性，完成后的效果如图 11.11 所示。

图 11.10　【新建字幕】对话框

图 11.11　设置完成后的效果

(7) 设置完成后单击【基于当前字幕新建字幕】按钮，新建一个底纹的字幕，在工具箱中选择【圆角矩形工具】，在编辑器窗口中绘制一个圆角矩形，选择绘制的圆角矩形，在【字幕属性】选项组中将【变换】选项下的【宽度】、【高度】分别设置为 300、445，将【X 位置】设置为 626，将【Y 位置】设置为 253，将【圆角】设置为 8，将【颜色】设置为白色，将【不透明度】设置为 40，如图 11.12 所示。

(8) 设置完成后再次创建一个名称为【宝贝档案】的字幕，在当前字幕编辑器中将创建的圆角矩形删除，在工具箱中选择【文字工具】，在编辑器窗口中输入文本，并选择输入的文本，在【字幕属性】选项组中将【属性】下的【字体系列】设置为【文鼎 CS 大隶书】，【字体大小】设置为 25，【行距】设置为 20，【填充】选项下的【颜色】设置为红色，然后在【变换】选项下将【X 位置】设置为 626.8，【Y 位置】设置为 263.1，如图 11.13 所示。

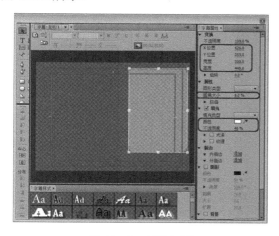
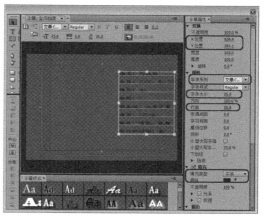

图 11.12　创建矩形　　　　　　　　　　图 11.13　输入文本并设置属性

(9) 使用同样的方法再次创建一个名称为【矩形 2】的字幕，将编辑窗口中的字幕删除，在工具箱中选择【矩形工具】，在编辑窗口中绘制一个矩形，并选择绘制的矩形，在【字幕属性】选项组中将【变换】选项下的【宽度】、【高度】分别设置为 560、144，【X 位置】设置为 317，【Y 位置】设置为 100，【颜色】设置为白色，如图 11.14 所示。

(10) 再次创建一个名为【图像 1】的字幕，将编辑器中的字幕删除，在工具箱中选择【圆角矩形工具】，在编辑器中绘制一个圆角矩形，选择绘制的圆角矩形，在【字幕属性】选项组中将【宽度】、【高度】分别设置为 300、211，将【X 位置】设置为 379.8，将【Y 位置】设置为 249.9，将【颜色】设置为白色，如图 11.15 所示。

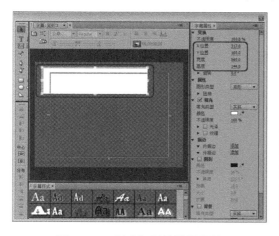
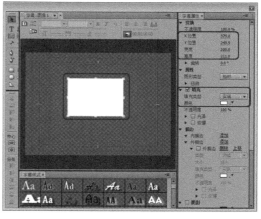

图 11.14　创建矩形并设置属性　　　　　　图 11.15　创建圆角矩形并设置属性

(11) 在【填充】选项中勾选【纹理】复选框，并展开该选项，单击【纹理】右侧的缩略图，在弹出的对话框中选择随书附带光盘中的 CDROM\素材\Cha11\005.jpg 素材文件，如图 11.16 所示。

（12）单击【打开】按钮，即可将其添加至绘制的矩形中，在【描边】选项中单击【外描边】右侧的【添加】按钮，展开【外描边】选项，将【类型】设置为【边缘】，【大小】设置为 10，【颜色】设置为白色，然后将【变换】选项下的【旋转】设置为 355.8°，如图 11.17 所示。

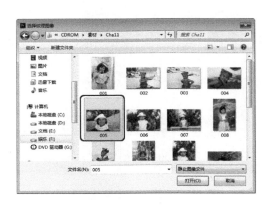

图 11.16 【选择纹理图像】对话框

图 11.17 设置外描边

（13）使用同样的方法，新建字幕【图像 2】，在编辑窗口中选择【图像 1】字幕，在【字幕属性】选项组中单击【纹理】右侧的缩略图，在弹出的对话框中选择 006.jpg 素材文件，如图 11.18 所示。

（14）单击【打开】按钮，即可更改纹理图像，如图 11.19 所示。使用同样的方法，新建其他字幕。

图 11.18 选择素材文件

图 11.19 更改纹理图像

11.3 创建【切换图像 01】序列

下面将通过对轨道中的图像添加关键帧来实现一组图像的切换效果。其具体操作步骤如下。

(1) 在菜单栏中选择【文件】|【新建】|【序列】命令，如图 11.20 所示。

(2) 打开【新建序列】对话框，在该对话框中选择【序列预设】选项卡，选择 DV-PAL|【标准 48kHz】选项，将名称设置为【切换图像 01】，如图 11.21 所示。

图 11.20　选择【序列】命令

图 11.21　【新建序列】对话框

(3) 设置完成后单击【确定】按钮，即可创建一个序列文件，在【序列】面板中当前时间设置为 00:00:00:00，在视频轨道 1 中添加 002.jpg 素材文件，并将其开始位置与时间线对齐，如图 11.22 所示。

(4) 选择添加的素材文件并右击，在弹出的快捷菜单中选择【速度/持续时间】命令，如图 11.23 所示。

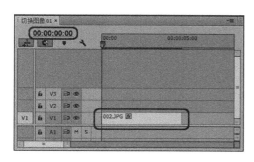

图 11.22　添加素材

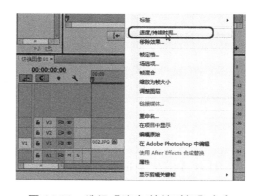

图 11.23　选择【速度/持续时间】命令

(5) 打开【剪辑速度/持续时间】对话框，在该对话框中将【持续时间】设置为 00:00:03:00，如图 11.24 所示。

(6) 设置完成后单击【确定】按钮，在【序列】面板中选择视频轨道 1 中的素材文件，打开【效果控件】面板，展开【运动】选项，将【缩放】设置为 93，【位置】设置为 290、380，如图 11.25 所示。

(7) 将当前时间设置为 00:00:03:00，在视频轨道 1 中添加 003.jpg 素材文件，并将其开始位置与时间线对齐。使用同样的方法，将其持续时间设置为 00:00:03:00，并在【效果控件】面板中设置与 002.jpg 素材相同的属性，如图 11.26 所示。

（8）使用同样的方法，在时间为 00:00:06:00 时添加 004.jpg 素材文件，设置其持续时间与参数，如图 11.27 所示。

图 11.24　【剪辑速度/持续时间】对话框

图 11.25　设置参数

图 11.26　设置参数

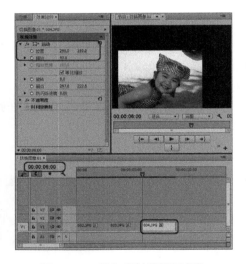

图 11.27　添加素材并设置参数

（9）打开【效果】面板，在该面板中选择【视频过渡】|【擦除】|【棋盘】效果，如图 11.28 所示。

（10）选择【棋盘】效果，将其拖曳至 002.jpg 素材与 003.jpg 素材之间，如图 11.29 所示。

（11）释放鼠标，即可在素材之间添加效果，使用同样的方法，在 003.jpg 素材与 004.jpg 素材之间添加【风车】效果，如图 11.30 所示。

（12）将当前时间设置为 00:00:00:00，选择视频轨道 1 中的 002.jpg 素材文件，打开【效果控件】面板，将【不透明度】设置为 0，如图 11.31 所示。

（13）将当前时间设置为 00:00:00:05，在【效果控件】面板中将【不透明度】设置为 100，如图 11.32 所示。

图 11.28   选择效果

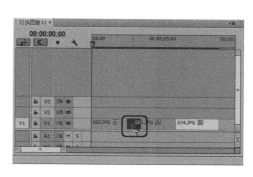

图 11.29   添加效果

图 11.30   添加效果

图 11.31   设置素材不透明度

(14) 将当前时间设置为 00:00:00:00，在视频轨道 2 中添加【矩形 2】字幕，使其开始位置与时间线对齐，并将其结束位置与 004.jpg 素材文件的结尾处对齐，如图 11.33 所示。

图 11.32   设置素材不透明度

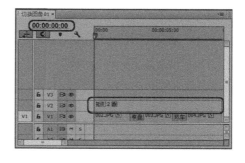

图 11.33   添加字幕

(15) 确认当前时间为 00:00:00:00，选择【矩形 2】字幕，在【效果控件】面板中将【不透明度】设置为 0，然后将当前时间设置为 00:00:00:05，将【不透明度】设置为 100，如图 11.34 所示。

(16) 将当前时间设置为 00:00:08:20，在【效果控件】面板中单击【不透明度】右侧的

【添加/移除关键帧】按钮■，然后将当前时间设置为 00:00:09:00，【不透明度】设置为 0，如图 11.35 所示。

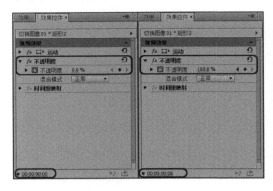

图 11.34　设置关键帧　　　　　　　图 11.35　设置关键帧

(17) 使用同样的方法设置 004.jpg 素材文件的不透明度效果，将当前时间设置为 00:00:01:00，在视频轨道 3 中添加 002.jpg 素材文件，并将其开始位置与时间线对齐，结尾处与【矩形 2】字幕结尾处对齐，如图 11.36 所示。

(18) 确认当前时间为 00:00:01:00，在【效果控件】面板中展开【运动】选项，将【缩放】设置为 30，【位置】设置为 625、97，并单击【位置】左侧的【切换动画】按钮■，【不透明度】设置为 0，如图 11.37 所示。

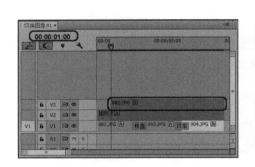

图 11.36　添加素材文件　　　　　　图 11.37　设置关键帧

(19) 将当前时间设置为 00:00:02:15，【位置】设置为 120、97，【不透明度】设置为 100，如图 11.38 所示。

(20) 将当前时间设置为 00:00:03:10，在视频轨道 4 中添加 003.jpg 素材文件，并将其开始位置与时间线对齐，结尾处与 002.jpg 素材文件结尾处对齐，如图 11.39 所示。

(21) 选择添加的素材文件，在【效果控件】面板中展开【运动】选项，将【缩放】设置为 30，【位置】设置为 625、97，并单击【位置】左侧的【切换动画】按钮■，将【不透明度】设置为 0，然后将当前时间设置为 00:00:05:15，【位置】设置为 288、97，将【不透明度】设置为 100，如图 11.40 所示。

(22) 使用同样的方法，在视频轨道 5 中添加素材，并设置其关键帧动画，如图 11.41 所示。

图 11.38　设置关键帧

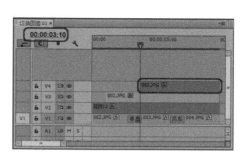

图 11.39　添加素材

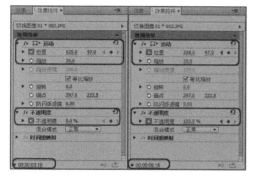

图 11.40　设置关键帧

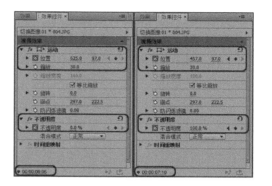

图 11.41　设置关键帧

(23) 将当前时间设置为 00:00:00:00，在视频轨道 6 中添加"背景.gif"素材文件，并将其开始位置与时间线对齐，如图 11.42 所示。

(24) 选择添加的素材文件，在【效果控件】面板中将【缩放】设置为 96，【不透明度】设置为 0，然后将当前时间设置为 00:00:00:05，【不透明度】设置为 100，如图 11.43 所示。

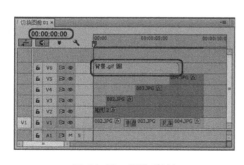

图 11.42　添加素材

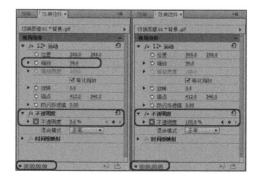

图 11.43　设置关键帧

(25) 使用同样的方法，在该素材的结尾处添加同样的素材，并将其【缩放】设置为 96，如图 11.44 所示。

(26) 将当前时间设置为 00:00:09:00，在工具箱中选择【剃刀工具】，在时间线位置处单击，如图 11.45 所示。

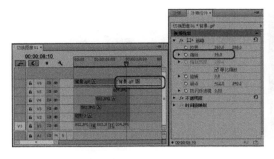

图 11.44　添加素材

图 11.45　剪辑素材

(27) 选择右侧的素材，将其删除，将当前时间设置为 00:00:08:20，在【效果控件】面板中单击【不透明度】右侧的【添加/删除关键帧】按钮，然后将当前时间设置为 00:00:09:00，【不透明度】设置为 0，如图 11.46 所示。

(28) 使用同样的方法，制作 002.jpg、003.jpg、004.jpg 素材的透明度动画，如图 11.47 所示。

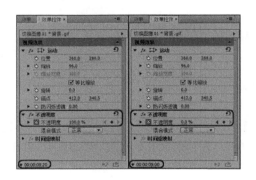

图 11.46　设置关键帧

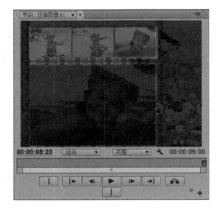

图 11.47　设置完成后的效果

11.4　创建【图片切换 02】序列

下面将通过对轨道中的图像添加关键帧来实现一组图像的切换效果。其具体操作步骤如下。

(1) 按 Ctrl+N 组合键，打开【新建序列】对话框，在该对话框中选择【序列预设】选项卡，选择 DV-PAL |【标准 48kHz】选项，将名称设置为【图片切换 02】，如图 11.48 所示。

(2) 设置完成后单击【确定】按钮，即可创建【序列】文件，在视频轨道 1 中添加【背景.swf】素材文件，由于剪辑与序列不匹配，会弹出【剪辑比匹配警告】对话框，在该对话框中单击【保持现有设置】按钮即可，如图 11.49 所示。

图 11.48　【新建序列】对话框　　　　　图 11.49　【剪辑不匹配警告】对话框

　　(3) 选择添加素材文件并右击，在弹出的快捷菜单中选择【速度/持续时间】命令，在弹出的【剪辑速度/持续时间】对话框中将【持续时间】设置为 00:00:15:00，如图 11.50 所示。

　　(4) 设置完成后单击【确定】按钮，选择添加的素材文件，打开【效果控件】面板，在该面板中展开【运动】选项，将【缩放】设置为 93，并单击【缩放】左侧的【切换动画】按钮，将【不透明度】设置为 0，如图 11.51 所示。

图 11.50　【剪辑速度/持续时间】对话框　　图 11.51　选择【速度/持续时间】命令

　　(5) 将当前时间设置为 00:00:00:15，【缩放】设置为 120，【不透明度】设置为 100，如图 11.52 所示。

　　(6) 将当前时间设置为 00:00:14:20，单击【不透明度】右侧的【添加/移除关键帧】按钮，然后将当前时间设置为 00:00:15:00，【不透明度】设置为 0，如图 11.53 所示。

　　(7) 将当前时间设置为 00:00:00:15，在视频轨道 2 中添加【图像 1】字幕，将其开始位置与时间线对齐，并将其持续时间设置为 00:00:02:00，如图 11.54 所示。

　　(8) 选择添加的字幕，在【效果控件】面板中展开【运动】选项，将【位置】设置为

360、350，【缩放】设置为 0，【不透明度】设置为 0，并单击【位置】、【缩放】左侧的【切换动画】按钮🔘，如图 11.55 所示。

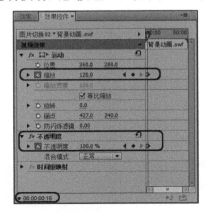

图 11.52　设置关键帧

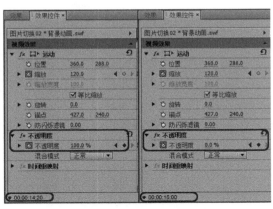

图 11.53　设置关键帧

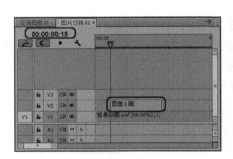

图 11.54　添加字幕

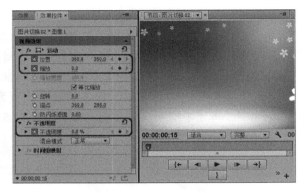

图 11.55　设置关键帧

(9) 将当前时间设置为 00:00:01:00，【缩放】设置为 100，【不透明度】设置为 100，如图 11.56 所示。

(10) 将当前时间设置为 00:00:02:10，分别单击【位置】、【缩放】、【不透明度】右侧的【添加/移除关键帧】按钮🔘，然后将当前时间设置为 00:00:02:15，【位置】设置为-59、126，【缩放】设置为 0，【不透明度】设置为 0，如图 11.57 所示。

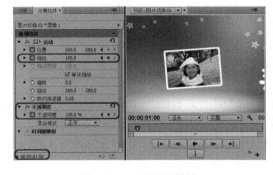

图 11.56　设置关键帧

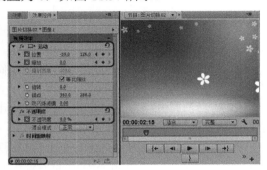

图 11.57　设置关键帧

(11) 将当前时间设置为 00:00:00:15，在视频轨道 3 中添加【图像 1】字幕，将其开始位置与时间线对齐，结束位置与视频轨道 2 中的【图像 1】结尾处对齐，在【效果】面板中选择【视频效果】|【变换】|【裁剪】效果，如图 11.58 所示。

(12) 将【裁剪】效果添加至视频轨道 2 中的【图像 1】字幕上，在【效果控件】中将【裁剪】选项下的【顶部】设置为 53，【羽化边缘】设置为 20，如图 11.59 所示。

图 11.58　选择效果　　　　　　　　　　　　图 11.59　设置裁剪参数

(13) 再次在【效果】面板中选择【视频效果】|【变换】|【垂直翻转】效果，将其添加【图像 1】字幕上，在【效果控件】面板中将【位置】设置为 360、377，【缩放】设置为 0，【不透明度】设置为 0，并单击【位置】、【缩放】左侧的【切换动画】按钮 🖸，如图 11.60 所示。

(14) 将当前时间设置为 00:00:01:00，【位置】设置为 360、543.6，【缩放】设置为 100，【不透明度】设置为 50，如图 11.61 所示。

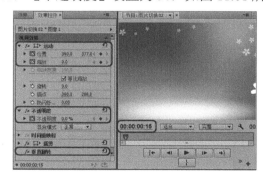 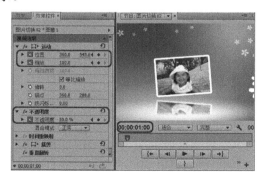

图 11.60　设置关键帧　　　　　　　　　　　图 11.61　设置关键帧

(15) 将当前时间设置为 00:00:02:10，分别单击【位置】、【缩放】、【不透明度】右侧的【添加/移除关键帧】按钮 ◈，然后将当前时间设置为 00:00:02:15，【位置】设置为-59、126，【缩放】设置为 0，【不透明度】设置为 0，如图 11.62 所示。

(16) 使用同样的方法，设置【图像 2】、【图像 3】的动画，完成后的效果如图 11.63 所示。

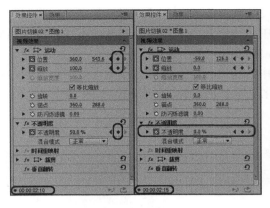

图 11.62　设置关键帧　　　　　　　　　图 11.63　设置完成后的效果

(17) 将当前时间设置为 00:00:07:10，在视频轨道 2 中添加【图像 1】字幕，并将其持续时间设置为 00:00:04:00，在【效果控件】面板中将【位置】设置为 938、350，并单击【位置】左侧的【切换动画】按钮，然后将当前时间设置为 00:00:11:10，【位置】设置如图 11.64 所示。

(18) 使用同样的方法，在视频轨道 3 中添加【图像 1】字幕，并设置其持续时间，为其添加【裁剪】效果，将【顶部】设置为 53，将【羽化边缘】设置为 20，【位置】设置为 360、547，如图 11.65 所示。

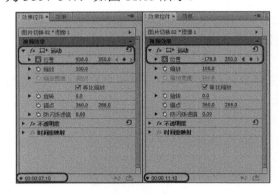
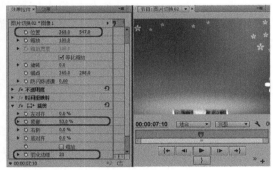

图 11.64　设置关键帧　　　　　　　　　图 11.65　添加效果并设置属性

(19) 使用同样的方法，为其添加一个【垂直翻转】效果，如图 11.66 所示。

(20) 将当前时间设置为 00:00:07:10，【位置】设置为 938、547，【不透明度】设置为 50，然后将当前时间设置为 00:00:11:10，【位置】设置为-178、547，如图 11.67 所示。

(21) 使用同样的方法，制作【图像 2】、【图像 3】的动画效果，如图 11.68 所示。

(22) 将当前时间设置为 00:00:00:00，在视频轨道 8 中添加【飘落的花.swf】素材文件，并将其开始位置与时间线对齐，将其持续时间设置为 00:00:15:00，如图 11.69 所示。

(23) 将当前时间设置为 00:00:14:20，在视频轨道 2 中添加【背景图片.jpg】素材文件，将其开始位置与时间线对齐，并将其持续时间设置为 00:00:11:05，在【效果控件】面板中将【不透明度】设置为 0，然后将当前时间设置为 00:00:15:00，【不透明度】设置为 100，如图 11.70 所示。

图 11.66 添加效果

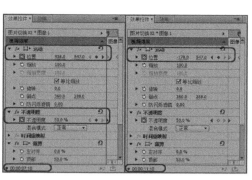

图 11.67 设置关键帧

图 11.68 完成后的效果

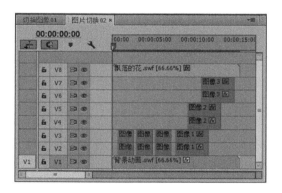

图 11.69 添加素材文件

(24) 将当前时间设置为 00:00:15:00，在视频轨道 3 中添加 "008.jpg" 素材文件，并将其持续时间设置为 00:00:01:22，在【效果控件】面板中将【缩放】设置为 11，【位置】设置为 870、288，【旋转】设置为-9，单击【位置】左侧的【切换动画】按钮，然后将当前时间设置为 00:00:15:05，【位置】设置为 200、288，如图 11.71 所示。

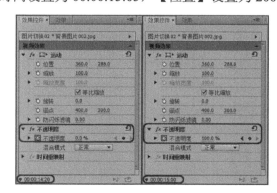

图 11.70 设置关键帧

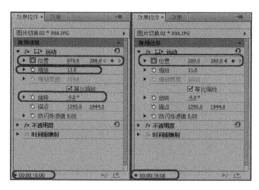

图 11.71 设置关键帧

(25) 将当前时间设置为 00:00:15:06，单击【位置】右侧的【添加/移除关键帧】按钮，然后将当前时间设置为 00:00:16:16，【位置】设置为 250、288，如图 11.72 所示。

(26) 将当前时间设置为 00:00:16:17，单击【位置】右侧的【添加/移除关键帧】按钮，然后将当前时间设置为 00:00:16:22，【位置】设置为-154、288，如图 11.73 所示。

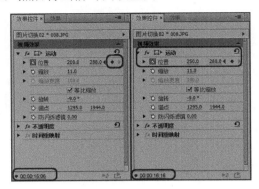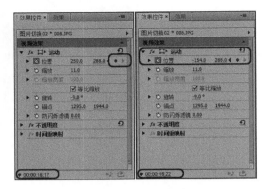

图 11.72　设置关键帧　　　　　　　　　　图 11.73　设置关键帧

(27) 使用同样的方法，制作其他动画效果，如图 11.74 所示。

(28) 将当前时间设置为 00:00:19:20，在视频轨道 3 中添加 012.jpg 素材文件，将其开始位置与时间线对齐，结尾处与【背景图片.jpg】结尾处对齐，如图 11.75 所示。

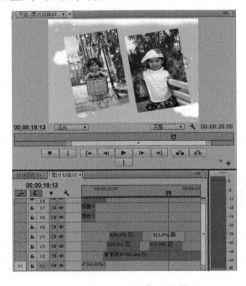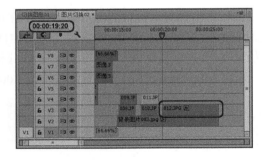

图 11.74　设置完成后的效果　　　　　　　图 11.75　添加素材文件

(29) 选择添加的素材文件，在【效果控件】面板中将【缩放】设置为 100，并单击【缩放】左侧的【切换动画】按钮，将【旋转】设置为 30，如图 11.76 所示。

(30) 将当前时间设置为 00:00:20:20，【缩放】设置为 10，如图 11.77 所示。

(31) 使用同样的方法，制作其他素材的效果，制作完成后的效果如图 11.78 所示。

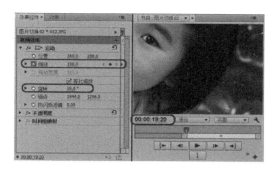

图 11.76　设置缩放参数

图 11.77　设置缩放参数

图 11.78　设置缩放参数

11.5　创建嵌套序列

将前面所创建的【切换图像 01】、【图片切换 02】序列整合到一个序列面板中，又为嵌套序列，然后对齐进行设置。其具体操作步骤如下。

(1) 使用同样的方法，新建一个名为【嵌套序列】的序列文件，将当前时间设置为 00:00:00:00，在视频轨道中添加【盒子.avi】素材文件，在弹出的提示对话框中选择默认选项，如图 11.79 所示。

图 11.79　提示对话框

(2) 选择添加的素材文件，在【效果控件】面板中将【缩放】设置为 206，【位置】设置为360、310，如图11.80所示。

(3) 将当前时间设置为 00:00:05:20，在【效果控件】面板中单击【不透明度】右侧的【添加/移除关键帧】按钮，然后将当前时间设置为 00:00:06:00，【不透明度】设置为 0，如图11.81所示。

(4) 将当前时间设置为 00:00:03:15，在视频轨道 2 中添加【纯真年代】字幕，将其开始位置与时间线对齐，并将其持续时间设置为 00:00:02:10，如图11.82所示。

图 11.80 设置参数

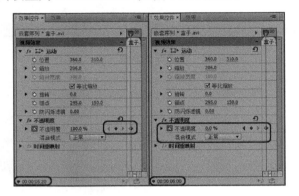

图 11.81 设置关键帧

(5) 打开【效果】面板，在该面板中选择【视频过渡】|【3D 运动】|【摆入】效果，如图11.83所示。

图 11.82 添加字幕

图 11.83 选择【摆入】效果

(6) 选择该效果，将其添加至视频轨道中的【纯真年代】字幕上，选择添加的效果，在【效果控件】面板中将方向设置为【自北向南】，如图11.84所示。

(7) 选择【纯真年代】字幕，确认当前时间为 00:00:05:20，在【效果控件】面板中单击【不透明度】右侧的【添加/移除关键帧】按钮，然后将当前时间设置为 00:00:06:00，【不透明度】设置为 0，如图11.85所示。

(8) 将当前时间设置为 00:00:04:05，在视频轨道 3 中添加【英文】字幕，并将其开始位置与时间线对齐，结束位置与【纯真年代】字幕结尾对齐，如图11.86所示。

(9) 在【效果控件】面板中将【位置】设置为 355、256，单击【位置】左侧的【切换动画】按钮，将【不透明度】设置为 0，然后将当前时间设置为 00:00:05:05，【位置】

设置为 355、288，【不透明度】设置为 100，如图 11.87 所示。

图 11.84　设置方向

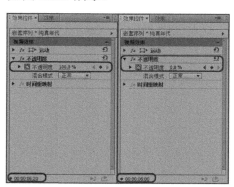

图 11.85　设置关键帧

图 11.86　添加字幕

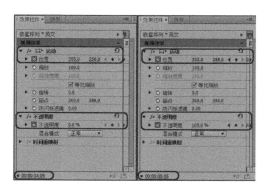

图 11.87　设置关键帧

(10) 将当前时间设置为 00:00:05:20，单击【不透明度】右侧的【添加/删除关键帧】按钮，然后将当前时间设置为 00:00:06:00，【不透明度】设置为 0，如图 11.88 所示。

(11) 将当前时间设置为 00:00:05:20，在视频轨道 5 中添加"图层 0/背景.psd"素材文件，将其开始位置与时间线对齐，并将其持续时间设置为 00:00:05:05，如图 11.89 所示。

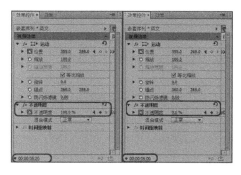

图 11.88　设置关键帧

图 11.89　添加素材文件

(12) 选择添加的"图层 0/背景.psd"素材文件，在【效果控件】面板中将【缩放】设置为 78，【不透明度】设置为 0，然后将当前时间设置为 00:00:06:00，【不透明度】设置为 100，如图 11.90 所示。

(13) 将 00:00:10:20，单击【不透明度】右侧的【添加/删除关键帧】按钮 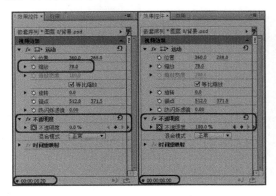，然后将当前时间设置为 00:00:11:00，【不透明度】设置为 0，如图 11.91 所示。

图 11.90　设置关键帧　　　　　　　　　　图 11.91　添加素材文件

(14) 将当前时间设置为 00:00:06:00，在视频轨道 4 中添加 001.jpg 素材文件，并将其开始位置与时间线对齐，结尾处与【图层 0/背景.psd】结尾对齐，如图 11.92 所示。

(15) 选择添加的素材，在【效果控件】面板中将【缩放】设置为 15，【位置】设置为 200、300，【旋转】设置为 3，如图 11.93 所示。

图 11.92　添加素材

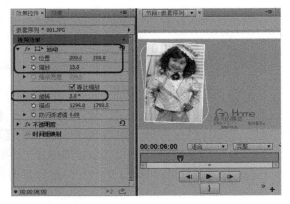

图 11.93　设置素材参数

(16) 选择添加的 001.jpg 素材文件，在开始位置为其添加【滑动带】效果，如图 11.94 所示。

(17) 将当前时间设置为 00:00:10:20，单击【不透明度】右侧的【添加/删除关键帧】按钮 ，然后将当前时间设置为 00:00:11:00，【不透明度】设置为 0，如图 11.95 所示。

(18) 将当前时间设置为 00:00:06:00，在视频轨道 6 中添加【矩形 1】字幕，将其开始位置与时间线对齐，为其添加【滑动带】效果，并将其方向设置为【自北向南】，如图 11.96 所示。

(19) 将当前时间设置为 00:00:10:20，单击【不透明度】右侧的【添加/删除关键帧】按钮 ，然后将当前时间设置为 00:00:11:00，【不透明度】设置为 0，如图 11.97 所示。

(20) 将当前时间设置为 00:00:07:00，在视频轨道 7 中添加【宝贝档案】字幕，将其开始位置与时间线对齐，结尾处与【矩形 1】字幕结尾对齐，并为其添加【抖动溶解】效果，如图 11.98 所示。

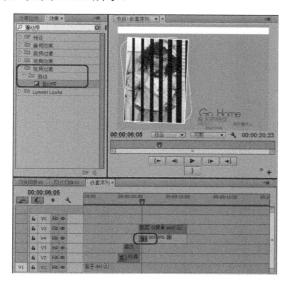

图 11.94　添加效果

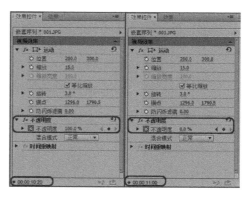

图 11.95　设置关键帧

图 11.96　添加效果

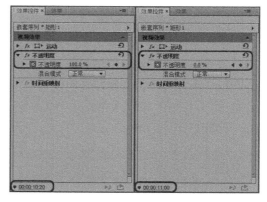

图 11.97　设置关键帧

(21) 使用同样的方法，设置该字幕的不透明度动画效果。将当前时间设置为 00:00:10:20，在视频轨道 2 中添加【切换图像 01】序列，并将其开始位置与时间线对齐，如图 11.99 所示。

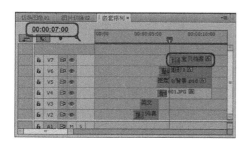

图 11.98　添加字幕

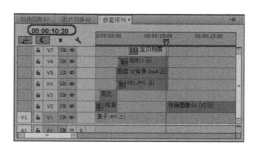

图 11.99　添加序列

(22) 使用同样的方法，将当前时间设置为 00:00:19:15，在视频轨道 3 中添加【图片切换 02】序列，如图 11.100 所示。

图 11.100　添加序列文件

11.6　添加音频并输出视频

最后为制作的儿童电子相册添加音频文件，然后将其设置输出。其具体操作步骤如下。

11.6.1　添加音频文件

在音频轨道中添加音频文件的具体操作步骤如下。

(1) 在【序列】面板中将当前时间设置为 00:00:00:00，在音频轨道中添加【背景音乐.mp3】，并将其开始位置与时间线对齐，如图 11.101 所示。

(2) 在工具箱中选择【钢笔工具】 ，在音频文件上单击添加关键帧，并将其拖曳至下方，如图 11.102 所示。

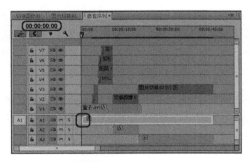

图 11.101　添加音频文件

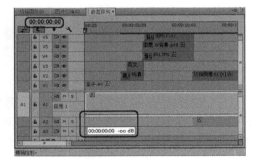

图 11.102　添加关键帧

(3) 确认当前时间为 00:00:02:00，在音频文件上单击添加关键帧，并将其拖曳至上方，如图 11.103 所示。

(4) 将当前时间设置为 00:00:43:15，在音频文件上单击添加关键帧，然后将当前时间设置为 00:00:45:15，在音频文件上单击添加关键帧，并将其拖曳至下方，如图 11.104 所示。

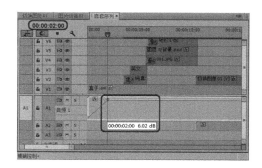

图 11.103　添加关键帧

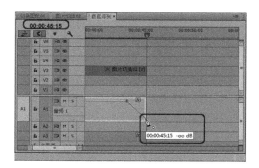

图 11.104　添加关键帧

11.6.2　输出文件

至此，视频部分就制作完成了。下面将简单地介绍一下输出文件的具体操作步骤。

(1) 按 Ctrl+M 组合键，打开【导出设置】对话框，在该对话框中将【格式】设置为 AVI，单击【输出名称】右侧的蓝色按钮，在弹出的对话框中为其指定一个正确的存储路径，并为其重命名，如图 11.105 所示。

(2) 设置完成后单击【确定】按钮，在【导出设置】对话框中单击【导出】按钮，即可以进度条的形式进行导出，如图 11.106 所示。

图 11.105　【另存为】对话框

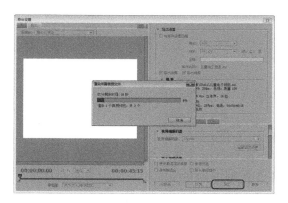

图 11.106　【导出设置】对话框

第 12 章 项目指导——制作旅游宣传片

本案例将介绍怎样制作一个旅游宣传片。通过在序列中创建字幕、为素材设置关键帧、应用嵌套序列等操作，从而产生视频效果，如图 12.1 所示。

图 12.1 旅游宣传片效果

12.1 导入图像素材

在制作视频之前，首先要收集制作视频过程中需要用到的图像文件，然后将其素材导入到【项目】窗口中，导入素材的具体操作步骤如下。

(1) 启动 Premiere Pro CC 软件，在弹出的欢迎界面中单击【新建项目】按钮，如图 12.2 所示。

(2) 弹出【新建项目】对话框，在该对话框中将名称设置为【旅游宣传片】，在【位置】选项中为其指定一个正确的存储位置，其他均为默认设置，如图 12.3 所示。

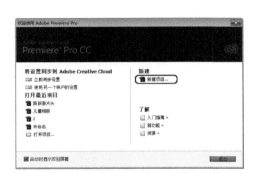

图 12.2 欢迎界面

图 12.3 【新建项目】对话框

（3）设置完成后单击【确定】按钮，按 Ctrl+I 组合键，在弹出的对话框中选择随书附带光盘中的 CDROM\素材\Cha12 素材文件夹，如图 12.4 所示。

（4）单击【导入文件夹】按钮，由于导入的文件中包含 psd 文件，所以在导入的过程中会弹出【导入分层文件】对话框，在该对话框中将【导入为】设置为【各个图层】，如图 12.5 所示。

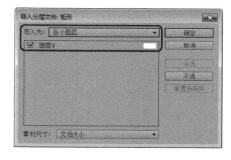

图 12.4　【导入】对话框　　　　图 12.5　【导入分层文件】对话框

（5）设置完成后单击【确定】按钮，即可将选择的文件夹导入到【项目】窗口中，如图 12.6 所示。

图 12.6　导入的素材

12.2　创建字幕条序列

下面将介绍怎样创建字幕条序列，通过创建字幕，在序列中添加素材，并为其设置关键帧动画来实现。其具体操作步骤如下。

(1) 在菜单栏中选择【文件】|【新建】|【序列】命令，如图 12.7 所示。

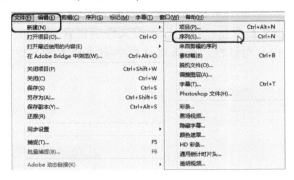

图 12.7 选择【序列】命令

(2) 打开【新建序列】对话框，切换至【序列预设】选项卡，选择 DV-PAL|【标准 48kHz】选项，将【序列名称】设置为【字幕条】，如图 12.8 所示。

(3) 设置完成后单击【确定】按钮，将当前时间设置为 00:00:00:00，在【项目】窗口中选择【地球 1.png】素材图像，将其添加至视频轨道 2 中，如图 12.9 所示。

图 12.8 【新建序列】对话框　　　　图 12.9 添加图像文件

(4) 打开【效果控件】面板，展开【运动】选项，将【缩放】设置为 7，【位置】设置为 95、483，【锚点】设置为 1406.5、1148，如图 12.10 所示。

(5) 使用同样的方法，将【地球 2.png】素材图像添加至视频轨道 3 中，使其开始位置与【地球 1.png】的开始位置对齐，如图 12.11 所示。

(6) 确认当前时间为 00:00:00:00，在【效果控件】面板中展开【运动】选项，将【缩放】设置为 7，【位置】设置为 95、483，【锚点】设置为 1247、1276，单击【旋转】左侧的【切换动画】按钮，如图 12.12 所示。

(7) 将当前时间设置为 00:00:05:00，【旋转】设置为 1×295.5，如图 12.13 所示。

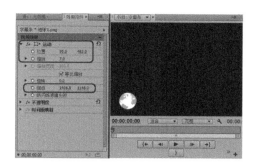

图 12.10 设置对象参数

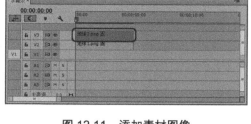

图 12.11 添加素材图像

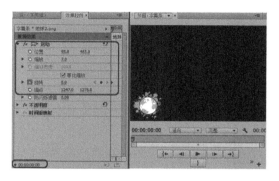

图 12.12 设置素材参数

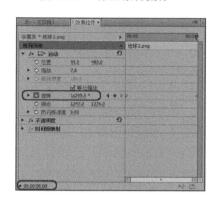

图 12.13 设置旋转参数

(8) 按 Ctrl+T 组合键，弹出【新建字幕】对话框，在该对话框中将【名称】设置为"字幕条"，其他参数均为默认设置，如图 12.14 所示。

(9) 设置完成后单击【确定】按钮，即可打开字幕编辑器，在工具箱中选择【钢笔工具】，在字幕面板中绘制如图 12.15 所示的形状。

图 12.14 【新建字幕】对话框

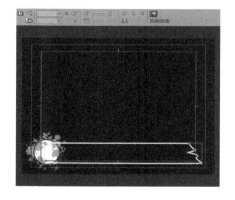

图 12.15 绘制图形

(10) 选择绘制的图形，在【字幕属性】选项组中将【属性】设置为【填充贝塞尔曲线】，【填充】选项组中的【颜色】设置为白色，如图 12.16 所示。

(11) 设置完成后关闭字幕编辑器窗口，将当前时间设置为 00:00:00:00，将创建的【字幕 3】添加至视频轨道 1 中，并将其开始位置与时间线对齐，如图 12.17 所示。

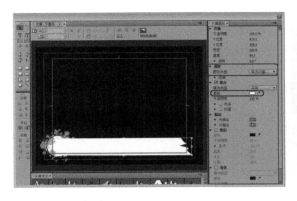

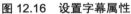

图 12.16 设置字幕属性

图 12.17 添加字幕对象

(12) 打开【效果】面板，选择【视频效果】|【键控】|【4 点无用信号遮罩】效果，如图 12.18 所示。

(13) 将其添加至【字幕条】对象上，在【效果控件】面板中展开【不透明度】选项，展开【4 点无用信号遮罩】选项，确认当前时间为 00:00:00:00，将【4 点无用信号遮罩】选项中的【上右】设置为 144、0，【下右】设置为 144、576，并单击【上右】、【下右】左侧的【切换动画】按钮，如图 12.19 所示。

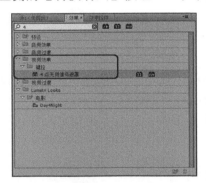

图 12.18 选择效果

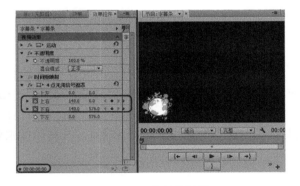

图 12.19 设置关键帧

(14) 将当前时间设置为 00:00:00:20，【4 点无用信号遮罩】选项中的【上右】设置为 700、0，【下右】设置为 700、576，如图 12.20 所示。

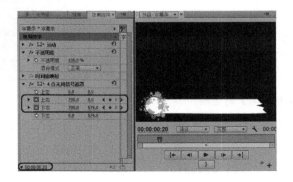

图 12.20 设置关键帧

12.3　创建海洋别墅字幕

下面对海洋别墅进行简单的介绍。在视频轨道中添加图像，并为图像添加相应的特效。其具体操作步骤如下。

(1) 使用同样的方法，再次创建一个名称为【海洋别墅】的序列，在【序列】面板中将当前时间设置为 00:00:00:00，在视频轨道 1 中添加【客房 1.jpg】图像，并将其开始位置与时间线对齐，如图 12.21 所示。

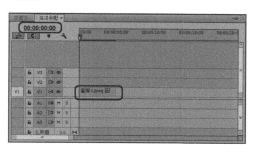

图 12.21　添加图像文件

(2) 确认当前时间为 00:00:00:00，选择添加的【客房 1.jpg】图像，在【效果控件】面板中将【运动】选项下的【缩放】设置为 120，展开【不透明度】选项，将其设置为 0，如图 12.22 所示。

(3) 将当前时间设置为 00:00:00:10，【效果控件】面板中的【不透明度】设置为 100，如图 12.23 所示。

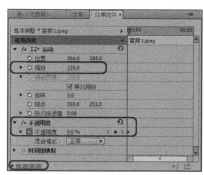

图 12.22　设置关键帧

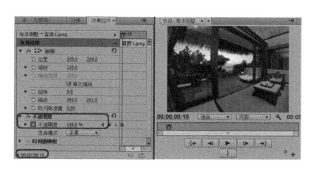

图 12.23　设置关键帧

(4) 将当前时间设置为 00:00:03:10，将"客房 2.jpg"素材文件添加至视频轨道 2 中，并将其开始位置与时间线对齐，如图 12.24 所示。

(5) 打开【效果控件】面板，展开【运动】选项，将【位置】设置为 1121、132，并单击【位置】左侧的【切换动画】按钮 ⬚，如图 12.25 所示。

(6) 将当前时间设置为 00:00:05:00，【位置】设置为 360、132，如图 12.26 所示。

(7) 使用同样的方法，在视频轨道 3 中添加"客房 3.jpg"素材文件，并设置其位置关键帧，完成后的效果如图 12.27 所示。

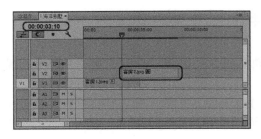

图 12.24 添加素材

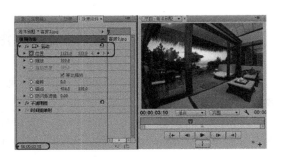

图 12.25 设置关键帧

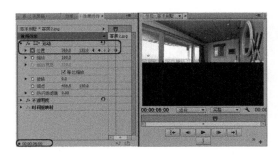

图 12.26 设置关键帧

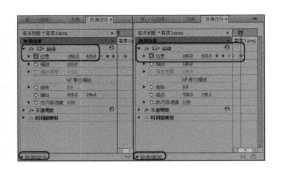

图 12.27 设置完成后的效果

(8) 将当前时间设置为 00:00:07:10,在视频轨道 4 中添加"客房 4.jpg"素材文件,并将其开始位置与时间线对齐,然后将当前时间设置为 00:00:12:10,在视频轨道 4 中添加"客房 5.jpg"素材文件,并将其开始位置与时间线对齐,如图 12.28 所示。

(9) 打开【效果】面板,选择【视频过渡】|【滑动】|【斜线滑动】效果,如图 12.29所示。

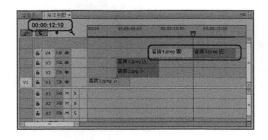

图 12.28 添加素材文件

图 12.29 选择效果

(10) 将其添加至【客房 4.jpg】的开始位置,如图 12.30 所示。

(11) 使用同样的方法,在【效果】面板中选择【效果过渡】|【滑动】|【滑动框】效果,将其添加至"客房 5.jpg"素材文件上,并选择添加的效果,在【效果控件】面板中将方向设置为【自东向西】,如图 12.31 所示。

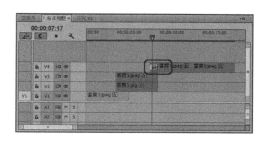

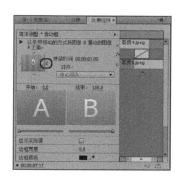

图 12.30　添加效果　　　　　　　　　　图 12.31　设置效果属性

(12) 设置完成后选择【客房 5.jpg】素材文件并右击，在弹出的快捷菜单中选择【速度/持续时间】命令，打开【剪辑速度/持续时间】对话框，将【持续时间】设置为00:00:05:10，如图 12.32 所示。

(13) 按 Ctrl+T 组合键，打开【新建字幕】对话框，在该对话框中将名称设置为【底纹1】，如图 12.33 所示。

图 12.32　【剪辑速度/持续时间】对话框　　　图 12.33　【新建字幕】对话框

(14) 设置完成后单击【确定】按钮，打开字幕编辑器窗口，在工具箱中选择【矩形工具】，在编辑器中创建一个矩形，选择创建的矩形，并将其调整至合适的位置，在【字幕属性】选项组中将【颜色】设置为白色，【不透明度】设置为 50，如图 12.34 所示。

(15) 设置完成后关闭字幕编辑器，将当前时间设置为 00:00:00:10，在视频轨道 5 中添加【底纹 1】字幕，并将其开始位置与时间线对齐，如图 12.35 所示。

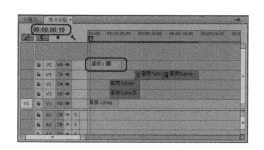

图 12.34　创建矩形　　　　　　　　　　图 12.35　添加字幕

(16) 选择添加的字幕，使用同样的方法，将其持续时间设置为 00:00:17:10，如图 12.36 所示。

(17) 在【效果】面板中选择【效果过渡】|【滑动】|【滑动条】效果，将其添加至【底纹 1】字幕的开始位置，并选择添加的效果，在【效果控件】面板中将方向设置为【自北向南】，如图 12.37 所示。

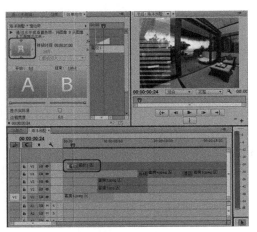

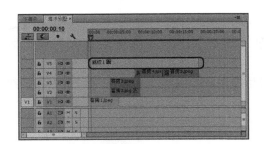

图 12.36 创建完成后的效果 　　　　　　　　图 12.37 设置效果属性

(18) 再次创建一个字幕，将名称设置为【别墅介绍】，打开字幕编辑器，在工具箱中选择【文字工具】■，在编辑器中单击，输入【别墅介绍】，然后选择输入的文字，在【字幕属性】选项组中将【属性】选项下的【字体系列】设置为【华文新魏】，将【字体大小】设置为 45，将【颜色】的 RGB 值设置为 255、2、163，然后将其调整至合适的位置，如图 12.38 所示。

(19) 使用同样的方法，在【别墅介绍】下方输入文字，并将其【字体系列】设置为【方正华隶简体】，【字体大小】设置为 20，【行距】设置为 5，【颜色】的 RGB 值设置为 255、2、163，然后将其调整至合适的位置，如图 12.39 所示。

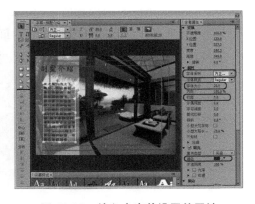

图 12.38 输入文字并设置其属性 　　　　　　　图 12.39 输入文字并设置其属性

(20) 设置完成后将字幕编辑器关闭，将当前时间设置为 00:00:01:00，在视频轨道 6 中添加【别墅介绍】字幕，将其开始位置与时间线对齐，其持续时间设置如图 12.40 所示。

（21）在【效果】面板中选择【效果过渡】|【滑动】|【抖动溶解】效果，将其添加至【别墅介绍】字幕的开始位置，如图 12.41 所示。

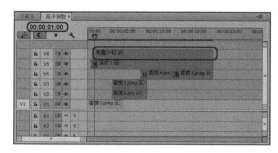

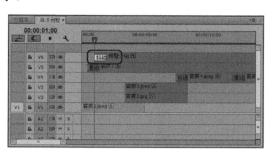

图 12.40　添加字幕并设置持续时间　　　　图 12.41　添加效果

12.4　制作片尾序列

下面将介绍怎样制作片尾序列。

12.4.1　创建字幕

首先创建片尾中需要的字幕文件。其具体操作步骤如下。

（1）使用同样的方法，创建一个名称为【片尾】的序列文件，首先在视频轨道 1 中添加【海浴.jpg】素材文件，按 Ctrl+T 组合键，打开【新建字幕】对话框，在该对话框中将名称设置为【图像 1】，其他参数均为默认设置，如图 12.42 所示。

（2）设置完成后单击【确定】按钮，打开字幕编辑器窗口，在工具箱中选择【圆角矩形工具】，在编辑器窗口中创建一个圆角矩形，选择创建的圆角矩形，在【字幕属性】选项组中将【变换】选项下的【宽度】设置为 283，【高度】设置为 238，并将其调整至合适的位置，在【属性】下将【圆角大小】设置为 5，如图 12.43 所示。

图 12.42　【新建字幕】对话框　　　　图 12.43　创建圆角矩形

(3) 在【填充】选项下勾选【纹理】复选框，展开该选项，单击【纹理】右侧缩略图，在弹出的对话框中选择随书附带光盘中的 CDROM\素材\Cha12\图像 1.jpg 素材文件，如图 12.44 所示。

(4) 单击【打开】按钮，即可将其添加至创建的圆角矩形中，如图 12.45 所示。

图 12.44　【选择纹理图像】对话框

图 12.45　插入纹理图像后的效果

(5) 设置完成后单击【基于当前字幕新建字幕】按钮 ，在弹出的对话框中将其重命名为【图像 2】，单击【确定】按钮，将【图像 1】字幕中的内容分类删除，使用同样的方法创建一个圆角矩形，完成后的效果如图 12.46 所示。

(6) 使用同样的方法，创建【图像 3】字幕，创建圆角矩形并设置纹理图像，完成后的效果如图 12.47 所示。

图 12.46　完成后的效果

图 12.47　完成后的效果

(7) 使用同样的方法新建字幕，并将其重命名为【分界线】，在工具箱中选择【椭圆工具】 ，在编辑器窗口中绘制椭圆，选择绘制的椭圆，在【字幕属性】选项组中将【变换】选项下的【宽度】、【高度】分别设置为 4.5、500，【旋转】设置为 24.5，【X 位置】、【Y 位置】分别设置为 537、241；在【填充】选项下，设置【颜色】为红色，如图 12.48 所示。

(8) 使用同样的方法新建字幕，并将其重命名为【矩形 1】，将编辑器窗口中的字幕删除，在工具箱中选择【圆角矩形工具】 ，在编辑器窗口中创建一个圆角矩形，选择创建的圆角矩形，在【字幕属性】选项组中将【变换】选项下的【高度】、【宽度】分别设置为 367、197，并将其调整至合适的位置，将【属性】下的【圆角大小】设置为 5，如图 12.49 所示。

图 12.48　创建椭圆

图 12.49　创建圆角矩形

(9) 在【描边】选项下勾选【外描边】复选框，展开【外描边】选项，将【类型】设置为【边缘】，【大小】设置为 5，【颜色】的 RGB 值设置为 5、154、58，如图 12.50 所示。

(10) 使用同样的方法创建【矩形 2】字幕，将编辑器中的矩形调整至合适的位置，如图 12.51 所示。

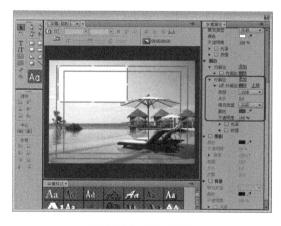

图 12.50　添加描边

图 12.51　调整矩形位置

(11) 使用同样的方法创建【文本】字幕，在编辑器窗口中将矩形删除，输入文本信息并设置其参数，完成后的效果如图 12.52 所示。

(12) 设置完成后关闭字幕编辑器窗口即可。

图 12.52　输入文本

12.4.2　制作组合动画

字幕部分已经制作完成了。下面将通过在序列中添加图像并为其设置关键帧来实现片尾部分的动画。

(1) 在视频轨道 1 中选择【海浴.jpg】素材文件，将其持续时间设置为 00:00:13:00，如图 12.53 所示。

(2) 将当前时间设置为 00:00:00:15，在视频轨道 2 中添加【图层 0/矩形.psd】素材文件，将其开始时间与时间线对齐，如图 12.54 所示。

图 12.53　设置素材的持续时间

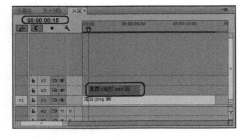

图 12.54　添加素材

(3) 选择添加的【图层 0/矩形.psd】素材文件，拖曳其结尾处与【海浴.jpg】素材文件的结尾处对齐，如图 12.55 所示。

(4) 确认当前时间为 00:00:00:15，选择添加的【海浴.jpg】素材文件，打开【效果控件】面板，展开【运动】选项，将【位置】设置为-470，并单击【位置】左侧的【切换动画】按钮，如图 12.56 所示。

(5) 将当前时间设置为 00:00:02:17，在【效果控件】面板中将【位置】设置为 234、288，如图 12.57 所示。

(6) 在视频轨道 3 中添加【图像 1】字幕，并将其结尾处与视频轨道 1 中的【海浴.jpg】素材文件的结尾处对齐，如图 12.58 所示。

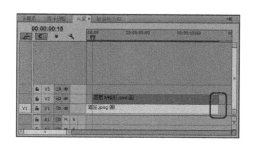

图 12.55　设置素材的持续时间

图 12.56　设置关键帧

图 12.57　设置关键帧

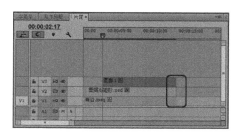

图 12.58　添加素材并设置持续时间

(7) 确认当前时间为 00:00:02:17，在【效果控件】面板中展开【运动】选项，将【位置】设置为 785、288，并单击【位置】左侧的【切换动画】按钮，将【不透明度】设置为 0，如图 12.59 所示。

(8) 将当前时间设置为 00:00:04:02，在【效果控件】面板中将【位置】设置为 386、288，【不透明度】设置为 100，如图 12.60 所示。

图 12.59　设置关键帧

图 12.60　设置关键帧

(9) 确认当前时间为 00:00:04:20，在视频轨道 4 中添加【图像 2.jpg】素材文件，并将其结尾处与【图像 1.jpg】素材文件的结尾处对齐，在【效果控件】面板中展开【运动】选项，将【位置】设置为 280、288，并单击【位置】左侧的【切换动画】按钮，将【不透明度】设置为 0，如图 12.61 所示。

(10) 将当前时间设置为 00:00:05:02，【位置】设置为 415、288，【不透明度】设置为 100，如图 12.62 所示。

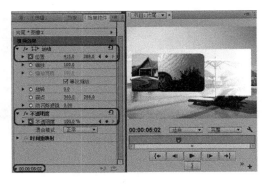

图 12.61　设置关键帧　　　　　　　　　图 12.62　设置关键帧

(11) 使用同样的方法，在视频轨道 5 中添加【图像 3】字幕，并设置其关键帧动画，如图 12.63 所示。

(12) 将当前时间设置为 00:00:06:02，选择视频轨道 3 中的【图像 1】字幕，在【效果控件】中单击【不透明度】右侧的【添加/移除关键帧】按钮，然后将当前时间设置为 00:00:07:02，将【不透明度】设置为 0，如图 12.64 所示。

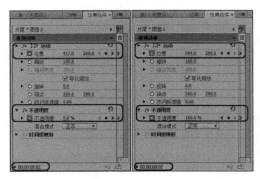
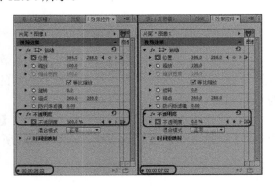

图 12.63　设置关键帧　　　　　　　　　图 12.64　设置关键帧

(13) 将当前时间设置为 00:00:07:02，选择视频轨道 4 中的【图像 2】字幕，在【效果控件】中单击【不透明度】右侧的【添加/移除关键帧】按钮，然后将当前时间设置为 00:00:08:02，【不透明度】设置为 0，如图 12.65 所示。

(14) 使用同样的方法，设置视频轨道 5 中的【图像 3】字幕的不透明度关键帧，如图 12.66 所示。

(15) 将当前时间设置为 00:00:09:02，在视频轨道 6 中添加【分界线】字幕，使其结尾处与【图像 3】结尾处对齐，选择【分界线】字幕，在【效果控件】面板中展开【运动】选项，将【位置】设置为 438.6、−156，并单击【位置】左侧的【切换动画】按钮，将【不透明度】设置为 0，如图 12.67 所示。

(16) 将当前时间设置为 00:00:09:12，在【效果控件】面板中将【位置】设置为 229、327.8，【不透明度】设置为 100，如图 12.68 所示。

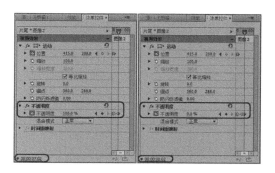

图 12.65　设置关键帧

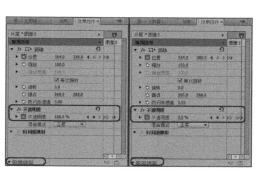

图 12.66　设置关键帧

图 12.67　设置关键帧

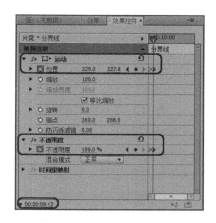

图 12.68　设置关键帧

(17) 确认当前时间为 00:00:09:12，在视频轨道 7 中添加【矩形 1】字幕，使其结尾处与【图像 3】结尾处对齐，选择添加的【矩形 1】字幕，在【效果控件】面板中展开【运动】选项，将【位置】设置为 366.3、378，如图 12.69 所示。

(18) 打开【效果】面板，选择【视频效果】|【键控】|【4 点无用信号遮罩】效果，如图 12.70 所示。

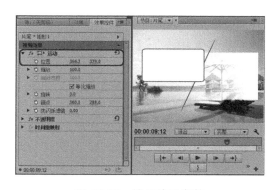

图 12.69　设置位置参数

图 12.70　选择效果

(19) 将该效果添加至【矩形 1】字幕上，在【效果控件】面板中展开【4 点无用信号遮罩】选项,将【上右】设置为 426.8、2.2,【下右】设置为 310.6、285.1,如图 12.71 所示。

(20) 再次为其添加【裁剪】效果,将当前时间设置为 00:00:09:12,在【效果控件】面板中展开【裁剪】选项,将【左对齐】设置为 55,并单击【左对齐】左侧的【切换动画】按钮,如图 12.72 所示。

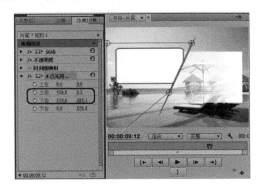 

图 12.71　设置关键帧　　　　　　　　图 12.72　设置关键帧

(21) 将当前时间设置为 00:00:10:12,在【效果控件】面板中将【左对齐】设置为 0,如图 12.73 所示。

(22) 使用同样的方法,制作【矩形 2】字幕中的动画,如图 12.74 所示。

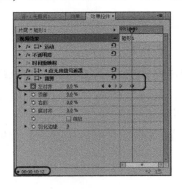 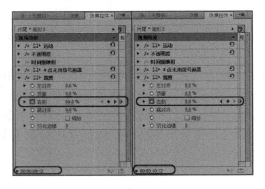

图 12.73　设置位置参数　　　　　　　　图 12.74　设置参数

(23) 将当前时间设置为 00:00:10:12,在视频轨道 9 中添加【文本】字幕,并在【效果控件】选项组中将【位置】设置为 360、310,如图 12.75 所示。

(24) 在【效果】面板中选择【视频过渡】|【溶解】|【抖动溶解】效果,并将其添加至【文本】字幕上,如图 12.76 所示。

(25) 将当前时间设置为 00:00:08:02,在视频轨道 2 中选择【图层 0/矩形.psd】素材文件,在【效果控件】面板中单击【不透明度】右侧的【添加/移除关键帧】按钮,如图 12.77 所示。

(26) 将当前时间设置为 00:00:09:02,在【效果控件】面板中将【不透明度】设置为 0,如图 12.78 所示。

图 12.75　设置关键帧

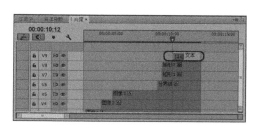

图 12.76　添加效果

图 12.77　设置关键帧

图 12.78　设置关键帧

12.5　嵌　套　序　列

下面将介绍怎样在新创建的序列中嵌套序列文件。其具体操作步骤如下。

(1) 使用同样的方法，创建一个嵌套序列文件，将当前时间设置为 00:00:00:00，在视频轨道 1 中添加"地球 1.png"素材文件，并将其持续时间设置为 00:00:03:10，如图 12.79 所示。

(2) 选择添加的【地球 1.png】素材文件，在【效果控件】面板中展开【运动】选项，将【缩放】设置为 25，【位置】设置为 375、305，【锚点】设置为 1406.5、1148，如图 12.80 所示。

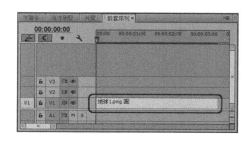

图 12.79　添加素材

图 12.80　设置关键帧

397

(3) 将当前时间设置为 00:00:02:15，单击【缩放】左侧的【切换动画】按钮 ，然后将当前时间设置为 00:00:03:10，【缩放】设置为 600，如图 12.81 所示。

(4) 使用同样的方法，在视频轨道 2 中添加【地球 2.png】素材文件，并将其结尾处与视频轨道 1 中的【地球 1.png】素材文件的结尾处对齐，如图 12.82 所示。

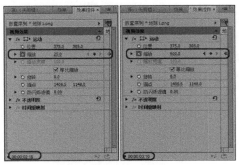

图 12.81　设置素材的持续时间

图 12.82　添加素材

(5) 在【效果控件】面板中将【缩放】设置为 25，【锚点】设置为 1247、1276，【位置】设置为 375、305，单击【旋转】左侧的【切换动画】按钮 ，如图 12.83 所示。

(6) 将当前时间设置为 00:00:02:15，单击【位置】左侧的【切换动画】按钮 ，如图 12.84 所示。

图 12.83　设置关键帧

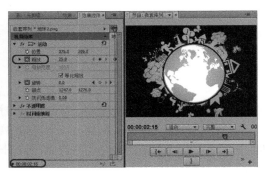

图 12.84　设置关键帧

(7) 将当前时间设置为 00:00:03:10，【缩放】设置为 600，【旋转】设置为 285.3，如图 12.85 所示。

(8) 将当前时间设置为 00:00:03:05，在视频轨道 3 中添加 001.jpg 素材文件，使其开始位置与时间线对齐，将其持续时间设置为 00:00:04:10，选择添加的素材文件，在【效果控件】面板中将【缩放】设置为 600，并单击【缩放】左侧的【切换动画】按钮 ，将【不透明度】设置为 0，如图 12.86 所示。

(9) 将当前时间设置为 00:00:03:15，在【效果控件】面板中将【缩放】设置为 200，【不透明度】设置为 100，如图 12.87 所示。

(10) 将当前时间设置为 00:00:07:15，在视频轨道 3 中添加 002.jpg 素材文件，将其开始位置与 001.jpg 素材文件的结束位置对齐，并将其持续时间设置为 00:00:04:10，如图 12.88 所示。

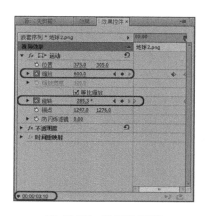

图 12.85　设置关键帧

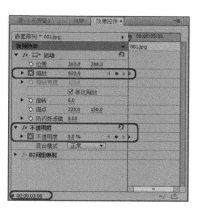

图 12.86　设置关键帧

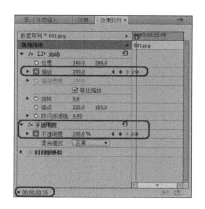

图 12.87　设置关键帧

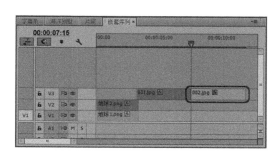

图 12.88　添加素材

（11）使用同样的方法，将 002.jpg 素材文件的【缩放】设置为 200，并在该素材的后面添加 003.jpg 素材文件，并设置相同的属性，如图 12.89 所示。

（12）分别在 001.jpg 至 002.jpg 素材之间、002.jpg 至 003.jpg 素材之间添加【缩放框】、【棋盘】效果，并将效果的持续时间设置为 00:00:00:20，如图 12.90 所示。

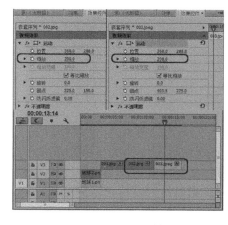

图 12.89　设置关键帧

图 12.90　添加效果

(13) 将当前时间设置为 00:00:03:10，在视频轨道 4 中添加【字幕条】序列，使其开始位置与时间线对齐，并将其结尾处与 001.jpg 素材文件的结尾处对齐，如图 12.91 所示。

(14) 选择添加的字幕并右击，在弹出的快捷菜单中选择【取消链接】命令，如图 12.92 所示。

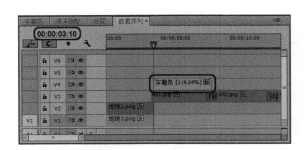

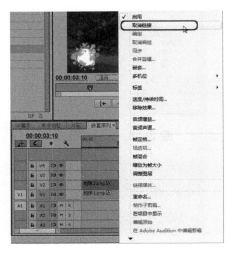

图 12.91　添加序列文件　　　　　　图 12.92　选择【取消链接】命令

(15) 在音频轨道 4 中选择取消链接后的音频文件，将其删除，然后选择【字幕条】序列文件，确认当前时间为 00:00:03:10，在【效果控件】面板中将【不透明度】设置为 0，如图 12.93 所示。

(16) 将当前时间设置为 00:00:03:15，【不透明度】设置为 100，如图 12.94 所示。

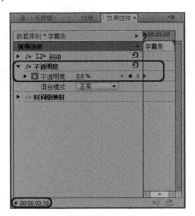

图 12.93　设置关键帧　　　　　　　图 12.94　设置关键帧

(17) 将当前时间设置为 00:00:07:05，单击【不透明度】右侧的【添加/移除关键帧】按钮，再将当前时间设置为 00:00:07:15，【不透明度】设置为 0，如图 12.95 所示。

(18) 将当前时间设置为 00:00:04:04，按 Ctrl+T 组合键，在弹出的对话框中将其重命名为【介绍 1】，如图 12.96 所示。

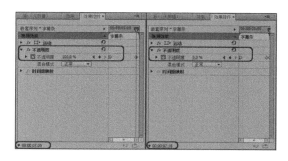

图 12.95　设置关键帧

图 12.96　【新建字幕】对话框

(19) 单击【确定】按钮，打开字幕编辑器窗口，在工具箱中选择【文字工具】 T ，在编辑器窗口中单击并输入文本，选择输入的文本，在【字幕属性】选项组中将【属性】下的【字体系列】设置为【微软雅黑】，【字体大小】设置为 22，【颜色】设置为黑色，如图 12.97 所示。

(20) 设置完成后关闭字幕编辑器，在视频轨道 5 中添加【介绍 1】字幕，将其结尾处与【字幕条】字幕的结尾处对齐，如图 12.98 所示。

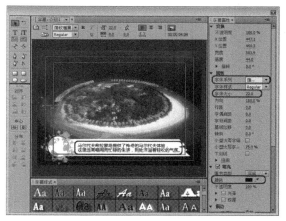

图 12.97　设置关键帧

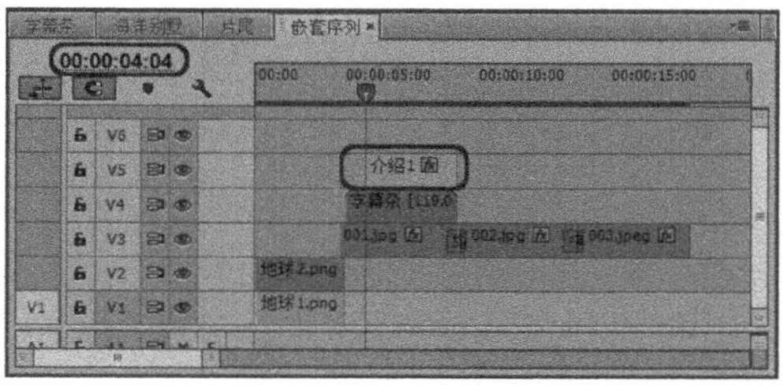

图 12.98　添加字幕

(21) 为【介绍 1】字幕添加【叠加溶解】效果，如图 12.99 所示。

(22) 选择【介绍 1】字幕，将当前时间设置为 00:00:07:05，在【效果控制】面板中将【不透明度】设置为 100，再将当前时间设置为 00:00:07:15，【不透明度】设置为 0，如图 12.100 所示。

(23) 使用同样的方法，创建字幕并制作其他的动画，完成后的效果如图 12.101 所示。

(24) 将当前时间设置为 00:00:09:02，在视频轨道 6 中添加【海洋别墅】序列文件，并使用同样的方法，解除视音频链接，并将音频文件删除，如图 12.102 所示。

(25) 将当前时间设置为 00:00:33:00，在【效果控件】中单击【不透明度】右侧的【添加/移除关键帧】按钮 ◆ ，然后将当前时间设置为 00:00:33:20，【不透明度】设置为 0，如图 12.103 所示。

(26) 使用同样的方法，将当前时间设置为 00:00:33:00，在视频轨道 5 中添加【片尾】

序列文件，并取消视音频链接，删除音频文件，如图 12.104 所示。

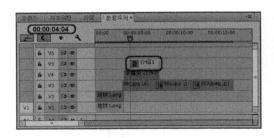

图 12.99　添加效果

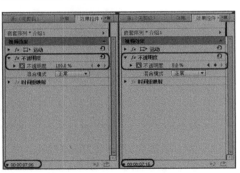

图 12.100　设置关键帧

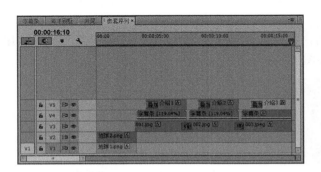

图 12.101　设置关键帧

图 12.102　设置关键帧

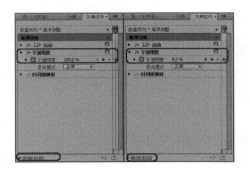

图 12.103　设置关键帧

图 12.104　添加序列

12.6　添加音频并输出视频

最后为制作的旅游宣传片添加音频文件，然后将其输出。其具体操作步骤如下。

12.6.1　添加音频文件

在音频轨道中添加音频文件的具体操作步骤如下。

(1) 在【序列】面板中将当前时间设置为 00:00:03:05，在音频轨道中添加【背景音乐.mp3】，并将其开始位置与时间线对齐，如图 12.105 所示。

(2) 在【序列】面板中单击【时间轴显示设置】按钮 ，在弹出的快捷菜单中选择【展开所有轨道】命令，如图 12.106 所示。

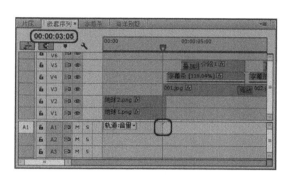

图 12.105　添加音频文件

图 12.106　选择【展开所有轨道】命令

(3) 在工具箱中选择【钢笔工具】 ，确认当前时间为 00:00:03:05，在音频文件上单击添加关键帧，并将其拖曳至下方，如图 12.107 所示。

(4) 然后将当前时间设置为 00:00:05:00，在当前时间再次添加关键帧并将其拖曳至上方，如图 12.108 所示。

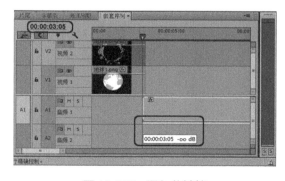

图 12.107　添加关键帧

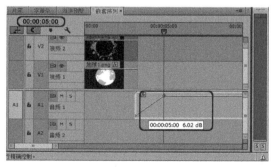

图 12.108　添加关键帧

(5) 将当前时间设置为 00:00:46:00，在工具箱中选择【剃刀工具】 ，在时间线位置单击，如图 12.109 所示。

(6) 将右侧多余的音频文件删除，然后将当前时间设置为 00:00:44:20，在关键线上单击添加关键帧，然后将当前时间设置为 00:00:46:00，在关键帧上单击并将其拖曳至下方，如图 12.110 所示。

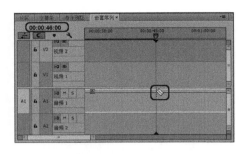

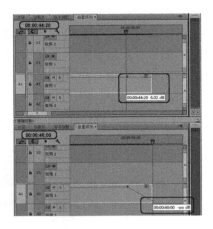

图 12.109　添加关键帧　　　　　　图 12.110　添加关键帧

12.6.2　输出文件

至此，视频部分就制作完成了。下面将简单地介绍一下输出文件的具体操作步骤。

(1) 在菜单栏中选择【文件】|【输出】|【媒体】命令，如图 12.111 所示。

(2) 打开【输出设置】对话框，在该对话框中将【格式】设置为 AVI，单击【输出名称】右侧的按钮，在弹出的对话框中为其指定一个正确的保存位置，然后单击【导出】按钮即可，如图 12.112 所示。

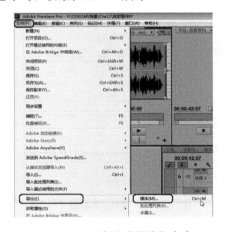

图 12.111　选择【媒体】命令　　　　图 12.112　【导出设置】对话框

(3) 导出会以一个进度条的形式出现，如图 12.113 所示。

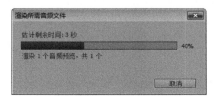

图 12.113　导出进度

第 13 章　项目指导——制作环保宣传片

随着经济发展取得的巨大成就，人们的生活水平不断提高，但是我们的环境也遭受到了前所未有的破坏。如今环境问题已成为重大社会问题，不少公司和企业通过宣传片的形式呼吁人们保护我们赖以生存的环境，从而改善环境问题。本章将根据前面所介绍的知识制作一个环保宣传片，效果如图 13.1 所示。

图 13.1　环保宣传片

13.1　导入图像素材

在制作环保宣传片之前，首先要将需要用到的素材导入至 Premiere Pro CC 中。其具体操作步骤如下。

(1) 启动 Premiere Pro CC 软件，在弹出的欢迎界面中单击【新建项目】按钮，如图 13.2所示。

(2) 弹出【新建项目】对话框，在该对话框中将名称设置为【环保宣传片】，在【位置】选项中为其指定一个正确的存储位置，其他均为默认设置，如图 13.3 所示。

图 13.2　单击【新建项目】按钮

图 13.3　【新建项目】对话框

(3) 在【项目】面板中右击，在弹出的快捷菜单中选择【导入】命令，如图 13.4 所示。

(4) 在弹出的对话框中选择随书附带光盘中的 CDROM\素材\Cha13 素材文件夹，如图 13.5 所示。

图 13.4　选择【导入】命令

图 13.5　选择素材文件夹

(5) 单击【导入】文件夹按钮，即可将选择的文件夹导入到【项目】窗口中，如图 13.6 所示。

图 13.6　导入的素材

13.2　创 建 字 幕

下面将介绍如何创建环保宣传片中的字幕。其具体操作步骤如下。

(1) 在【项目】面板中右击，在弹出的快捷菜单中选择【新建项目】|【字幕】命令，如图 13.7 所示。

(2) 在弹出的对话框中将【宽度】和【高度】分别设置为 720、576，将【时基】设置为 25.00fps，将【像素长宽比】设置为 D1/DV PLA(1.0940)，将【名称】设置为【文字 01】，如图 13.8 所示。

(3) 设置完成后，单击【确定】按钮，在弹出的字幕编辑器中单击【文字工具】，在【字幕】面板中单击并输入文字，使用【选择工具】选中输入的文字，在【属性】选项组中将【字体系列】设置为【华文行楷】，【字体大小】设置为 45，【方向】设置为 69.3，【行距】设置为 60，【填充颜色】设置为白色，【X 位置】和【Y 位置】分别设置为

317.5、261.4，如图 13.9 所示。

图 13.7　选择【字幕】命令

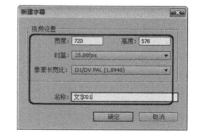

图 13.8　新建字幕

图 13.9　输入文字并设置其属性

（4）设置完成后，按 Ctrl+T 组合键，在弹出的对话框中将【名称】设置为【线】，如图 13.10 所示。

（5）设置完成后，单击【确定】按钮，在弹出的字幕编辑器中单击【椭圆工具】，在【字幕】面板中绘制一个椭圆，选中绘制的椭圆，在【字幕属性】面板中将【宽度】和【高度】分别设置为 645.5、4.8，填充颜色设置为白色，【X 位置】和【Y 位置】分别设置为 380、223.7，如图 13.11 所示。

（6）选中该椭圆，按 Ctrl+C 组合键进行复制，按 Ctrl+V 组合键进行粘贴，并在【字幕】面板中调整其位置，效果如图 13.12 所示。

（7）按 Ctrl+T 组合键，在打开的【新建字幕】对话框中将字幕命名为【土壤破坏】，单击【确定】按钮，如图 13.13 所示。

（8）进入字幕编辑器，选择【椭圆形工具】 ，在【字幕】面板中绘制正圆，在【字幕属性】窗口中将【宽度】和【高度】均设为 102.4，将【X 位置】和【Y 位置】设为 316.4 和 205.6，将【填充】下【颜色】的 RGB 值设为 0、162、255，如图 13.14 所示。

（9）选择【输入工具】 ，在字幕设计栏中输入文本，在【字幕属性】窗口中将【字体】设为【方正行楷简体】，将【字体大小】设为 38，将【填充】下的【颜色】设为白色，将【X位置】和【Y位置】设为316.7和206.9，如图13.15所示。

图 13.10 【新建字幕】对话框

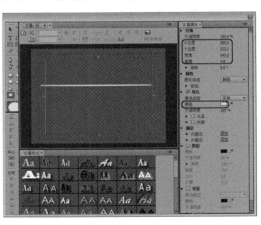

图 13.11 绘制椭圆

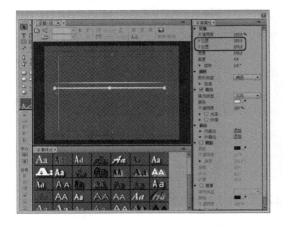

图 13.12 复制椭圆并调整其位置

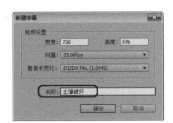

图 13.13 【新建字幕】对话框

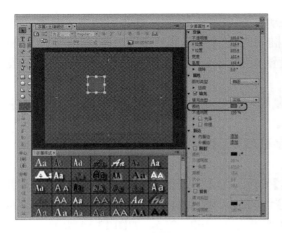

图 13.14 绘制正圆

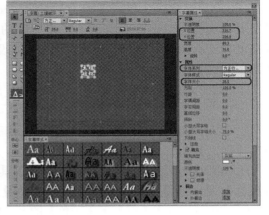

图 13.15 输入文字

(10) 单击【基于当前字幕新建字幕】按钮，在弹出的【新建字幕】对话框中将字幕命名为【乱砍滥伐】，单击【确定】按钮，如图 13.16 所示。

(11) 进入字幕编辑器，选中字幕设计栏中的正圆形，在【字幕属性】窗口中将【宽度】和【高度】均设为 68.6，将【X 位置】和【Y 位置】设为 298.2 和 188.7，【填充】下【颜色】的 RGB 值设为 255、0、216，如图 13.17 所示。

(12) 使用【输入工具】，将文字【土壤破坏】更改为【乱砍滥伐】，在【字幕属性】窗口中，将【字体大小】设为 27，【X 位置】和【Y 位置】设为 295.1 和 188.6，如图 13.18 所示。

图 13.16　【新建字幕】对话框

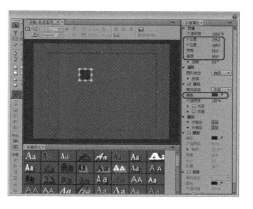

图 13.17　调整圆形的属性

(13) 单击【基于当前字幕新建字幕】按钮，在弹出的【新建字幕】对话框中将字幕命名为【污水排放】，单击【确定】按钮，如图 13.19 所示。

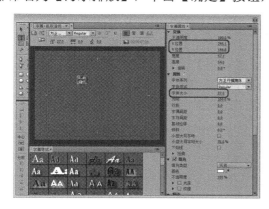

图 13.18　修改文字并设置其属性

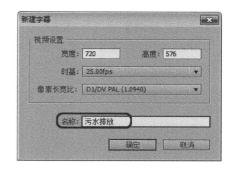

图 13.19　【新建字幕】对话框

(14) 进入字幕编辑器，选中字幕设计栏中的正圆形，在【字幕属性】窗口中，将【填充】下【颜色】的 RGB 值设为 255、156、0，如图 13.20 所示。

(15) 使用【输入工具】，将文字【乱砍滥伐】更改为【污水排放】，如图 13.21 所示。

(16) 使用同样的方法，制作【汽车尾气】、【化学污染】和【空气污染】字幕，更改正圆形的颜色和大小，然后更改文字的内容和大小，如图 13.22 所示。

(17) 将字幕编辑器关闭，按 Ctrl+T 组合键，在弹出的对话框中将【名称】设置为【警告】，如图 13.23 所示。

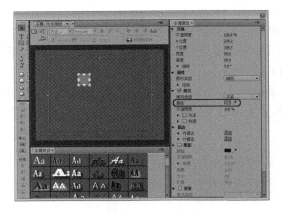

图 13.20　修改正圆颜色

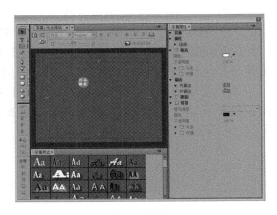

图 13.21　修改文字

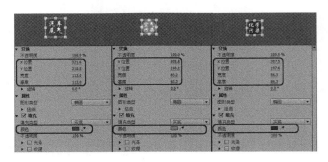

图 13.22　输入其他文字后的效果

图 13.23　【新建字幕】对话框

(18) 设置完成后，单击【确定】按钮，在字幕编辑器中单击【文字工具】，在【字幕】面板中单击并输入文字，选中输入的文字，在【属性】选项组中将【字体系列】设置为【汉仪综艺体简】，【字体大小】设置为 67，【行距】设置为 59，填充颜色的 RGB 值设置为 106、1、1，【X 位置】和【Y 位置】分别设置为 385.9、256.4，如图 13.24 所示。

(19) 使用同样的方法制作其他文字并进行相应的设置，效果如图 13.25 所示。

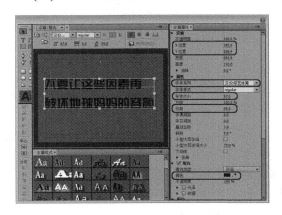

图 13.24　输入文字并进行设置

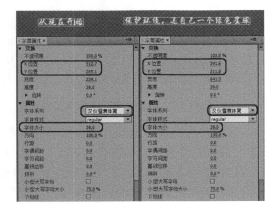

图 13.25　输入其他文字并进行设置

13.3　制作环保宣传片

下面将介绍如何制作环保宣传片。其具体操作步骤如下。

(1) 在菜单栏中选中【文件】|【新建】|【序列】命令，如图 13.26 所示。

(2) 在弹出的对话框中选择 DV-PLA 文件夹中的【标准 48kHz】，将【序列名称】设置为"环保宣传片"，如图 13.27 所示。

(3) 在该对话框中选择【轨道】选项卡，将视频轨道设置为 8，如图 13.28 所示。

(4) 设置完成后，单击【确定】按钮，在【项目】面板中选择【线】，按住鼠标将其拖曳至【序列】面板中的 V1 轨道中，如图 13.29 所示。

图 13.26　选择【序列】命令

图 13.27　【新建序列】对话框

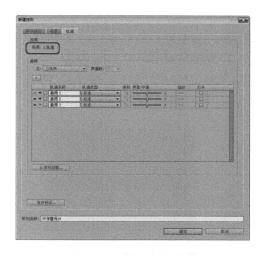

图 13.28　设置视频轨道

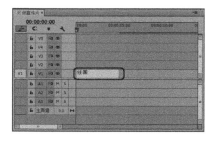

图 13.29　将素材拖曳至视频 1 轨道中

(5) 在【序列】面板中选择该素材文件并右击，在弹出的快捷菜单中选择【速度/持续时间】命令，如图 13.30 所示。

(6) 在弹出的对话框中将【持续时间】设置为 00:00:04:08，如图 13.31 所示。

(7) 设置完成后，单击【确定】按钮，继续选中该对象，在【效果控件】面板中将【位置】设置为 360、336，如图 13.32 所示。

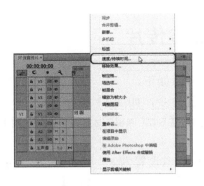

图 13.30　选择【速度/持续时间】命令　　　　图 13.31　设置持续时间

（8）切换至【效果】面板，在该面板中选择【视频过渡】|【页面剥落】|【卷走】效果，如图 13.33 所示。

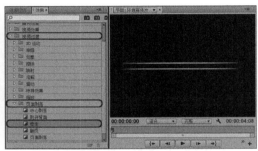

图 13.32　设置位置参数　　　　　　　　图 13.33　选择【卷走】效果

（9）按住鼠标将其拖曳至【线】素材的开始位置，选中添加的效果，在【效果控件】面板中单击【自东向西】按钮，将【持续时间】设置为 00:00:01:06，如图 13.34 所示。

（10）使用同样的方法在 V2 轨道中添加【线】素材文件，并为其添加【卷走】效果，如图 13.35 所示。

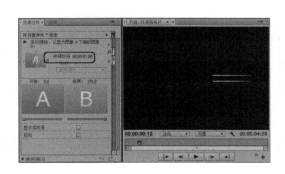

图 13.34　设置效果选项　　　　　　　　图 13.35　向 V2 轨道中添加素材

（11）在【项目】面板中选择【文字 01】，按住鼠标将其拖曳至 V3 轨道中，在【效果控件】面板中将【位置】设置为 427、325，如图 13.36 所示。

(12) 在【序列】面板中选择【文字 01】并右击，在弹出的快捷菜单中选择【速度/持续时间】命令，在弹出的对话框中将【持续时间】设置为 00:00:01:22，如图 13.37 所示。

(13) 设置完成后，单击【确定】按钮，在该面板中选择【视频过渡】|【溶解】|【交叉溶解】效果，如图 13.38 所示。

(14) 按住鼠标将其拖曳至【文字 01】的开始处，选中添加的效果，在【效果控件】面板中将【持续时间】设置为 00:00:01:06，如图 13.39 所示。

图 13.36　设置位置参数

图 13.37　设置持续时间

图 13.38　选择【交叉溶解】效果

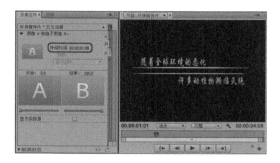

图 13.39　设置持续时间

(15) 将当前时间设置为 00:00:01:06，在【项目】面板中选择【象.jpg】，将其添加至 V4 轨道中，并将其开始处与时间线对齐，如图 13.40 所示。

(16) 选中该素材文件并右击，在弹出的快捷菜单中选择【速度/持续时间】命令，在弹出的对话框中将【持续时间】设置为 00:00:03:02，如图 13.41 所示。

图 13.40　添加素材文件

图 13.41　设置持续时间

(17) 设置完成后，单击【确定】按钮，在【效果控件】面板中单击【位置】左侧的【切换动画】按钮 ⦿，将【位置】设置为 363.6、91.2，单击【缩放】左侧的【切换动画】

按钮，将【缩放】设置为 0.2，将【锚点】设置为 512、210.7，如图 13.42 所示。

(18) 将当前时间设置为 00:00:01:21，在【效果控件】面板中将【位置】设置为 363.6、94.7，【缩放】设置为 27，如图 13.43 所示。

图 13.42　设置位置、缩放以及锚点　　　　图 13.43　设置运动参数

(19) 将当前时间设置为 00:00:02:16，【位置】设置为 363.6、392.3，如图 13.44 所示。

(20) 设置完成后，切换至【效果】面板，在该面板中选择【视频效果】|【图像控制】|【黑白】效果，如图 13.45 所示。

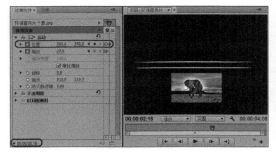

图 13.44　设置位置参数　　　　　　　图 13.45　选择【黑白】效果

(21) 按住鼠标将其添加至【象.jpg】素材文件上，添加后的效果如图 13.46 所示。

(22) 使用同样的方法将【红豆杉.jpg】添加至 V5 轨道中，并对其进行相应的设置，效果如图 13.47 所示。

图 13.46　添加【黑白】后的效果　　　图 13.47　添加【红豆杉.jpg】素材文件

(23) 将当前时间设置为 00:00:04:08，在【项目】面板中选择【小草.jpg】素材文件，

按住鼠标将其拖曳至 V3 轨道中，并将其开始处与时间线对齐，如图 13.48 所示。

(24) 在该面板中选择【视频过渡】|【擦除】|【油漆泼溅】效果，如图 13.49 所示。

(25) 按住鼠标将其添加至【小草.jpg】素材文件的开始处，将其拖曳至 V1 轨道中，选中添加的效果，在【效果控件】面板中将【持续时间】设置为 00:00:00:09，如图 13.50 所示。

(26) 在序列面板中选中【小草.jpg】素材文件并右击，在弹出的快捷菜单中选择【速度/持续时间】命令，在弹出的对话框中将【持续时间】设置为 00:00:04:20，如图 13.51 所示。

图 13.48 添加素材文件

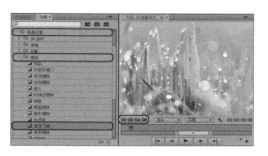

图 13.49 选择【油漆泼溅】效果

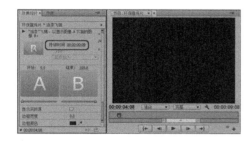

图 13.50 设置效果的持续时间

图 13.51 设置持续时间

(27) 设置完成后，单击【确定】按钮，切换至【效果】面板，在该面板中选择【视频效果】|【颜色校正】|【色调】效果，然后双击，为选中对象添加【色调】效果，如图 13.52 所示。

(28) 将当前时间设置为 00:00:04:18，切换至【效果控件】面板中，将【缩放】设置为 85，单击【着色量】左侧【切换动画】按钮，将【着色量】设置为 0，如图 13.53 所示。

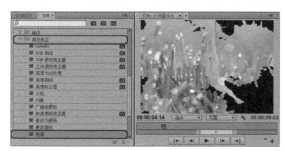

图 13.52 添加【色调】效果

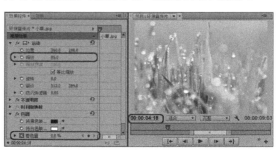

图 13.53 设置缩放和着色量

(29) 将当前时间设置为 00:00:07:17，【着色量】设置为 100，如图 13.54 所示。

(30) 将当前时间设置为 00:00:04:18，【土壤破坏】字幕拖曳至序列面板 V3 轨道中，并与时间线对齐，如图 13.55 所示。

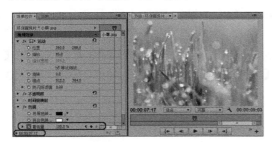

图 13.54　设置着色量　　　　　　　　　图 13.55　向 V3 轨道中添加素材

(31) 单击【土壤破坏】字幕，在弹出的快捷菜单中选择【速度/持续时间】命令，在打开的【剪辑速度/持续时间】对话框中将【持续时间】设为 00:00:09:05，单击【确定】按钮，如图 13.56 所示。

(32) 确定【土壤破坏】字幕处于选中状态，在【效果控件】面板中，将【缩放】设为 50，【位置】设为 643、441，并单击它们左侧的【切换动画】按钮，打开动画关键帧的记录，将【不透明度】设为 0，如图 13.57 所示。

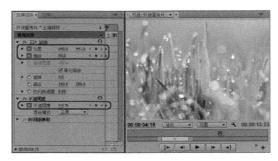

图 13.56　设置持续时间　　　　　　　　图 13.57　设置运动和不透明度参数

(33) 将时间设为 00:00:05:08，在【效果控件】面板中，将【缩放】设为 100，【位置】设为 383、214，【不透明度】设为 100，如图 13.58 所示。

(34) 将时间设为 00:00:08:03，在【效果控件】面板中，单击【位置】和【缩放】右侧的按钮，添加关键帧，如图 13.59 所示。

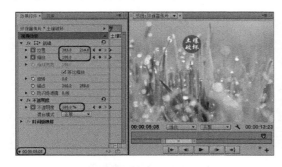
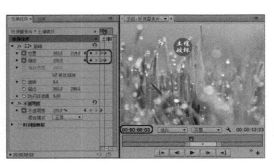

图 13.58　设置参数　　　　　　　　　　图 13.59　添加关键帧

(35) 将时间设为 00:00:04:18，【乱砍滥伐】字幕拖曳至序列面板 V4 轨道中，与时间线对齐，并将其结束处与 V3 轨道中的【土壤破坏】字幕结束处对齐，如图 13.60 所示。

(36) 将时间设为 00:00:05:03，在【效果控件】面板中，将【缩放】设为 50，【位置】设为 647、448，并单击它们左侧的【切换动画】按钮，打开动画关键帧的记录，将【不透明度】设为 0，如图 13.61 所示。

图 13.60   向【V4】轨道中添加素材

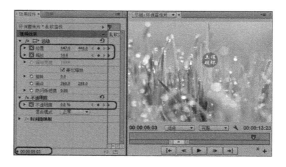

图 13.61   设置运动和不透明度参数

(37) 将时间设为 00:00:05:18，在【效果控件】面板中，将【缩放】设为 100，【位置】设为 713、210，【不透明度】设为 100，如图 13.62 所示。

(38) 将时间设为 00:00:08:03，在【效果控件】面板中，单击【位置】和【缩放】右侧的按钮，添加关键帧，如图 13.63 所示。

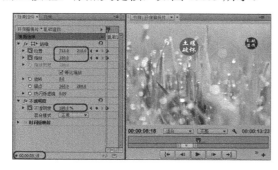

图 13.62   设置参数

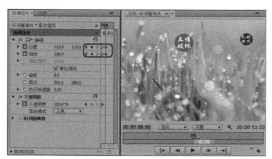

图 13.63   添加关键帧

(39) 将时间设为 00:00:04:18，【污水排放】字幕拖曳至序列面板 V5 轨道中，与时间线对齐，并将其结束处与 V4 轨道中的【乱砍滥伐】字幕结束处对齐，如图 13.64 所示。

(40) 将时间设为 00:00:05:13，在【效果控件】面板中将【缩放】设为 50，将【位置】设为 649、440，并单击它们左侧的【切换动画】按钮，打开动画关键帧的记录，将【不透明度】设为 0，如图 13.65 所示。

(41) 将时间设为 00:00:06:18，在【效果控件】面板中，将【缩放】设为 100，【位置】设为 159、213，【不透明度】设为 100，如图 13.66 所示。

(42) 将时间设为 00:00:08:03，在【效果控件】面板中，单击【位置】和【缩放】右侧的按钮，添加关键帧，如图 13.67 所示。

图 13.64　向 V5 轨道中添加素材

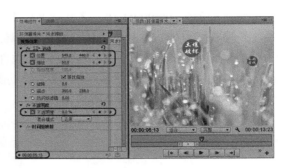

图 13.65　设置运动和不透明度参数

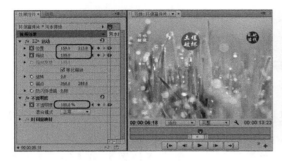

图 13.66　设置参数

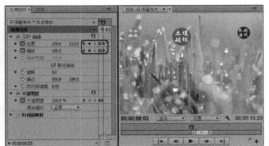

图 13.67　添加关键帧

（43）将时间设为 00:00:04:18，将【汽车尾气】字幕拖曳至序列面板 V6 轨道中，与时间线对齐，并将其结束处与 V5 轨道中的【污水排放】字幕结束处对齐，如图 13.68 所示。

（44）将时间设为 00:00:05:23，在【效果控件】面板中，将【缩放】设为 50，将【位置】设为 644、441，并单击它们左侧的【切换动画】按钮，打开动画关键帧的记录，将【不透明度】设为 0，如图 13.69 所示。

图 13.68　向【V6】轨道中添加素材

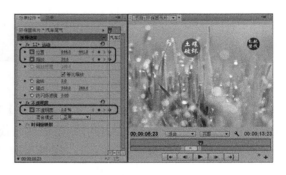

图 13.69　设置运动和不透明度参数

（45）将时间设为 00:00:06:13，在【效果控件】面板中，将【缩放】设为 100，【位置】设为275、355，【不透明度】设为 100，如图 13.70 所示。

（46）将时间设为 00:00:08:03，在【效果控件】面板中，单击【位置】和【缩放】右侧的按钮，添加关键帧，如图 13.71 所示。

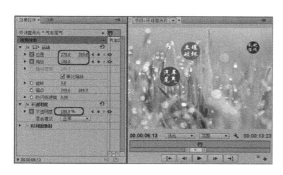 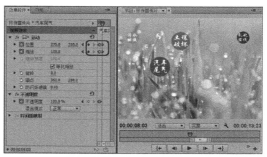

图 13.70　设置参数　　　　　　　　　　图 13.71　添加关键帧

(47) 使用同样的方法，将【空气污染】和【化学污染】字幕拖曳至序列面板中，并在【效果控件】面板中对其参数进行设置，然后在【节目】监视器中预览效果，如图 13.72 所示。

(48) 将时间设为 00:00:09:03，【土壤破坏.jpg】素材文件拖曳至序列面板 V2 轨道中，与时间线对齐，如图 13.73 所示。

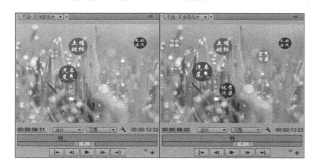 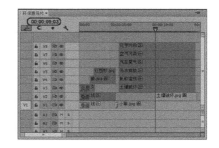

图 13.72　完成后的效果　　　　　　　　图 13.73　向 V2 轨道中添加素材

(49) 右击【土壤破坏.jpg】文件，在弹出的快捷菜单中选择【速度/持续时间】命令，在打开的【剪辑速度/持续时间】对话框中将【持续时间】设为 00:00:00:20，单击【确定】按钮，如图 13.74 所示。

(50) 确定【土壤破坏.jpg】文件处于选中状态，在【效果控件】面板中将【缩放】设为 80，如图 13.75 所示。

 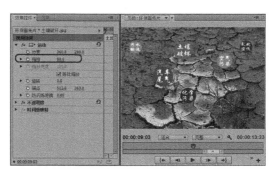

图 13.74　设置持续时间　　　　　　　　图 13.75　设置缩放参数

(51) 确认该对象处于选中状态，切换至【效果】面板中，选择【视频特效】|【图像控制】|【黑白】效果，双击该效果，为选中的对象添加该效果，如图 13.76 所示。

(52) 在序列面板中选中【土壤破坏】字幕，将时间设为 00:00:08:13，在【效果控件】面板中，将【缩放】设为 66，【位置】设为 118、585，图 13.77 所示。

图 13.76　添加【黑白】效果

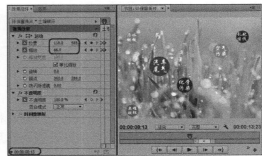

图 13.77　设置位置和缩放参数

(53) 将时间设为 00:00:08:23，在【效果控件】面板中，单击【缩放】右侧的■按钮，添加关键帧，如图 13.78 所示。

(54) 将时间设为 00:00:09:03，在【效果控件】面板中将【缩放】设为 96，如图 13.79 所示。

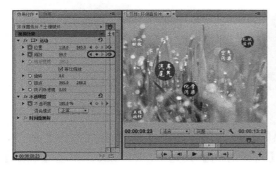

图 13.78　添加关键帧

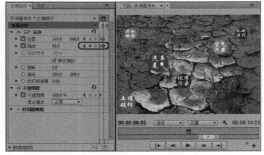

图 13.79　设置缩放参数

(55) 将时间设为 00:00:09:08，在【效果控件】面板中将【缩放】设为 66，如图 13.80 所示。

(56) 将时间设为 00:00:09:23，【乱砍滥伐.jpg】素材文件拖曳至序列面板 V2 轨道中，与时间线对齐，如图 13.81 所示。

(57) 使用前面介绍的方法，将【乱砍滥伐.jpg】文件的持续时间设为 00:00:00:20，并在【效果控件】面板中将【缩放】设为 89，如图 13.82 所示。

(58) 确认该对象处于选中状态，切换至【效果】面板中，选择【视频特效】|【图像控制】|【黑白】效果，双击该效果，为选中的对象添加该效果，如图 13.83 所示。

(59) 在序列面板中选中【乱砍滥伐】字幕，将时间设为 00:00:08:13，在【效果控件】面板中将【位置】设为 231、631，如图 13.84 所示。

(60) 将时间设为 00:00:09:18，在【效果控件】面板中，单击【缩放】右侧的■按钮，添加关键帧，如图 13.85 所示。

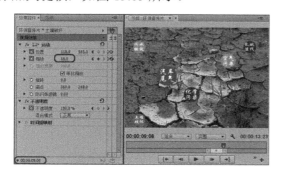

图 13.80　设置缩放参数

图 13.81　向 V2 轨道中添加素材文件

图 13.82　设置缩放参数

图 13.83　添加【黑白】效果

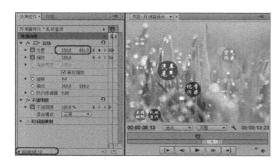

图 13.84　设置位置参数

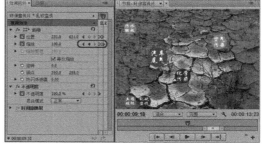

图 13.85　添加关键帧

(61) 将时间设为 00:00:09:23，在【效果控件】面板中将【缩放】设为 130，如图 13.86 所示。

(62) 将时间设为 00:00:10:03，在【效果控件】面板中将【缩放】设为 100，如图 13.87 所示。

(63) 使用同样的方法添加其他素材文件并设置彩色小球的动画效果，设置后的效果如图 13.88 所示。

(64) 将时间设为 00:00:13:23，【警告】素材文件拖曳至序列面板 V8 轨道中，与时间线对齐，如图 13.89 所示。

图 13.86 设置缩放参数

图 13.87 设置缩放参数

图 13.88 制作其他动画后的效果

图 13.89 向 V8 轨道中添加素材

(65) 选中该素材文件并右击，在弹出的快捷菜单中选择【速度/持续时间】命令，在弹出的对话框中将【持续时间】设置为 00:00:03:14，如图 13.90 所示。

(66) 设置完成后，单击【确定】按钮，在【效果控件】面板中将【缩放】设置为 600，单击其左侧的【切换动画】按钮，将【旋转】设置为-25，【不透明度】设置为 0，如图 13.91 所示。

图 13.90 设置持续时间

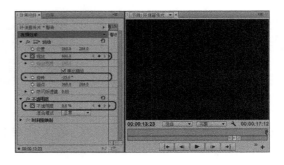

图 13.91 设置运动和不透明度参数

(67) 将当前时间设置为 00:00:15:10，【缩放】设置为 95，【不透明度】设置为 100，如图 13.92 所示。

(68) 将当前时间设置为 00:00:15:13，【缩放】设置为 100，如图 13.93 所示。

(69) 将当前时间设置为 00:00:15:16，【缩放】设置为 95，如图 13.94 所示。

(70) 将当前时间设置为 00:00:15:19，【缩放】设置为 100，如图 13.95 所示。

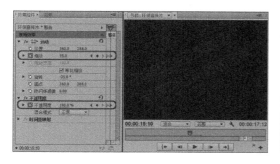

图 13.92 设置缩放和不透明度参数

图 13.93 设置缩放参数

图 13.94 设置缩放参数

图 13.95 设置缩放参数

(71) 设置完成后，根据前面所介绍的方法制作其他动画效果，效果如图 13.96 所示。

图 13.96 制作其他动画后的效果

13.4 添加音频、输出视频

制作完成环保宣传片后，需要对完成后的效果添加音乐并进行输出。其具体操作步骤如下。

(1) 在【序列】面板中将当前时间设置为 00:00:00:00，在音频轨道中添加【背景音乐.mp3】，并将其开始位置与时间线对齐，如图 13.97 所示。

(2) 按 Ctrl+M 组合键，打开【导出设置】对话框，在该对话框中将【格式】设置为AVI，单击【输出名称】右侧的蓝色按钮，在弹出的对话框中为其指定一个正确的存储路径，并为其重命名，如图 13.98 所示。

(3) 设置完成后单击【确定】按钮,在【导出设置】对话框中单击【导出】按钮,即可以进度条的形式进行导出,如图 13.99 所示。

图 13.97　添加音频文件

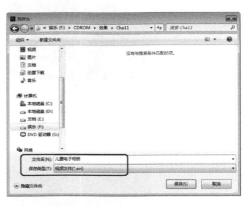

图 13.98　【另存为】对话框

图 13.99　【导出设置】对话框

答　案

第 1 章

1. 将影片制作中所拍摄的大量素材，经过选择、取舍、分解与组接，最终完成一个连贯流畅、含义明确、主题鲜明并有艺术感染力的作品。

2. (1) RGB 色彩模式。RGB 颜色是由红、绿、蓝三原色组成的色彩模式。图像中所有的色彩都是由三原色组合而来的。

(2) 灰度模式。灰度模式属于非彩色模式，灰度图像中的每个像素的颜色都要用 8 位二进制数字存储。

(3) Lab 色彩模式。Lab 颜色通道由一个亮度通道和两个色度通道 a、b 组成。其中 a 代表从绿到红的颜色分量变化；b 代表从蓝到黄的颜色分量变化。

(4) HSB 色彩模式。HSB 色彩模式基于人对颜色的心理感受而形成，它将色彩看成三个要素：色调(Hue)、饱和度(aturation)和亮度(Brightness)。

(5) CMYK 色彩模式。CMYK 色彩模式也称作印刷色彩模式，是一种依靠反光的色彩模式，和 RGB 类似。

3. 主要包括【项目】、【节目】、【源】、【效果控件】、【序列】、【工具】、【效果】、【信息】、【媒体浏览器】、【音频剪辑混合器】面板。

第 2 章

1. 项目面板是素材文件的管理器，将素材导入后进行管理，此时项目窗口显示素材文件的名称，类型，长度大小等信息，并在窗口上方显示素材缩略图和基本信息。

2. 清晰度高，后期处理方便，所需要的设备少，传播方便。

3. 因为 DV 视频在拍摄的时候就直接被记录成数字信号，并被保存在一个硬件磁盘上，因此在被输入计算机过程中不存在模拟信号转换成数字信号的过程。

第 3 章

1. Premiere Pro CC 中的编辑过程是非线性的，可以在任何时候插入、复制、替换、传递和删除素材片段，还可以采取各种各样的顺序和效果进行试验，并在合成最终影片或输出到磁带前进行预演。

2. 任何素材最短的长度为 1 帧。

3. 剪裁可以增加或删除帧以改变素材的长度。素材开始帧的位置被称为入点，素材结束帧的位置被称为出点。

4. 提升是说明亮度提升，提取是视频提取素材。

第 4 章

1. 视频特效包括：切换效果包括如图:3D 运动、视频过渡、划像、擦除、滑动特殊效果、缩放等。

2. 过渡效果包括如：3D 运动、伸缩、划像、映射、溶解、擦除、滑动、特殊效果、缩放。

第 5 章

1. 键控就是通常所说的抠像，表现为一种分割屏幕的特技，在电视节目的制作中应用很普遍。它的本质就是【抠】和【填】。【抠】就是利用前景物体轮廓作为遮挡控制电平，将背景画面的颜色沿该轮廓线抠掉，使背景变成黑色；【填】就是将所要叠加的视频信号填到被抠掉的无图像区域，而最终生成前景物体与叠加背景相合成的图像。

2. 关键帧是轨道上的对象添加关键点达到运动的效果；选中对象，在效果控制窗口中单击效果属性名称前的【切换动画】按钮，激活关键帧功能，在时间线当前位置自动添加一个关键帧，在序列面板中单击轨道控制区域的【添加-移除关键帧】按钮，即可添加关键帧。

第 6 章

1. 字幕是影视节目中重要的视频元素，一般来讲包括文字和图形两部分，使影片增色是影片的中重要组成部分，提示人物地点名称等作用，可作为片头的标题和片尾的滚动字幕。

2. 创建新字幕的方法如下。

(1) 选择【文件】|【新建】|【字幕】菜单命令；

(2) 按 Ctrl+T 组合键；

(3) 选择【字幕】|【新建字幕】|【默认静态、滚动、游动字幕】菜单命令；

(4) 在项目面板空白处右击，选择【新建项目】|【字幕】命令。

3. 选择字幕工具栏区域的文本工具或垂直文本工具，在绘图区域中使用鼠标拖曳的方式绘制文本框，在文本框的开始位置出现闪动的光标，随即属于文字，输入完毕时，使用选择工具，单击文本框外任意一点，结束输入，关闭字幕设计器，会自动在项目窗口中进行保存，拖动到轨道上添加字幕。

第 7 章

1. 【序列】面板中的音频轨道，它将分成 2 个通道，即左、右声道(L 和 R 通道)。

2. 在编辑音频的时候，一般情况下，以波形来显示图标，这样可以更直观地观察声音变化状态。

3. 音频的持续时间就是指音频的入、出点之间的素材持续时间，因此，对于音频持续时间的调整就是通过入、出点的设置来进行的。

第 8 章

1. 基本参数有：视频，音频，滤镜，字幕和 FTP，打开相关的选项卡，对各个基本的参数设置要输出的类型

2. 勾选【以最大深度渲染】复选框是以 24 位深度进行渲染。取消勾选该复选框是以 8 位深度进行渲染。

3. 激活【序列】面板，在菜单栏中选择【文件】|【导出】|【媒体】命令，弹出【导出设置】对话框，将【格式】设置为 TIFF，在【视频】选项卡中取消勾选【导出为序列】复选框，单击【导出】按钮。